高速増殖炉の恐怖

［増補版］　「もんじゅ」差止訴訟

原子力発電に反対する福井県民会議

緑風出版

▶公開ヒアリング闘争＝一九八二年七月二日、敦賀市内
▲「もんじゅ」の整地工事＝一九八三年一一月、敦賀市白木
撮影　大西 貴

高速増殖炉の恐怖［増補版］――「もんじゅ」差止訴訟

高速増殖炉の恐怖［増補版］――「もんじゅ」差止訴訟・目次

写真提供＝毎日新聞社

若狭湾の原子力発電所

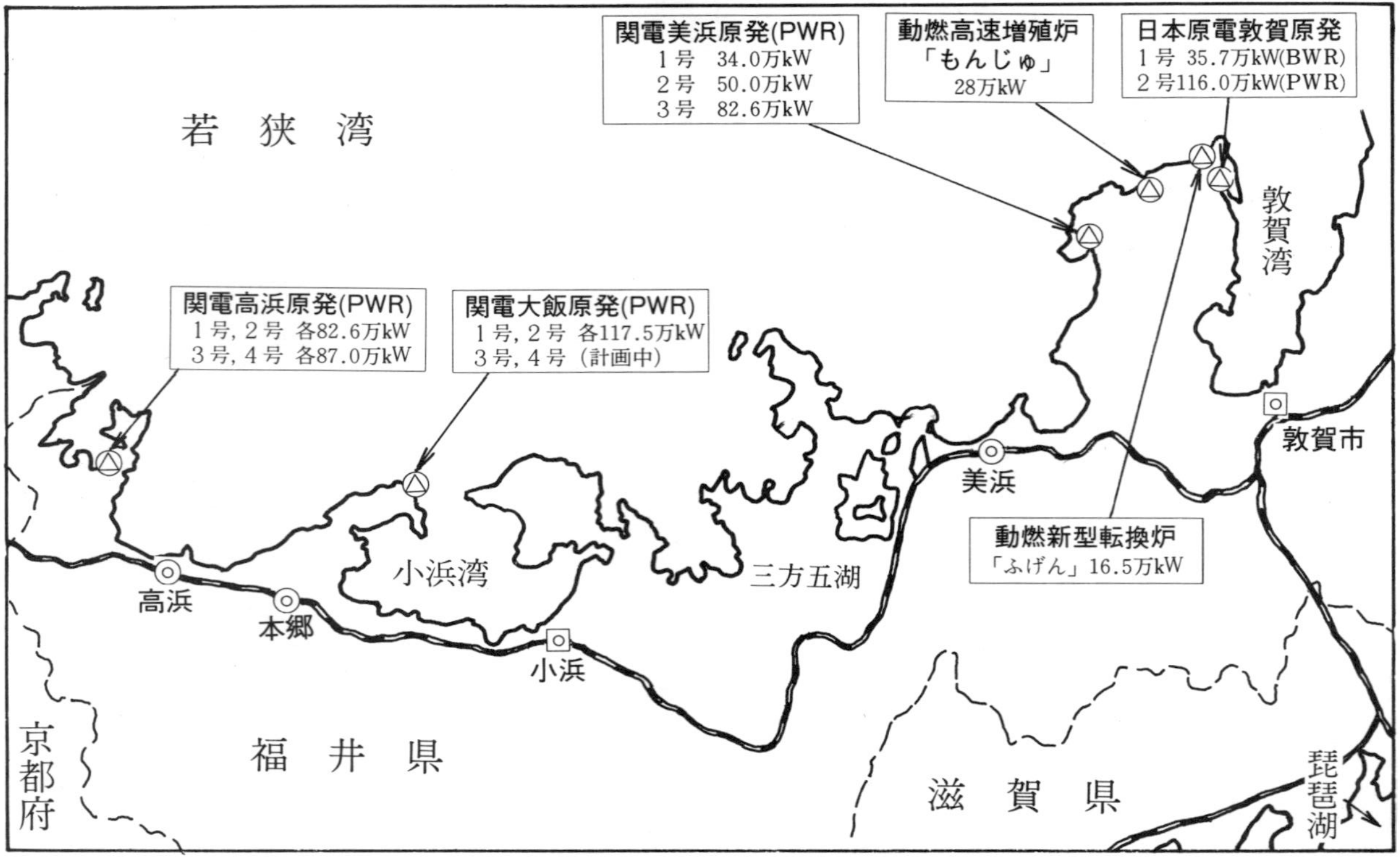

＊敦賀２号炉は建設中、「もんじゅ」は1985年10月着工予定

序文

もんじゅ訴訟弁護団長　福井泰郎

「もんじゅ」は、プルトニウム時代と呼ばれる新しい社会システムを生み出さないではおかない高速増殖炉の商業炉並み実験炉である。新しい社会、つまりプルトニウムが主人公として振るまう社会が、一体どんな社会であるのか、その社会は何をもたらすのであろうか。極めて限られた情報を通し、さらに過去の知見によってではあるが、起こりうる事態を予測することは、人間の理性の力によって十分可能であると思う。その事態が人間とそれをとりまく環境にとって破滅的な脅威となる場合はもちろん、より悪い影響を与えると考えられるならば、何としてでもくい止めなければならないだろう。かくして、本年九月二六日、「原子力発電に反対する福井県民会議」を母体とする建設予定地周辺の住民四〇人が、「もんじゅ」建設差止めの訴えを福井地方裁判所に起こした。

本書は「もんじゅ」差止めと設置許可無効確認を求める訴状の全文、および若干の資料から成る。訴状という極めて限られた人びとの手にしかされない文書を、一冊の書として刊行したのは、「もんじゅ」によって問われようとしている科学的、社会的、経済的問題が、一人原告たちに帰する問題にとどまらないからである。高速増殖炉の登場によって、これまでとはまったく違う異質の社会構造や価値観を求められる社会の選択は、当然、国民全体の議論に付さなければならない性質のものである。奥深い法廷の中の論争にとどめることなく、予測される来るべき社会のありようを広く議論する素材として、本書は刊行された。従って、本書は法律書というよりノンフィクションとして、ルポとして、科学書としてなど、如何ようにも読者によって好きな角度から興味と問題を深めていただけると思う。

ところで「もんじゅ」訴訟が、いわゆる原発訴訟と、その内容、争点においていささか異なることは、目次を一覧して理解されよう。それは、原告たちが置かれている状況とその経験の中から生まれた恐るべき事態への確信に近い予測に裏打ちされているからである。

福井県は全国一の原発密集地であり、多数の原発が営業運転をする一方で、各種炉型の原子炉の実験場と化している。原子力発電という巨大科学技術は、たとえ小さな事故と思われても、それが引き金となってとりかえしのつかない大事故を呼び起こす危険性があり、絶対に誤りの許されない技術である。スリーマイル島原発事故は、誤ることのないはずのコンピューターを頼りの綱とし、人間のミスが重なって大事故に至った。スリーマイル島原発と同型炉をもつ福井県の住民は、コンピューターの処理能力の限界や人間がコンピューターについていける限界のあること、そして予期しなかった事故が起きたという事実を忘れはしない。また一方、原子力発電の立地によって得たものと失ったものとのあまりの格差を、時を経るにつれて重苦しく受けとめている。

私たちは、地域住民の基本的人権そのものが、陰湿にもぎとられていく地域社会の変貌を、この目で見、身体で感じてきた。「もんじゅ」の建設をめぐって敦賀市で起こされた直接請求運動は、市長によって代表者の資格証明書交付を拒否され、市民の法律に基づく意思表示の場そのものが奪われた。大飯町では、関西電力大飯三、四号炉の増設をめぐる町民投票条例の直接請求運動のなかで、署名者の名が町長と関電の目に触れることを恐れおののいた有権者は半数を超えた。勇気をふるって署名した人も家長の権力で取り消されたり、隣人によって町へ通報されたりする事件がいくつも起こった。民主主義の衰退と原発経済に支配された自治体財政のもろさや腐敗の臭いが、至る所にたちこめていた。これらの状況は今も進行形である。

〝十分に〟経験を積んだと国が主張する軽水炉原発においてさえ、こうした憂うべき地域社会につくりかえられてきつつある。まったく経験もない、ましてや軍事技術と深く結びついた高速増殖炉がもたらす社会は、より厳しい管理と中央集権化が容易に想像できよう。

科学技術の進歩によって、私たちは多くの恩恵を受けてきたのも事実であり、将来も人類と環境に貢献する科学であってほしいと思う。しかし、巨大な科学技術は、自然や環境を破壊して、巨大な施設や富、情報、権力の集中を必要とせざるをえない。高速増殖炉はその頂点に立つものである。

原子力発電という新しい技術は、国民による選択のいとまもなく、否応なしに上から与えられ、社会に組み込まれてきた。おおかたの人々は、巨大化し過ぎた科学技術が人間の制御を超えるものになりつつあることに疑問を抱いている。新たな巨大科学技術の選択は、与えられ、押し付けられるものであってはならない。私たち自身の手に選択権を取りもどすことが緊急に迫られているのではなかろうか。

私たちは、次代に何を残すべきであり、何を残すべきでないかを、人間として判断し、実行する責任をもつ。本書が、その動機づけの一助となることを願う。

一九八五年一〇月三日

本書の刊行と参考文献の表記について

本訴状を作成するにあたっては、「もんじゅ」の設置許可申請書や安全審査書などの安全審査関係資料、動燃事業団の定期刊行物、各年版の原子力白書、原子力安全白書等の白書類や新聞記事、原子力工学関係の専門文献や雑誌はもちろんのこと、原子力技術に対して批判的な立場から出版されている様々な単行本や雑誌記事など多数の文献を参考にさせて頂きました。しかし、訴状の法律文書としての性格上、そのほとんどを注記していません。本書作成にあたっても、訴状について若干の表記の訂正と統一などをするにとどめ、訴状の原文を尊重し、文献等の注記を加えておりません。参考にさせていただいた多数の文献の著作者に対し、あらためて謝意を表します。

なお、特に以下の文献については、引用等の形で利用させていただきましたので、重ねて謝意を表する次第です。

『プルトニウムの恐怖』高木仁三郎、岩波書店
『科学は変わる』高木仁三郎、東経選書
「高速増殖炉の開発上の問題点」萩原仁、『公害研究』一九七九年四月
「高速増殖炉の仮想事故」川又伸弘、『科学』一九七九年一月
『放射性廃棄物』原子力資料情報室

高速増殖炉の恐怖

——「もんじゅ」差止訴訟

訴　状

当事者の表示

福井県敦賀市縄間三号二一番地
　原　告　磯辺　甚三
　外三九名　別紙原告（選定者）目録記載のとおり
福井県福井市大手三丁目一の三　ヤマニビル五階
　右原告ら訴訟代理人
　弁護士　福井泰郎
　外一一名　別紙当事者目録記載のとおり
東京都千代田区永田町二―三―一
　被　告　内閣総理大臣
　　中曽根　康弘

東京都港区赤坂一丁目九番一三号　三会堂ビル
被　告　　動力炉・核燃料開発事業団
右代表者理事長　　吉田　登

原子炉設置許可処分無効確認等請求事件
訴訟物の価額　　金二八五〇万円
貼用印紙額　　金一五万〇六〇〇円

請求の趣旨

一　被告内閣総理大臣中曽根康弘が昭和五八年五月二七日に被告動力炉・核燃料開発事業団に対してなした、高速増殖炉「もんじゅ」にかかる原子炉設置許可処分は無効であることを確認する。
二　被告動力炉・核燃料開発事業団は福井県敦賀市白木地区に、昭和五八年五月二七日内閣総理大臣許可にかかる高速増殖炉「もんじゅ」を建設し、並びにその運転をしてはならない。
三　訴訟費用は、被告らの負担とする。
との判決並びに第二項に限り仮執行の宣言を求める。

請求原因

目次

はじめに

第一　当事者

一、原　告

原告らは、いずれも請求の趣旨第一項、第二項記載の「もんじゅ」の設置場所である福井県敦賀市白木地区周辺、福井県内の各肩書住所地に居住し、職を有する者であり、その生活地域の位置からして、本件施設における事故発生の際はもとより、平常運転時においても大気や海水中に放出される放射性物質によって生命・身体を損傷され、その生活、職業等に重大な被害を受けることを免れない者である。

二、被告　内閣総理大臣

被告内閣総理大臣（以下、「被告総理大臣」という。）は、原子炉等規制法二三条一項四号、同法施行令六条の二・一項一号の規定により、「もんじゅ」の設置許否の権限を有するものである。

三、被告　動力炉・核燃料開発事業団

1　被告動力炉・核燃料開発事業団（以下、「被告動燃」という。）は、昭和四二年七月二〇日法律第七三号「動力炉・核燃料開発事業団法」によって設立された一〇〇％政府出資資本金一兆二一七億二一四三万九五〇〇円の特殊法人である。同法一条によれば、その設立の目的は、高速増殖炉及び新型転換炉の開発、核燃料物質の生産、再処理及び保有並びに核原料物質の探鉱、採鉱及び選鉱とされている。

2　このように被告動燃は、日本の高速増殖炉開発の中心的位置を占め、「もんじゅ」の設置、運転の主体である。

第二　訴訟物

一、差止請求の対象、根拠

1　差止請求の対象

原告らは、「もんじゅ」が建設・運転されるならば、以下で述べるような重大な被害を被る可能性が極めて高い。それゆえ、人格権及び環境権に基づく妨害予防請求として「もんじゅ」の建設・運転の差止めを求めるものである。

2　差止請求の根拠

㈠　人格権に基づく差止め

個人の生命・身体・精神及び生活に関する利益は、各人の人格に本質的なものであって、その総体を人格権ということができ、このような人格権は何人もみだりにこれを侵害することは許されず、その侵害に対しては、これを排除する権能が認められなければならない。このような人格権なる文言は制定法の中には存しないが、民法七一〇条、七一一条、七二三条などは以上のような内容をもつ人格的利益を保護するものであり、そもそも憲法一三条、二五条がこの人格権を保障する趣旨に立脚するものである。人格権の存在については、学説・判例において広く承認されるところであり、その損害に対しては損害賠償ばかりでなく、妨害排除請求権が発生すると考えられてきている。この人格権による妨害排除については、侵害が現実に発生していないが、その発生の危険性が切迫しているというような場合には、その侵害発生の予防的な禁止を求める根拠としても機能するものである。

このような生命・身体・精神・生活の保護という人間にとって最も基本的な権利から原子力発電所も含めた工場の運転ということを考えるならば、人格権を侵害するような工場の運転はこれを原則として認めることはできず、運転中はもちろんのこと、運転開始前においても運転による人格権侵害の危険性が予測される場合には、かかる侵害を受けるおそれのある者が建設・運転の差止めを請求しうることは明らかである。

「もんじゅ」の建設・運転による被害発生予測については以下の章に述べるとおりである。現在建設されようとしている「もんじゅ」はそのような被害発生を防止しうる構造とはなっていない。そもそもプルトニウムを使用する原子力発電所は、いまだ技術的に未完成な部分が多く、廃炉や廃棄物の処理も含めて安全といいうる運転をなしうる段階に到達していないといわなければならない。運転から廃棄物、廃炉解体にいたるまでのトータルな安全性が確保・証明されない限り、「もんじゅ」の建設を認めることはできないのである。原告らはこのような「もんじゅ」の建設・運転、そしてそれから排出される廃棄物等によって重大な人格権侵害の危機にさらされようとしている。「もんじゅ」の建設、運転は原告らの人格権によって差止められなければならない。

㈡　環境権に基づく差止め

環境権とは、人が健康な生活を維持し、快適な生活を求めるため良き環境を享受し、かつこれを支配しうる権利である。この環境には自然的環境及び社会的、文化的環境が含まれ、かかる環境権は、環境にかかわりのある地域住民が平等に享有しているものである。この環境権は憲法一三、二五条から導かれるもので原告らはこの環境権を有している。放射能による環境の汚染が、人の生命健康の侵害にいたらない段階でも、環境権侵害の観点から差止めを請求しうるものである。これまでの公害の経験は、まず公害源の周囲の環境が汚染され、ついで動植物にひろがり、最後に人体被害に到達するという公害メカニズムが存在していることを教えている。つまり、有効な公害防止のためには、人体被害が発生した段階で処置を講ずるのでは手おくれであり、最初の環境汚染の段階で徹底的な防止措置を講じなければならないのである。「もんじゅ」の建設・運転による環境汚染の危険性は、以下で述べるように極めて大きく、その建設・運転は環境権によって差止められなければならない。

二、無効確認をもとめる行政処分の存在

被告動燃は、昭和五五年一二月一〇日、被告総理大臣に対して、「もんじゅ」にかかる原子炉設置許可申請をなし、被告総理大臣は昭和五八年五月二七日、請求の趣旨第一項記載のとおりの許可処分（以下、「本件許可処分」という。）をした。

本件許可処分には、以下で述べるごとく重大かつ明白な瑕疵が存している。このことにより、適正な審査に基づく許可処分がなされることによって保護さるべき原告の安全は重大な脅威にさらされることになった。この許可に基づく建設・運転によって発生するであろう被害を防止するべく、右許可処分の無効確認を求めるものである。

三、差止請求と無効確認請求の併合

請求の趣旨第二項にかかる被告動燃に対する「もんじゅ」の建設・運転の差止請求と請求の趣旨第一項にかかる被告総理大臣に対する本件許可処分の無効確認請求は、証拠や争点のほとんどを共通にしており、関連請求として併合して審理されるのが相当である。

第三　なぜ「もんじゅ」訴訟を提起するか

一、本件訴訟で問われているもの

1　「もんじゅ」建設問題は、昭和五〇年七月、敦賀市議会で初めて明らかにされ、以来地元敦賀市、福井県で、市政、県政の最大争点として論じられてきた。「もんじゅ」は、県民の生命の安全と郷土の将来を決定的に左右する運命の鍵を握るにとどまらず、その影響するところは国民的レベルに到達する問題をはらんでいる。

2　今、「もんじゅ」は、既設軽水炉とは格段に質の異なる問題点をかかえながら、それに立ち入った議論を経ることなく、原子炉と運命共同体を強いられる住民の真の合意を得ることもないままに建設着工を前にしている。

生命の安全に対する危機に常にさらされ、未知の問題をかかえたまま、多大の犠牲を払ってまで、住民は「もんじゅ」を受忍しなければならないのか。この訴訟はそのことを問うものである。

二、原子力実験場と化す若狭湾岸

1　福井県嶺南地域の若狭湾岸には一一基の原子力発電所が稼働中であり、「もんじゅ」を含む二基が建設、準備工事中、さらに二基が計画中の我が国最大の原子力発電所密集地帯である。設置者は被告動燃、日本原電、関西電力の三者により、炉型、出力はさまざまで、計画中を含むと一五基、出力一一七三万キロワットにのぼり、西独一国分の原発（一二基、一〇三〇万キロワット）を優に超える。

2　この密集地帯のなかで「もんじゅ」建設が予定されている敦賀半島は、加圧水型軽水炉、沸騰水型軽水炉、新型転換炉、高速増殖炉の計七基が集中する。なかでも昭和四五年に運転を開始した沸騰水型敦賀一号と加圧水型美浜一号は既に老朽化し、敦賀一号では配管のひび割れや応力腐蝕割れが相次いだ。五六年には、たまる一方の放射性廃棄物建屋の増築部で大量の放射能が海洋に流出する事故を起こし、県民に多大の不安と被害を与えた。美浜一号は、四七年から蒸気発生器細管の減肉、ピンホールが頻発し、全細管の四分の一が使用不能のままであるばかりか、炉心溶融事故につながる燃料棒折損という重大事故が、国の立会い検査があったにもかかわらず三年半も隠されていた。この二つの原子力発電所は、明らかに健全性を失った欠陥炉であるが、敦賀一号では六一年から、わが国で初めての実験となるプルトニウム・ウラン混合燃料を軽水炉で燃焼させるプルサーマル実験が予定され、美浜一号も、やがては同様の実験を行うことになっている。新型転換炉「ふげん」は日本で自主開発された実験型炉であり、これに「もんじゅ」を加えると、敦賀半島は日本における原子炉の大型実験場そのものというほかはない。

3　また高浜、大飯を加えると、若狭湾岸は巨大化、多様化、密集化の一大原子力実験場である。過去、相当数の事故、故障が若狭湾岸のすべての原子力発電所で起こった。公表されただけでも年間三〇件は毎年起こっている。TMI事故以後安全管理が改善されたといわれるが、大飯一号のECCS誤作動事故、高浜二号の九五トンもの一次冷却水漏洩事故、敦賀一号廃液漏出事故、大飯二号圧力容器付属器粒界割れ事故は、いずれもTMI事故以後に起こり、重大事故に属するものであった。住民は「安全性が高く信頼がおける」とされてきた既設軽水炉においても、いくつかの生命不安をいだかざるをえない経験に遭遇しているのである。そして事故の確率は、集中化すればするほど、実験的であればあるほど高くなるはずである。このように集中化した危険に、更に「もんじゅ」を加えることは到底許されない。

三、憂慮すべき環境汚染

1　集中化した原子力発電所は、大量の温排水を海に流し、その排出量は増大している。若狭湾岸稼働一一基の原子力発電所から排出される温排水量は毎秒五四一トンに及び、福井県下最大の九頭竜川を四つ合わせた流量に達しようとしている。その影響は、深さにおいても、広がりにおいても、当時予測し、実験した数値をはるかに超えている。それが沿岸漁業にどのような影響を及ぼすのかの観測が始まったことは、漁業への影響はないとの当初の予測の破産を示している。また、放水口付近には、コバルト六〇、マンガン五四、トリチウムなどの放射性物質が確実に蓄積されつつあり、大量温排水と放射能の影響は漁業資源の将来を脅かしている。

2　陸上では、原子力発電所から放出される放射能の影響を観測するために、住民たちがムラサキツユクサの実験を行ってきた。微量放射能が生物体に与える影響を観るこの実験は、高浜原発、大飯原発、敦賀原発の各周辺をとりまく形で、五一年から現在まで一〇年間の観測が続いている。その結果は、原発が運転中の風下方面のムラサキツユクサに有意な突然変異率の上昇のみられることが共通している。このことは微量放射能、放射線が長期間にわたれば生物（人間）に対し身体的、遺伝的影響を与えることを示している。地元の原発労働者被曝に加え、地域全体の被曝線量は増大し、子供への影響は無視しえないだろう。

四、防災対策の不在

1　原発密集地帯は、日本有数の観光地である。夏の海水浴シーズンには、一五万人の人口が一〇倍以上にふくれあがり、中都市と同一人口のリゾート地と変貌する。これに対応する原子力災害の防災体制は何らないといってよい状態である。TMI事故以後、原子力安全委員会の指針に基づいて策定された福井県原子力防災計画は、これまでにわずか年一回、行政レベルの担当者間の通報連絡訓練が行われているにすぎない。同計画によれば、空間ガンマ線量率が毎時一ミリレントゲンに達して、初めて災害対策本部の設置準備が開始される。しかしこの段階では、すでに環境放射能は平常時の一〇〇倍に達しているのであり、このような防災対策は有効性を欠いている。災害発生をいかに早くキャッチし、公衆へ周知させ、避難させるのか。そのことを住民はもっとも強く望んでいるのである。原子力発電所から逃れることが許されず、原子力発電所とともに日々を営まざるをえない住民は、事故が起こらないことを念じ、かつ起こった場合のことが常に頭から離れない。現行防災計画は、住民のこうした期待に応えうるものとはほど遠い。

2　とりわけ、前述した海水浴シーズンに地理不案内の県外海水浴客があふれ、道路が十数キロにわたって渋滞する際には、全く打つ手がないほど大混乱を生ずる恐れがあろう。

しかも、夏期シーズンは、電力需給のピークに当たり、原子力発電所はフル稼働で運転しなければならない時期であり、事故の際の影響も大きいのである。

五、住民の声をふみにじった「もんじゅ」開発

1　バラ色の夢は破れて

原子力発電所設置の大前提は住民同意であるとされてきた。しかし、福井県の原子力発電所新増設は住民同意を裏付けに進められたものではない。確かに敦賀一号、美浜一号など当初は国の主張する「安

全性」と「経済性」を信じ、国策としての軽水炉建設を受け入れた若狭湾岸の住民も多かった。見たことも、経験したこともない先端科学の判断を住民や自治体がもちうるはずもなく、国の専門家にゆだねるしかなかった結果であった。

しかし、実際に運転に入ると、一年も経ないうちに、今日に連らなる原子力発電所の様々な問題点が露呈しはじめた。事故、故障が相次ぎ、稼働率は計画をはるかに下回り、放射能が環境から検出され、労働者が被曝した。建設に同意した時点と、運転にはいった時点では、状況は大きく変わったのである。

2　高まる原発不信、「もんじゅ」反対の世論

住民は既設原発の安全性に疑問をもち始めた。しかしその頃には、既に漁業権を放棄し、売却済みの原発敷地には、二号、三号と増設が進められていたのである。「できあがって動いている原発をとめることはできなくても、もう、これ以上福井県に原発をつくらせるのはゴメンだ」という思いが県民世論として一気に広がった。

昭和五一年一〇月「高速増殖炉等に反対する敦賀市民の会」は、敦賀市を中心に「もんじゅ建設反対」で三万六六五人の署名を敦賀市長に提出した。

昭和五二年九月、「原発に反対する福井県民会議」は、一〇万二四六四人の署名を集めて知事と県議会へ要請した。この署名は、「原発はもうたくさん。『もんじゅ』建設をはじめいっさいの新増設に同意しないこと」を趣旨としている。そして、この署名数は県政始まって以来の最大数といわれた。同年一一月には、「もんじゅ」をはじめ原発施設の設置に関する市民投票の条例制定を求め、敦賀市で直接請

求運動が始められようとした。ところが市長は、請求代表者の資格証明書交付を不当にも拒否したため、市民が直接「もんじゅ」可否を行政に反映させる手段は奪われたのである。五六年九月、「もんじゅ」建設反対署名は知事と県議会へ出され、その署名者は一〇万九四八七人に及んでいる。

3　「もんじゅ」反対は県民の声

このように、県民の「もんじゅ」反対の声は、圧倒的な数をもって明らかにされてきた。しかし、国は、住民を代表する機能を失った議会や自治体の形式的同意を得て、住民の意思をふみにじって、「もんじゅ」の建設手続きを強行してきた。

このような中で、住民は「もんじゅ」に対し、毅然と反対し続け、安全審査手続きのなかでも、「もんじゅ」に関する公開質問書、公開ヒアリングの開催に関する改善要求を科学技術庁及び原子力安全委員会に提出したが、何ら誠意ある回答はえられなかった。

かくて、住民の疑問に答えることなく、又その同意をえることもないままに「もんじゅ」建設手続きは強行されてきたのであり、生涯、更には子孫の代まで危険を負担しなければならない地域住民に重い十字架を課さんとしているのである。

六、軽水炉にはない「もんじゅ」の危険性

1　スケールアップの危険性

「もんじゅ」は小型実験炉と大型実証炉の中間に位置する原型炉である。実用炉とされている軽水炉でも、いまだに予測もされなかった事故、故障が起こり続けている。まして原型炉では、何が起こるかわからないという問題がある。「もんじゅ」は、先行する実験炉「常陽」（五万KW）に比してスケールアップや性能など技術的にはるかに厳しい条件におかれているうえに、軽水炉にはない高速増殖炉固有の危険性を備えている。

2　炉心崩壊の可能性

まず、炉心の出力密度が軽水炉に比して大きく、熱のバランスがくずれると急速に温度が上昇し、燃料棒の破損、ナトリウムの沸騰をもたらしやすい。何らかの原因で炉心全体、あるいは一部の冷却効果が低下すると炉心の破壊、崩壊、溶融に至る危険性は、軽水炉より、はるかに大きいのである。

3　核爆発は起こりうる

軽水炉では、少なくとも核爆発は起こらないだろうと考えられているが、高速増殖炉は、炉心に異常が起こり、ナトリウムの気泡が発生し、原子炉の緊急停止に失敗するという事態が起これば大暴走→核爆発に至る可能性を秘めている。軽水炉では、炉心溶融という事態になっても、こうした核爆発はまったく考慮されていない点と比較すると、その危険性は重大である。

4　ナトリウムの危険性

冷却材に使用されるナトリウムは、水や空気にふれると激しく反応し、爆発的に燃える性質を持っている。ナトリウムと水、空気との接触を完全に断つことは困難であり、思わぬ事故や故障で、押さえ込まれていた危険性が表面におどり出し、事態を一層悪化させる可能性は否定できない。

5 プルトニウムの危険性

軽水炉の数十倍のプルトニウムを炉心にかかえこむ高速増殖炉で炉心溶融事故が起こった場合、蒸発、飛散によって微粒子となった大量のプルトニウムが放出され、住民を襲うことになる。西独が計画している高速増殖炉原型炉SNR－三〇〇(三〇万KW)について米国の科学者リチャード・ウェッブが行った評価によれば、核爆発による大規模な放射能放出が生じれば、一定の気象条件の下では一六万平方キロメートルの土地を放棄しなくてはならないとされている。

七、プルトニウムの管理は不可能

プルトニウムは、この世で最も毒性の強い物質の一つである。プルトニウム二三九の半減期は二万四〇〇〇年で半永久的に消滅せず、体内にとりこまれると長く留まり、まわりの組織を長期間被曝し続ける。「もんじゅ」はこの猛毒物質を最も大規模に生産し利用する。プルトニウムの管理は、安全面で極めて厳しい条件下に置かれざるをえない。同時に核兵器の材料であることから軍事転用の危険性に歯止めをかける厳重な管理体制が必要とされるとして国民に対するあらゆる面での管理を強化する危険性も増大している。このようなプルトニウム管理社会は基本的人権を侵害し、民主主義の原理とは相容れない。

プルトニウム燃料の取得、加工の計画も明らかにされず、使用済燃料の再処理のメドも不確かなまま、「もんじゅ」が運転されることになれば、過剰なプルトニウム、使用済燃料が施設内にあふれることになろう。その存在は各種の危険につながっていく。プルトニウムを完全に隔離し、安全に管理する方法は、未だ見い出すことができないのであり、このようなプルトニウムの大量利用に道を開く「もんじゅ」建設は許されない。

八、「もんじゅ」は壮大なムダ

高速増殖炉の開発には各国とも膨大な費用が投じられてきた。「もんじゅ」は昭和五四年当初の建設見積りが四〇〇〇億円とされたが、早くも五九〇〇億円に修正された。八〇年代に「もんじゅ」に投じられる開発費は一兆円をこすものと予想されている。

高速増殖炉は、軽水炉に比べて破格の建設費を要し、使用済燃料貯蔵施設、燃料生産、輸送、再処理、廃棄物処理、廃炉の各段階を含めると、必要な経費は見当もつかない巨費にのぼろう。しかも、高速増殖炉核燃料サイクルのほとんどが未だ研究段階にあり、開発のメドは全く立っていないのである。アメリカのクリンチリバー原子炉は、当初予算の一〇倍をこえる建設費の高騰で、建設を中止し、西独のSNR－三〇〇もまた、四倍も建設費がふえたために建設を差止められている。

安全上の問題を多くかかえ、巨額の投資をしてまでも「もんじゅ」建設が急がれているのは、増殖の効果への期待とされる。しかし、高速増殖炉自体の増殖が意味をもつのには何十年も原子炉の運転を続けた後であり、それまでに要する費用を考えると経済的には全く意味をもたない。「もんじゅ」建設は壮大なるムダと評するほかないものである。

九、結論

若狭湾岸の既設原発一一基だけでも、住民にとってその十字架は重すぎる。行き場のない廃棄物、廃炉のお守り。既に郷土は死の灰にいたるところまみれている。そのうえ、さらに「もんじゅ」を建設することは、子々孫々の未来までをも奪うことであり、人間として許されるべき行為ではない。そして何より住民は〝モルモットにはなりたくない〟と叫ぶのである。「もんじゅ」建設差止めは、福井県民全体の悲願である。我々は、必ずやこの裁判で「もんじゅ」の危険性が裁判所に十分理解され、その建設運転の差止めを認める判決が下されるものと確信するものである。

第一部　序論

第一　高速増殖炉の構造と「もんじゅ」の概要

一、高速増殖炉の定義と歴史

1　原子力発電の定義

㈠　ウランやプルトニウムなど、核分裂性物質の核分裂連鎖反応を制御しながら持続させる装置を原子炉という。原子炉はその目的によって、研究用、原子炉試験用、材料試験用、発電用、推進機関用、プルトニウム生産用、アイソトープ生産用、医療用などに区別することができる。

㈡　原子炉を運転している時は、核分裂によって多量のエネルギー（熱）が放出される。これを冷却材によって炉外に取り出し、その取り出した熱を動力源として発電を行うのが原子力発電である。

2　発電用原子炉の分類

㈠　発電用原子炉は幾つかの観点から分類することができるが、大別すると、

⑴　核分裂反応に関与する中性子の速度によって、高速中性子炉と熱中性子炉

（注）高速中性子　〇・五メガeV以上のエネルギーを持つ中性子
（注）熱中性子　周囲の物質と熱平衡にある中性子で、二〇度Cの物質の場合のエネルギーは、〇・〇二五eV

(2)　転換率の一を前後にして、増殖炉と転換炉

（注）転換率　原子炉の中で核分裂性物質が一個消費された時に、中性子を吸収することによって燃料親物質が核分裂性物質に変換される割合。転換率が一より大きい場合、これを増殖比という。

の二つに分けることができる。

(二)　右の分類とは別に、燃料、制御材、減速材、冷却材など原子炉を構成する材料によっても発電用原子炉を分類することができる。これによる分類は左記のとおりである。

燃料	制御材	減速材	冷却材
ウラン	炭化ホウ素	軽水	気体
天然ウラン			炭酸ガス
低濃縮ウラン	ホウ素鋼	重水	ヘリウム
高濃縮ウラン			液体
プルトニウム	銀・イリジウム合金	黒鉛	軽水
			重水

ウラン・プルトニウム混合物	ステンレス鋼		液体金属 ┌ナトリウム └ナトリウム・カリウム合金

㈢ 現在、実用炉として世界で最も多く建設ないし運転されている発電用原子炉は、いわゆる軽水炉と呼ばれるもので、これは二%から三%のウラン二三五を含んだ二酸化ウラン（低濃縮ウラン）を燃料とし、減速材と冷却材に軽水（普通の水）を使用し、かつ増殖機能を有しない（転換率が一以下）熱中性子炉である。日本で稼働中の商業用の発電用原子炉も、ほぼ全てが右の軽水炉である。

3 高速増殖炉の定義

㈠ 高速増殖炉とは、高速中性子による核分裂の連鎖反応によって生ずるエネルギーを利用して、一方では動力を生産しながら（発電）、他方ではこの連鎖反応に必要な核燃料を消費する速さよりも、燃料親物質に右の高速中性子を吸収させて新たに核分裂性物質を生産する速さの方が大きい（増殖させる）原子炉のことをいう（動力炉・核燃料開発事業団法二条一項）。

㈡ 高速増殖炉は、俗に、「発電をしながら、燃やした以上の燃料を作り出す」とか、将来軽水炉にとって代わる「夢の原子炉」とも宣伝されている。

このような宣伝が、如何に虚偽に満ちたものであるかは、以下に詳論するとおりである。

4 高速増殖炉の歴史

㈠　核分裂連鎖反応が持続することは、一九四二年一二月二日、E・フェルミらによるシカゴ大学のCP－1炉によって初めて実証された。そのE・フェルミは、一九四五年に、「増殖型原子炉を最初に完成する国こそ原子エネルギーの競争の上で著しい優位を持ちうる」と予言したと伝えられる。

㈡　前記のとおり、今日、発電用原子炉は軽水炉が圧倒的主流となっているが、歴史的にはフェルミの右予言からうかがえるとおり、アメリカにおける高速増殖炉の実験・研究がこれに先行した。即ち、一九四六年に実験炉クレメンタイン（熱出力二五KW）の実験が開始され、一九五一年一二月二〇日にはナトリウムを冷却材とする高速増殖実験炉EBR－1（熱出力一二〇〇KW）が、世界ではじめて核分裂のエネルギーを動力源とする発電に成功した。

㈢　しかし、E・フェルミの名を冠し、二〇年余の歳月と一億三〇〇〇万ドルを投じて計画、建設が進められた高速増殖実験炉（E・フェルミ炉）が、発電時間通算わずかに五二時間、プルトニウムの生産（燃料増殖）に至ってはゼロという無惨な結果により解体に追い込まれたこと（一九七二年八月）に象徴されるとおり、高速増殖炉は、今日でもなお「夢の原子炉」たる域を出ていない。各国の高速増殖炉開発の歴史は、表1のとおりだが、後発の軽水炉がまがりなりにも商業ベースに乗っているのと比較する時、実証炉の開発にすら成功していない事実は、高速増殖炉の原理的、技術的困難さとそれ故の危険性を端的に示している。（図表は各部の末尾に一括して掲載しています――編集部注）

二、高速増殖炉の構造

1　高速増殖炉の原理

㈠　高速増殖炉の原理は、一言でいえば、核燃料物質（ウラン二三五、又はプルトニウム二三九）が核分裂を起こす割合より、核分裂によって発生した中性子を吸収してウラン二三八がプルトニウム二三九に変わる割合が大きくなる（転換率を一以上にする）ように原子炉の設計を工夫することである。軽水炉のような熱中性子炉でも一部の熱中性子は、ウラン二三八に吸収されて核分裂性のプルトニウムに変わるが、その転換率は一よりはるかに小さい。

㈡　増殖比を高めるために、原子炉は次のような構造を持つ。

(1)　一回の核分裂あたりの中性子の発生量が多い核燃料を用いる。これにより、過剰の中性子を発生させ、ウラン二三八に吸収されてプルトニウムを生成する中性子の割合を多くする。一回の核分裂あたりの中性子発生量は、ウラン二三五が二・五八、プルトニウム二三九が三・〇九（但し、一・五メガeVの高速エネルギー領域における）であり、この点から使用する核燃料にはプルトニウムが適することになる。

(2)　一回の核分裂あたりの中性子の発生量を高め、かつ余分な反応で失われる中性子を少なくするため、エネルギーの高い高速中性子を利用して核分裂を行わせる（高速中性子を利用する増殖炉なので高速増殖炉と呼ばれる）。

(3)　原子炉をできるだけ小型にし、かつ、炉心を親物質で囲むことにより（これをブランケットという）、核分裂の連鎖反応に必要な中性子以外の中性子の余分な反応や原子炉外への漏出を防ぐ。

(4)　高速中性子を利用するので減速材（中性子を熱中性子のエネルギーレベルまで低下させる物質）

は不要だが、小型の原子炉から効率よく熱を取り出す冷却材が必要となる。水（軽水）は減速材としても作用するので、これを冷却材に用いることはできず、ナトリウム（液体）が最適とされている。

(5)　高速中性子による核分裂の確率は、熱中性子に比べて約一〇〇分の一と小さく、核分裂連鎖反応を維持することが困難なので、燃料には核分裂性物質の濃度の高いもの（プルトニウム燃料の場合には、プルトニウムの混合割合が高いもの）を使用する。

㈢　要するに、コンパクトにエネルギーが詰まった高温の原子炉、換言すれば高温で出力密度の高い原子炉というのが高速増殖炉の基本的イメージである。

（注）出力密度　原子炉の炉心の単位面積あたりの熱出力。この「炉心」については、炉心の体積として燃料体のみ、あるいは冷却材を含めたもの、又は炉心全体を指す場合などがある。

2　高速増殖炉の種類

㈠　高速増殖炉の燃料は、①ウランを使用するもの、②プルトニウムを使用するもの、③ウランとプルトニウムの混合物を使用するものなどがある。又、冷却材には、水銀、ヘリウム、空気、ナトリウム（液体）などの種類がある。しかし、今日、西側各国で開発が進められている高速増殖炉は、ほとんど全てが燃料にはウランとプルトニウムの混合酸化物（プルトニウムの富化度＝混合割合二〇％前後）、冷却材にはナトリウム（液体）を使用する形式といってよい。

㈡　原子炉構造には、大別してループ型とタンク型の二種類がある。前者は原子炉容器内に炉心及びブランケット燃料集合体（親物質）、中性子反射体、燃料一時貯蔵ポットが内蔵されている。後者は、右の各機構のほか、一次冷却材循環ポンプと中間熱交換器も原子炉容器内に内蔵されている。「もんじゅ」はループ型（図1）、フランスが開発をすすめている実証炉「スーパーフェニックス」（図2）はタンク型である。

三、高速増殖炉の特徴

1　発電の原理における軽水炉との比較

(一)　火力発電は、ボイラーで石油や石炭を燃やしてその熱によって蒸気を作り、蒸気の力でタービンを回して発電する。これに対して原子力発電（高速増殖炉を含む）は、石油や石炭を燃やす代わりに、原子炉内の核分裂反応で発生する熱によって蒸気を作るもので、その後の発電の原理は火力発電と同一である。発電用原子炉の種類及びその中で最も多く実用化されているのが、減速材と冷却材に軽水（普通の水）を用いる軽水炉であることは前記のとおりである。軽水炉には、加圧水型炉と沸騰水型炉の二種類がある。

（注）加圧水型炉とは、軽水炉のうち原子炉内で冷却材（軽水）を沸騰させない炉の型式をいう。つまり、原子炉内の圧力を一五〇気圧前後という高圧にして、三〇〇度C前後の水を蒸気にさせないで炉内及び配管を循環させる。この型式では、発電用タービンに供給する蒸気を発生させるために熱交換器（蒸気発生器）を別に設ける。これに対し、原子炉内で冷却材を沸騰させ、発生した蒸気を直接タービンに供給する型式を沸騰水型炉という。

(二)　高速増殖炉も、①炉心で発生した熱を熱交換器に導き、ここで二次冷却材との間で熱交換を行う、②熱を受けとった二次冷却材は、さらに蒸気発生器を通して水と熱交換を行い蒸気を発生させる、③発生した蒸気がタービンを回して発電するという、発電の原理自体は軽水炉と変わらない。特にその構造は加圧水型の軽水炉に似ている。但し、高速増殖炉の場合、冷却系が一次、二次の二系統に及び、さらにその外側に蒸気（水）系がある点が軽水炉と異なっている。「もんじゅ」の主要系統は図3、加圧水型軽水炉の主要系統は図4のとおりである。

2　高速増殖炉の特徴

同一出力規模（電気出力一〇〇万KW）の高速増殖炉と軽水炉との簡単な比較は表2のとおりである。全体に軽水炉に比べ高温かつ高出力密度であることに注意を要する。高速増殖炉の主な特徴は以下のとおりである。

(一)　高速中性子の利用

(1)　核分裂あたりの中性子の発生量を高めるとともに余分な反応で失われる中性子を少なくするために高速中性子を利用する。軽水炉では、エネルギーの低い熱中性子を利用する。

(2)　高速中性子の場合、熱中性子に比較し、約一〇〇分の一の確率でしか核分裂を生じさせず、そのため核分裂連鎖反応を持続させるための燃料の濃度が高くなり、又その量（臨界量）も多くなる。但し、高速中性子の持つ高いエネルギー領域では、熱中性子によっては分裂しない親物質（ウラン二三八）にも核分裂が生じ、原子炉の出力の一部を担う。

㈡　核分裂性物質の増殖

(1)　高速増殖炉では炉心のまわりをウラン二三八で囲み（ブランケットという）、炉心からでる高速中性子をこれに吸収させて、核分裂性物質であるプルトニウム二三九の増殖、生産を行う。

増殖率（又は転換率）は次の式で表される。

$$増殖率=\frac{核分裂性物質の正味の（生成－吸収－消滅損失－漏洩）生成率}{核分裂性物質の吸収消費率}$$

(2)　増殖能力は物質によっても差があり、中性子の高速エネルギー領域では、プルトニウム二三九が高い。

増殖は、原子炉の炉心と、ブランケットの両領域で生じ、そのうち六〇％から七〇％は炉心で、残りはブランケットで生じる。実際の高速増殖炉の増殖率は、一・一五から一・一四の間と言われている（「もんじゅ」の場合一・二）。

(3)　軽水炉でも一部の中性子はウラン二三八に吸収されて核分裂性物質であるプルトニウム二三九を生成するが、増殖機能は持たない。

㈢　プルトニウム燃料の使用

(1)　前記のとおり、高速増殖炉で使用する燃料にはいくつかの種類があるが、今日では、ウランとプルトニウムの混合酸化物が一般的である。燃料全体に占めるプルトニウムの割合（プルトニウム富化度）

は大体二〇%前後で、電気出力一〇〇万KWの高速増殖炉の場合、その量は約二トンになる。運転が継続され、プルトニウムの増殖が行われた場合には、原子炉内のプルトニウムの総量は数トンに達するものと予測される。

これに対し軽水炉では、二%から三%前後のウラン二三五を含んだ二酸化ウランを燃料として使用するのが一般的で、その量は、電気出力一一〇万KWの東京電力福島第二原子力発電所二号炉の場合、一四二トンである。

(2) 燃料は、ステンレス鋼などの被覆材でおおわれ、上下にブランケット用のウランと核分裂で生じたガスを貯める部分(プレナム)を配置し、これらで一本の燃料要素(燃料ピン)を構成する。そして、燃料要素を数十本ないし数百本束にして六角形に組立て、その周囲をステンレス鋼などで覆う。これを燃料集合体(ラッパー管)という。燃料要素、燃料集合体、及びこれらの炉心への配置は図5のとおりである。

(3) プルトニウムを多量に内蔵することは、その毒性や、アメリシウム、キュリウムなど超ウラン元素の副産物の生成などの点から、高速増殖炉の管理を極めて困難なものにする。

(四) 液体ナトリウムの使用

(1) 高速増殖炉の冷却材の種類は前記のとおりだが、今日では液体ナトリウムの使用が一般的である。ナトリウムは、①熱伝導率が水の一〇〇倍以上と高く、熱移送特性が良いため高温状態の高速増殖炉に適する、②沸点が八八一度Cと高く、運転温度領域(一五〇度Cから六五〇度C位までの間)で液状を保ち、軽水炉のように炉内を加圧する必要がなく、又、二相流とならないこと、③比較的安価であること、などの利点があるとされている。

(2) 他方、ナトリウムは、①化学反応性が高く、空気や水と爆発的に反応すること、②素材に対する腐食性が強いこと、③中性子照射を受けて放射化し、強い放射能を持つこと、などが欠点として指摘されている。

(3) ナトリウムは一次系、二次系の各冷却系のループを循環し(図3参照)、原子炉を冷却してその奪った熱で蒸気を発生させ、発電タービンを動かす。これらの複雑な配管経路、循環経路でナトリウムの右の欠点が露呈する危険性は高い。

㈤ 中性子照射

(1) 表2の中性子束の数値から明らかなとおり、高速増殖炉の炉心では、軽水炉に比べて中性子の量が一桁から二桁大きくなる。表2で、中性子束が一〇の一五乗(一〇〇〇兆)ということは、毎秒一平方センチメートルの断面を通る中性子の個数が一〇〇〇兆個に達することを意味する。仮にこの原子炉を一年間運転し続けると、一平方センチメートルの断面を通り抜ける中性子の数は、一〇の二二乗個(一兆の一〇〇億倍)に達し、重量も五〇ミリグラムと、十分に計量可能となる。

(2) 原子炉の炉心の構造材は、右の量の中性子の照射を受けるため、その耐久性が問題となる。特に、燃料を被覆しているステンレス鋼は、中性子照射の効果によってスエリングと呼ばれる膨張が生じ、上下を固定されたラッパー管(燃料集合体)を内側に曲げることになる。その結果、炉心の燃料密度が増して反応度が増加し、出力暴走に至る危険性がある。

㈥ 高い出力密度

高速増殖炉の出力密度は、同規模の軽水炉に比べて一桁近くも大きい（表2参照）。出力密度が高いということは、原子炉が小型の割に力が大きいということであるが、これは同時に、運転が定常状態を外れた時には直ちに出力暴走となりうることを意味し、それだけ原子炉の制御が困難を増すことになる。

㈦　不安定な動特性

(1)　原子炉を安定的に運転するためには、遅発中性子の制御が大きな意味をつ。

（注）即発中性子と遅発中性子

核分裂に際し、発生する中性子を核分裂中性子という。核分裂中性子の中には、核分裂によって即発的に発生する中性子（即発中性子）と、ある程度遅れて発生する中性子（遅発中性子）がある。遅発中性子は、ある種の核分裂生成物（遅発中性子先行核）のベータ崩壊の結果放出されるもので、核分裂の瞬間からの遅れ時間によって異なる六つのグループに分類される。熱中性子レベルでの遅発中性子の発生割合は、ウラン二三五の場合約〇・六七％、プルトニウム二三九の場合約〇・二二％である。

軽水炉の場合、遅発中性子は即発中性子の一万倍前後の寿命（〇・四秒から数十秒）を持つので、この遅発中性子を制御して、原子炉を主に制御することになる。

(2)　しかし、高速増殖炉では、即発中性子の寿命が一〇〇万分の一秒以下と軽水炉に比べてはるかに短く、又、遅発中性子の割合も小さいため、これの制御が極めて困難となる。そして前記の出力密度が高いこともあって、原子炉の出力が何かの要因で変化した場合の原子炉の状態（これを動特性という）は不安定さを増し、制御困難となる。

(3)　大型の高速増殖炉では、冷却材（液体ナトリウム）が沸騰すると中性子の吸収作用が低下して、中性子が過剰となり、これが核分裂の増大、したがって出力の増加をもたらす（これを正の反応度係数―ボイド係数―を持つという）という特性を有しており、このような作用が原子炉の動特性を一層不安定なものにする。

(八)　炉心崩壊の可能性

高速増殖炉は出力密度が高いため、炉心内の発熱量と冷却機能のバランスが崩れると、軽水炉に比べて急速に出力が上昇し、燃料の破損やナトリウムの沸騰が惹き起こされる。又、ナトリウムが沸騰して気泡が生じた場合、発生した中性子の吸収度合が低下し、一層出力が増加することになる（軽水炉の場合、冷却材は減速材も兼ねるので、これの沸騰、喪失は、減速能力の低下をもたらし、これにより出力も低下する）。これらの特性から、高速増殖炉は燃料の変形等のわずかな原因が炉心崩壊をもたらす危険性が高い。後に述べるＥＢＲ－１炉、Ｅ・フェルミ炉の事故もこの危険に起因する。

(九)　核爆発（爆発的な暴走事故）の可能性

右(八)の要因に加え、高速増殖炉の燃料配置は、核分裂反応が最高になるように設計されていないため（軽水炉の場合は、最高の反応を保つように設計されている）、燃料の変形などによって更に反応が増大し、制御不可能な即発臨界の状態に達し、爆発的な出力暴走となる危険性がある。又、暴走を免れて炉心崩壊（溶融）となった場合でも、溶融して一体化した燃料が再度臨界状態に達して（再臨界）爆発的な出力暴走となる危険性がある。

（注）即発臨界　即発中性子だけで核分裂連鎖反応の持続（臨界）が可能となる状態。即発中性子の制御が困

難なことは前記のとおり。

四、「もんじゅ」の施設計画及び構造計画

1　高速増殖炉における「もんじゅ」の位置

(一)　日本の高速増殖炉開発は、後述のとおり、原子力委員会の長期原子力開発利用計画に基づき、昭和四二年から被告動燃を中心とし、国公立及び民間機関がこれに協力するナショナル・プロジェクトとして「自主開発」の建前で進められてきた。これに基づき高速増殖実験炉「常陽」(発電設備を有しない)が同四五年に被告動燃によって建設着工され、同五二年四月に臨界に達した。「もんじゅ」の設計は、同四三年に開始された(建設経過の詳細は後述)。

(二)　被告動燃によれば、「もんじゅ」の開発目的は、「高速増殖炉を我が国において実用化するため、大型実用炉に至る中間規模の原型炉を自主開発し、その設計、製作、建設、運転の経験を通じて、高速増殖発電炉の性能、信頼性、安全性を実証するとともに、経済性が将来の実用炉の段階で在来の発電炉に対抗できる目安を得、併せて実用炉建設の段階での我が国産業界の国際競争力を得ようとする」ものとされている。

(三)　現在の計画で高速増殖炉の実用化の目途は、二〇一〇年ころとされており、「もんじゅ」の建設、運転によってこれを実証するものとされている。「もんじゅ」の建設費用は当初計画で四〇〇〇億円にのぼり、これを国と電力九社が負担することになっている。しかし、昭和六〇年二月に、建設費用は一

挙に五九〇〇億円（国の負担四〇〇〇億円、電力各社の負担一九〇〇億円）へと増加した。アメリカに典型的に見られるとおり（一九八三年一〇月、開発予算否決による計画中止）、過大な財政負担は高速増殖炉開発を行き詰まらせる最大の要因の一つとなっており、「もんじゅ」も又、この例にもれないものと思われる。

2　「もんじゅ」のプラント配置計画

(一)　全体配置

(1)　「もんじゅ」は福井県敦賀市白木地区に建設が予定されている。全体配置図は図7のとおりである。

(2)　敷地中央部を標高四二・八メートル及び標高二一・〇メートル（一部標高三一・〇メートル）に敷地造成し、これが主要施設の敷地とされる。標高四二・八メートルの整地面に北側よりメンテナンス・廃棄物処理建物、原子炉建物を取り囲む原子炉補助建物が設置され、標高二一・〇メートルの整地面にディーゼル建物、タービン建物等が設置される。

復水器冷却水は敷地前面港湾内より深層取水し、放水ピットを経て港湾外に放水される。

なお、建設時の重量物の搬入等のため、敷地前面に港湾が設置される。

(二)　建物及び構造物

(1)　主要建物の断面図は図8のとおりである。

(2)　原子炉建物は、原子炉格納容器外部遮蔽建物、原子炉格納容器及び内部コンクリート構造物からなっている。

原子炉格納容器外部遮蔽建物は、原子炉格納容器の円筒部及び上部半球部を覆う内径約五二・五メートル、地上高さ約四六メートルの鉄筋コンクリート造で、原子炉格納容器円筒部との間はアニュラスを形成している。

原子炉格納容器は、内径四九・五メートル、全高約七九メートル、上部半球、下部皿形鏡円筒型の鋼板溶接構造で、岩盤上に設置されている。原子炉格納容器への出入口として通常用エアロック、非常用エアロック及び機器搬入口を設け、又、格納容器上部には、ポーラクレーンが装備される。ポーラクレーン架台は、直接本体鋼板に取り付ける構造となっている。

内部コンクリート構造物は、原子炉格納容器内機器を、支持収納するものである。ナトリウムを保持する機器を収納する部屋には鋼性ライニング等が設けられ、運転時には窒素ガス雰囲気となる。

基礎盤は標高約五メートルの岩盤上に設置されており、原子炉建物、原子炉補助建物と共通の鉄筋コンクリート造である。

(3) 原子炉補助建物は、平面約九八メートル×約一一三メートル、主要構造は鉄筋コンクリート造で原子炉建物を取り囲んでいる建物であり、部屋に収納する機器設備は二次主冷却系設備、補助冷却設備、一次アルゴンガス系設備、廃棄物処理設備、燃料受入貯蔵設備、換気空調設備、補機冷却水設備等である。又、建物の一部にはステンレス鋼ライニングされた燃料池がある。基礎盤は標高約八・五メートルの岩盤上に設置される。なお、排気筒は鋼板製で原子炉補助建物の屋上に設置され、排気口の地上高さは約一一〇メートルである。

タービン建物は、平面約三六・五メートル×約八三・〇メートル、地上高さ約一八・五メートルで地上鉄骨造地下鉄筋コンクリート造の建物であり、建物内にはタービン発電機、復水器、給水加熱機、給水ポンプ、所内ボイラ及び補機類等を収容している。

なお、主要機器の搬出入のために天井走行クレーンが装備されている。

ディーゼル建物は平面約三五・五メートル×約三七・五メートル、地上高さ約二二・〇メートルで鉄筋コンクリート造の建物であり、建物内にはディーゼル発電機等を収容している。発電機用の燃料タンクは屋外地下に設置されている。

メンテナンス・廃棄物処理建物は約四六メートル×約五六メートルで主要構造体が鉄筋コンクリート造の建物であり、建物内には共通補修設備並びに廃棄物処理設備等を収容している。

固体廃棄物貯蔵庫は鉄筋コンクリート造で敷地北側の標高四二・八メートルに設置されている。事務管理建物は鉄筋コンクリート造、整地標高二一・〇メートルに設置され、事務室、食堂等が設けられている。又、本建物内には緊急時の対策所が設置される。

開閉所は、タービン建物の南側の整地標高三一・〇メートルに設置され、遮断器、断路器等が設けられる。

その他の設備として淡水供給設備、排水処理設備、取放水設備、港湾施設等がある。

3 「もんじゅ」発電プラント計画の概要

(一) 全体構造

「もんじゅ」の主要目は表3、主要系統は図3、各国の高速増殖炉の主要目との対比は表4のとおりである。

「もんじゅ」はプルトニウムとウランの混合酸化物を燃料とするナトリウム（液体）冷却の高速増殖炉で、熱出力は七一・四万KW、電気出力は二八万KWである。

原子炉で発生する熱は、ループ型で構成される一次ナトリウム冷却系によって取り出され、中間熱交換器を介して二次ナトリウム冷却系に伝えられる。二次ナトリウムの熱は、ヘリカルコイル型の蒸気発生器によって過熱蒸気を発生させ、これが発電機に直結するタービンに供給される。冷却材のナトリウムは大気圧に近い圧力で運転され、冷却材漏洩の際は、ガードベッセルにより冷却材を確保し、又、自然循環による冷却機能を持つ設計になっているとされる。ナトリウムの液面を生ずる原子炉容器などでは、その液面上を不活性なカバーガス（アルゴンガス）で覆い、空気との接触による化学反応を回避するとされる。

(二) 原子炉

(1) 原子炉は、炉心及び炉内構造物を円筒状の鋼製原子炉容器に納めたものである（図1）。一次冷却材の温度は、原子炉容器入口が三九七度C、出口が五二九度Cで、ナトリウムの沸騰温度に比べて低いので加圧を要しないとされる。

(2) 炉心は、炉心燃料集合体、制御棒集合体と、これらを取り囲むブランケット燃料集合体及び中性子遮蔽体によって構成され、全体としてほぼ六角形の断面形状をしている（図5）。炉心燃料集合体はプルトニウム富化度の異なる二種類に分け、出力分布の平坦化を図る二領域炉心とされている。

(3) ブランケット燃料集合体（二酸化ウラン）は、炉心燃料領域から漏れる中性子を吸収してプルトニウム燃料への転換を行い、増殖比を高めると同時に外部への中性子漏れを防ぐ機能を持つとされる。

(三) 冷却系

(1) 一次冷却材はポンプによって原子炉に送られ、炉心通過の際に加熱され、五二九度Cになって中間熱交換器に入り、その熱を二次冷却系に伝えた後、三九七度Cの温度となってポンプに戻り、同様のサイクルをくり返す。一次冷却系は、冷却材の循環に支障をきたすことのないように、最低レベル以上に機器が設置され、レベル以下に位置する機器についてはガードベッセル内に収納され、これらにより冷却材の喪失を防ぐとされる。

(2) 二次冷却材は、中間熱交換器に三二五度Cで流入し、五〇五度Cで流出する。この冷却材は蒸気発生器で過熱蒸気を発生させた後、同様のサイクルをくり返す。一次系と二次系の境界では二次系側を高圧とし、中間熱交換器に破損が生じても一次系の放射化したナトリウムが二次系に漏洩するのを防ぐとされる。

(3) 蒸気系には、ナトリウム・水反応生成物収容設備、及び水漏洩検出設備を設け、水・ナトリウム反応による二次系の圧力上昇（二次系圧力五kg／cm²G、蒸気系圧力一六五kg／cm²G）と、反応生成物の外部放出を防ぐとされる。

(四) 工学的安全施設

(1) 工学的安全施設とは、原子炉施設の破損、故障等に起因して原子炉内の燃料の破損等による多量の放射性物質の放散の可能性がある場合に、これらを抑制又は防止するための機能を備えるよう設計された施設をいう。工学的安全施設は、原子炉格納施設、アニュラス循環排気装置、ガードベッセル、補助冷却設備及び一次アルゴンガス系収容施設より成っている。

(2) 原子炉格納施設は、事故時に原子炉からの放射性物質の放散を防止するものであり、原子炉格納容器及び外部遮蔽建物により構成されている。原子炉格納容器円筒部と外部遮蔽建物との間には密閉されたアニュラス部が設けられている。一次冷却材を含む機器配管の置かれている各室はナトリウム漏洩事故時の火災の抑制のため窒素雰囲気とされており、漏洩ナトリウムとコンクリートの接触を防止するため、鋼性のライナ又は貯留槽が設置されている。

アニュラス部はアニュラス循環排気装置のアニュラス循環排気ファンにより、常時負圧に保たれ、原子炉格納容器内に放射性物質が放出される事故時には、原子炉格納容器からアニュラス部に漏洩した空気は浄化再循環され、一部が排気筒に導かれる。

(3) 一次冷却系の機器は高所に配置され、これにより原子炉冷却材バウンダリで冷却材漏洩事故が発生した場合にも、冷却材の循環と炉心の冷却が行えるとされている。又、低位置に設置される機器にはガードベッセルを設け、原子炉容器液位を許容レベル以上に保持できるとされる。一次冷却材漏洩事故時には、設計上、ガードベッセル及び配管の高所配置により原子炉容器の一次冷却材液位を確保しつつ、補助冷却設備により炉心の崩壊熱除去が可能とされている。

一次アルゴンガス系収容設備は、常温活性炭吸着塔収納設備及び隔離弁より構成される。一次アルゴンガス漏洩事故時における常温活性炭吸着塔からの放射性物質の放出量を抑制するため、常温活性炭吸着塔は常温活性炭吸着塔収納設備内に設置される。

(五)　放射性廃棄物廃棄施設

放射性廃棄物廃棄施設は、気体廃棄物処理設備、液体廃棄物処理設備及び固体廃棄物処理設備に大別される。

(1)　気体廃棄物処理設備

気体廃棄物の主な発生源は一次アルゴンガス系設備、燃料取扱い及び貯蔵設備、炉上部搭載機器等からの廃ガスである。これらの廃ガスは、常時負圧に保たれている廃ガス受入管にて受け入れ、廃ガス圧縮機により加圧・圧縮し、廃ガス貯槽に送られる。その後、活性炭吸着塔装置へ送り、放射性希ガスをホールドアップすることにより廃ガス中の放射能を減衰した後、放射性物質の濃度を監視しながら排気筒から放出するとされる。

(2)　液体廃棄物処理設備

液体廃棄物の主な発生源は、燃料取扱い及び貯蔵設備廃液、共通補修設備廃液、放射性廃棄物廃棄施設廃液、建物ドレン、洗濯液である。

液体廃棄物処理設備は、設備廃液及び建物ドレン処理系統及び洗濯廃液処理系統より構成される。

(3)　固体廃棄物処理設備

放射性固体廃棄物は、その種類によって次のように分類し、それぞれに応じた処理を行うとされる。

①蒸発濃縮装置濃縮廃液は、濃縮廃液を遠隔操作でアスファルト固化ドラム詰めにする。

②使用済樹脂は、遠隔操作でアスファルト固化ドラム詰めにする。

③使用済活性炭はドラム詰めにする。

④使用済排気用フィルタは、発生場所で放射性物質が飛散しないように梱包する。
⑤雑固体廃棄物は、圧縮可能なものはベイラによって圧縮減容し、ドラム詰めにする。
右記のドラム詰廃棄物あるいは梱包体は固体廃棄物貯蔵庫に保管する。
⑥使用済制御棒集合体等は水中燃料貯蔵設備及び固体廃棄物貯蔵プールに貯蔵する。

第二　日本における高速増殖炉開発の歴史

一、前史

1　日本においても原子力開発の初期から、将来の動力炉として高速増殖炉が構想され、その研究開発は、日本原子力研究所設立（一九五六年六月）当初から、重要な研究テーマとされていた。

他方、一九五六年一月に発足した原子力委員会は、各年度の基本計画を策定するとともに、一九五七年一二月には「発電用原子炉開発のための長期計画」（第一次長期計画）を決定し、その中で増殖炉の開発を究極目標として位置づけ、昭和四〇年代半ばころまでに電気出力一〇万ＫＷの増殖炉の建設を目指し、技術的には高速中性子炉と熱中性子炉を並行開発するものとされた。増殖炉開発の動機は、「人類が必要とするエネルギー資源をなかば永久的に確保する」（日本原子力産業会議『原子力開発十年史』）といった素朴なものであるが、この当時、日本には原子力発電所は一基も存在せず（日本原子力発電の東海発電所の運転開始は一九六六年七月）、事業主体となるべき日本原子力発電の設立（一九五七年一一月）をめぐって正力松太郎（初代原子力委員会委員長）と河野一郎（当時経済企画庁長官）が政治的抗争をくり広げていたような時代であるから、増殖炉が「夢の原子炉」的な素朴な期待感に包まれていたことも、あながち不思議ではない。

2　一九六〇年代に入り、アメリカのGEなど軽水炉メーカーが、その燃料となる濃縮ウランの独占的供給という国家的能力を背景にして原子力発電市場に登場し、日本の各電力会社も続々と軽水炉の導入に踏み切り始めた。このようにアメリカ製軽水炉導入の動きが活発となる一方、アメリカ、フランスなど各国で高速増殖炉開発計画が進展する中で、日本の原子力界の中でも、自主技術による新型原子炉の開発、再処理とプルトニウム利用、ウラン濃縮技術の開発など、独自の技術能力に基づく核燃料サイクルの確立とエネルギー自立が主張されはじめた。

一九六四年九月に発足した原子力委員会動力炉開発懇談会は、一九六六年三月に最終報告書をまとめ、その中で、①高速増殖炉と新型転換炉（ATR）の並行開発、②一九六七年度をメドとして開発のための特殊法人を設立、③国際協力の活用などを提起し、右②をうけて一九六七年一〇月に発足したのが被告動燃である。これらの動きは、前記のアメリカを先頭とする実用軽水炉の技術的進展と高速増殖炉開発に対する日本の原子力界の焦りを意味するとともに、新型動力炉の開発・実用化と核燃料サイクルの確立へと日本が向かう具体的な出発点となった。

又、「自主技術による開発」のスローガンは、その後、日本初の原子力発電所である前記日本原電東海発電所のコールダーホール型炉（黒鉛減速炭酸ガス冷却炉・イギリス製）が運転開始直後から事故と故障が続出して、この導入を政治的独断で決定した正力松太郎らに批判が集まったり（同型炉はこの一基のみで断念された)、その後導入されたアメリカ製の軽水炉が、現在でも各種の事故、故障を続出させていることなどから、日本の原子力開発、とりわけ今日の高速増殖炉開発における最大の宣伝文句となっている。

二、基礎研究段階

1　前記のとおり、増殖炉の研究、開発は、その初期においては熱中性子炉と高速中性子炉を並行して進めるものとされた。そして後者の開発には多量の高濃縮ウランやプルトニウムが必要とされるところ、当時はこれらを入手する態勢がなかったため、高速増殖炉の研究は、さしあたり少量の核燃料物質でも可能な分野から開始された。

2　即ち、一九五七年ころから、日本原子力研究所(原研)及び日立製作所が金属ナトリウムの研究を行い、原研では臨界実験装置の開発計画が始められ、電力中央研究所でも高速増殖炉のシステムデザインが試みられた。

炉の設計研究は、一九六二年ころから原研で始められ、一九六四年に熱出力一〇万KW、酸化ウランを燃料とする原子炉の予備設計がまとめられ、一九六五〜六七年にかけては、第一次、第二次概念設計が行われた。又、電力中央研究所は、一九六六年に、アメリカのEdison Electric Instituteと技術協定を結び、Atomic Power Development Associate Inc.が設計したE・フェルミ炉に技術者を派遣して混合酸化物燃料高速増殖原型炉の設計、研究を行った。更に東大工学部では、一九六八年に東海村で高速中性子源炉「弥生」の建設を開始し、これは一九七一年四月に臨界になり、炉開発の基礎研究用として使用されている。

3　一九六七年一〇月、前記経過から被告動燃が設立され、以降高速増殖炉開発は被告動燃を中心にナショナルプロジェクトとして推進されることとなった。そして一九六八年三月、被告総理大臣は、核燃料の安定供給と有効利用をはかり、かつ原子力発電の有利性を最高度に発揮させるため、適切な動力炉を自主的に開発することはエネルギー政策の重要課題であるとともに産業基盤の強化と科学技術水準の向上に寄与するものである、との趣旨の基本方針を定めた（動燃事業団法二五条一項）。この方針を受けて、高速炉開発は一九六七年度から着手すべきものとされ、実用化のメドを昭和六〇年代初期におくこととされた。

当初計画で実用化のメドとした昭和六〇年になっても、原型炉の工事にさえ十分着手しえていないという現状は、計画策定の甘さのみでは語りきれない高速増殖炉開発の根本的な困難さを示している。

三、実験炉「常陽」

1　建設の経過

㈠　実験炉「常陽」は、日本初のナトリウム冷却高速増殖炉で、その設計、製作、建設及び運転を通じて原型炉、実用炉の建設にあたって予想される問題を解決すること、及び燃料、炉材料の開発のための照射施設となることが建設目的とされている。

(二) 被告動燃は、原研が行った「常陽」の第二次概念設計を一九六八年六月に受け継いだ後、原子炉メーカー五社に第三次概念設計を依頼し、一九六九年六月に原子炉設置許可を申請、翌一九七〇年二月設置許可を受け、同年四月から建設に着手して一九七四年末に機器の据付を完了した。

2 炉の概要

(一) 「常陽」の炉構造はループ型で熱出力は当初五万KW(MK－1炉心)とされ、現在は一〇万KW(MK－2炉心)となっている。又、原子炉の実験を主目的とすることから水・蒸気系が存在せず、発電機能は有しない(つまり、高速増殖炉の事故として危惧されるナトリウムと水・蒸気系に関わる事象については、何の実験結果も得られない)。

「常陽」の原子炉断面図、基本仕様、主要特性は、図9、表4のとおりである。

(二) 原子炉容器は内径三・六メートル、高さ一〇メートルのステンレス鋼製円筒状容器である。炉容器は二重壁構造で、その間を窒素ガスで満たしてある。

炉心周囲には、炉心バレル、使用済燃料を一定期間内で冷却するための炉内燃料貯蔵ラック、中性子遮蔽体、材料照射ポットがある。炉心上部には、燃料集合体の出口冷却材温度を測定するための熱電対や制御棒駆動機構などが、炉心下部には炉心支持板、炉心構成要素脚部があり、これらは高圧プレナム部を構成している。

原子炉容器の外側は、厚さ約一メートルの黒鉛の遮蔽体があり、その周囲を安全容器が囲っている。安全容器は、原子炉容器の破損によりナトリウムが漏洩しても、炉心部がナトリウム液面上に露出することを防ぐものとされる。

㈢　炉心は、燃料集合体、制御棒、内側ブランケット燃料集合体、反射体の各部で構成されている。炉心燃料集合体は、正六角形断面のステンレス鋼製のラッパー管に炉心燃料要素が三角格子状に配列してある。

燃料要素は、中心の炉心燃料部の上下に軸方向ブランケットがついており、さらに上部には核分裂生成ガスを貯めるためのガスプレナムがある。

炉心燃料の酸化ウランと酸化プルトニウムの混合比（プルトニウム富化度）は七〇対三〇で（以下、数値はMK－2炉心を想定）、ウランの濃縮度は一二パーセントである。

㈣　冷却系は、一次系、二次系と補助冷却系からなり、一次冷却系は原子炉の熱を取り出して中間熱交換器を経てその熱を二次冷却系に伝える。二次冷却系は、この伝えられた熱を空冷式の主冷却器により大気中に放散する役割がある（前記のとおり、「常陽」には水・蒸気系がない）。原子炉容器内のナトリウムは、高圧プレナムから炉心燃料集合体脚部の側面にある孔から三七〇度Cで流入し、燃料要素を冷却しながら毎秒約五メートルの速さで上昇し、五〇〇度Cとなって中間熱交換器に流れる。二次冷却系のナトリウムの流入温度は三四〇度C、流出温度は四七〇度Cである。ナトリウムの流量は一次系、二次系ともほぼ同じで、一時間あたり二五七〇立方メートル、全冷却系におけるナトリウムの使用量は約二五〇立方メートルである。

中間熱交換器は、たて置自由液面シェルアンドチューブ型でナトリウムはアルゴンガスでカバーされる。

又、二次系の圧力が一次系よりも高くなっているので、事故時にも放射化した一次系のナトリウムは二次系に流入することはないとされる。

(五) 原子炉格納容器は、頂部半球形、胴部円筒形、底部半楕円形で、高さ六〇メートル(地上高三〇メートル)、内径二八メートルの鋼製の気密容器となっている。胴部の外側はコンクリート壁で、両者の間は負圧のアニュラス部を構成し、格納容器からの漏洩があっても大気中に放出しないとされる。

3 運転状況

(一) 前記のとおり、一九七四年末に機器の据置が完了した後、約二年間常温での各機器の作動試験が行われた。そして一九七七年三月に臨界試験が開始され、同年四月に臨界に達した(MK－1炉心)。

一九七八年四月からは出力上昇試験を行い、一九七九年七月に熱出力七・五万KWを記録した。

(二) 一九八一年一〇月から照射用の炉心(MK－2炉心)に改造され、一九八二年一一月にはこの炉心で臨界に達した。MK－2炉心では、高速中性子束の密度を高くして出力密度を高めたり、燃料要素の本数の増加、燃料のプルトニウム富化度を高めるなどの実験が行われている。

(三) 一九八四年九月から開始された定格出力一〇万KWの運転では、その燃料として「常陽」から回収したプルトニウム二五グラムを含むA型特殊燃料集合体が使用され、これにより実験室規模での核燃料サイクルが完成したと宣伝されている。

四、原型炉「もんじゅ」

1 「もんじゅ」開発決定の経過と展望のなさ

「もんじゅ」の高速増殖炉開発計画の中での位置については、被告動燃の坂田肇高速増殖炉開発本部建設計画部長によれば、「『もんじゅ』の開発の目的は、高速増殖炉を我が国において実用化するため、大型実用炉に至る中間規模の原型炉を自主開発し、その設計、製作、建設、運転の経験を通じて、高速増殖発電炉の性能、信頼性、安全性を実証するとともに、経済性が将来の実用炉の段階で在来の発電炉に対抗できる目安を得、併せて実用炉建設の段階での我が国産業界の国際競争力を得ようとすること」である。

昭和五一年六月「もんじゅ」サイト予定地である敦賀市白木地区の事前調査が許可され、ただちに同調査が開始され、昭和五二年一〇月同調査が終了し、サイトとして適するとの結論がでる。

その後、自然公園法に基づく自然環境調査が開始され、昭和五五年一二月「もんじゅ」の安全審査を開始することについて、福井県が了承し、被告動燃は、昭和五五年一二月一〇日原子炉設置許可申請を被告総理大臣に提出した。

昭和五七年五月七日、福井県知事が「もんじゅ」建設に同意したことをうけて、科学技術庁は、原子力安全委員会に安全審査を諮問した。

同年七月二日の公開ヒアリングを経て、原子炉設置許可処分がなされるという経過をたどる。

一方、「もんじゅ」のプラント設計については、昭和四三年に概念設計が開始され、同四八年度から調整設計が行われ、ソフトとハード間の調整をし、プラント全体としての整合性が計られたということになっている。

「もんじゅ」プラントの全体的配置状況は前述したので省略する。

ところで、海外での高速増殖炉の開発は、当初、かなり活発になされ、アメリカ、イギリス、フランス、西ドイツなど高速増殖炉の開発は、原型炉から実証炉へと進んだが、後述（第一部第四）のとおり、開発は停止される方向に向かっている状況である。ところが日本の場合は、「エネルギーの自主開発―バスに乗り遅れるな」を旗印に、そして開発継続の動機のかなりの部分が電力業界、高速増殖炉関連の機器メーカー、建設業者などの利権確保のために（そして、おそらくは一部が政治資金に流れるであろうが）、安全性の確保は二の次にして、前記のように開発が強行されたのである。

そのことは、当然に予算増大につながり、高速増殖炉の開発費用の一部は民間負担になるとはいえ、基本的には政府負担の増大に直結し、現在では、結局のところ、予算不足のための設計変更（すなわち安全性無視）という深刻な事態になってきたのである。

安全性が確保されたうえでの将来の展望というのは、全くない。とにかく開発促進、このため金バラマキの原発開発ということになるのである。

2　立地選定の経過

昭和四五年四月、「もんじゅ」建設の候補地として、被告動燃から、福井県敦賀市白木地区が選定された。当初、同地区の全区民が移転を余儀なくされるという計画であったため反発を受けたが、立地地点を約一キロメートル東にずらしたこともあって、やがて昭和五〇年七月には、敦賀市議会に「もんじゅ」建設促進の陳情が、地元白木地区からなされるのである。

高速増殖炉の立地選定の過程でも、高速増殖炉の安全性が必ずしも保障されていないだけに、もっぱら金が注ぎこまれるという仕組みになる。一言でいえば、「金で命を売って下さい」ということになるのである。金が効果を発揮するのは、いわゆる過疎地である。これに対する札束攻勢、地域開発を売物にすることは、これまでの原発開発一般に見られてきたことであるが、高速増殖炉が危険なものであるだけに、地元が「自主的に」誘致する形をとってはいるが、より以上の金のバラマキがなされたのである。その状況は、次の新聞記事が伝えるとおりである。

「一五戸七六人の小漁村に協力金約一億円(注、協力金は一戸あたり二〇〇〇万円という説もあるが、金の問題は、結局のところ、当事者しかわからない)、共有林、水田などの買収費、漁業保障など約八億円」(昭和四九年八月九日付福井新聞)

そして、前記のように、昭和五〇年七月、地元白木地区から「もんじゅ」建設促進の陳情が敦賀市議会に対して提出され、同市議会は、この陳情を採択する。

ただ、誰も命、健康を金で売ろうとは思わない。当然のことながら、「安全は国が保障」の建前を固く信じているのである。あるいは、信じたいと思っているのである。いわゆる原発誘致反対派の「安全性の確保がない」という指摘に耳を傾け、同調するのがごく普通の感覚であるはずだが、実際にはそうならない。いわゆる原発誘致反対派の声に少しでも同調すれば、原発誘致が不可能になり、生活基盤が脅かされ、金が手に入らなくなってしまうからである。

3　反対運動の無視、安全性確認を求める声の黙殺

「高速増殖炉など建設に反対する敦賀市民の会」（以下「会」という）が、昭和五一年四月一五日結成された。ついで、同年七月二五日には、「原子力発電に反対する福井県民会議」（以下「県民会議」という）が結成された。「県民会議」は、「会」をはじめ、「大飯町住みよい町造りの会」「原子力発電所設置反対小浜市民の会」や、福井県労働組合評議会が加わって結成された福井県における全県的な反対運動組織である。

これらの結成の契機には、高速増殖炉の建設が計画されるまでに、既に若狭湾一帯に多数の原子力発電所が集中して建設され、しかも、当初の国側の安全性保障の言明とは全く逆に、すべての原子力発電所で多くの事故、故障が頻発しているにもかかわらず、「事故隠し」が再三行われるというような背景があり、高速増殖炉が普通の原子力発電所以上に極めて危険なものであるだけに、「原発は、もうごめん」の声は強く、それが高速増殖炉建設反対運動の組織拡大、強化になっていったのである。

「会」結成時の原告磯辺甚三発言は次のとおりであるが、高速増殖炉建設に対する本質的批判である。「敦賀半島には、もうこれ以上の原電進出は、ごめんだ。技術的に未開発の高速増殖炉の建設誘致を目指す賛成派が自民党を中心に結成されたが、何か利権欲しさの誘致運動に違いない。」

昭和五一年六月「会」では、高速増殖炉建設のための現地調査が開始されたことをきっかけとして、高速増殖炉建設反対の署名運動を敦賀市とその周辺で五万人の目標で始め、「県民会議」もこれを支持し、

共同の署名運動を進めた。同年一〇月、三万六六五名の署名が敦賀市長に提出された。

しかし、敦賀市長、中川福井県知事らは、「地元の意思は議会が代表しているものと考えている」という態度をとり、原発誘致推進派が多数を占めている市町村議会、県議会があることを利用して、高速増殖炉建設を認めないという態度はとらなかった。

そこで、「県民会議」は、昭和五二年八月、県民の意思が原発増設反対にあることを示そうと、「原発はもうたくさん。『もんじゅ』をはじめ一切の新増設に同意しないこと」をスローガンに、県下で一〇万人目標の署名運動を開始し、同年一〇月、県政始まって以来の最大数といわれた一〇万二四六四名の署名を知事に提出した。

これまで、「もんじゅ」反対の署名は、合計四回、内二回は県内で一〇万を超え、敦賀市においては過半数を超えたのである。

これらの県民世論が形成されるまでには、ムラサキツユクサの実験による放射能の危険性の確認、学習会、シンポジウムの開催など地味な長い運動がある。

4　「住民ヒアリング」開催と「意見書」作成

原子力発電所の安全性について、地元関係住民が意見を述べることができる機会が、いわゆる公開ヒアリングである。

「県民会議」は、高速増殖炉についても、高浜三号炉、四号炉、敦賀二号炉のときと同様に、公開ヒアリングの手続、内容を「県民会議」の要求するように改善してもらえるのなら公開ヒアリングに参加するという態度をとった。その改善要求は次のとおりで、当然のものであった。

(1) 安全審査に係る全ての資料を公開し、縦覧期間を十分保障すること

(2) 陳述人は地域に限定せず、申し出たものは誰でも陳述させること。特に科学者専門家による技術的討論が十分尽くせるような運営をはかること。時間的制約はしない。

(3) ヒアリングの結果は住民に広く周知徹底させること。そのうえで建設の可否を住民投票にゆだねること。

ところが科学技術庁は、次のような態度を示し、これを拒否した。

(1) ヒアリングは既に開催要綱を告示しており、いったん出したものの変更はできない。

(2) ヒアリングは、技術的な問題を討論する場ではない。それはあくまで専門部会の委員が判断することである。

(3) これまでのヒアリングで一人一〇分の陳述は十分であると判断している。

(4) 従来の資料以外のものは公表するつもりはない。

(5) 建設の可否は内閣総理大臣が決めることである。

この木で鼻をくくったような態度に対して「県民会議」は、やむなく公開ヒアリングを「実力阻止」するという方針を決め、代りに高速増殖炉の安全性について徹底的に議論することができる「住民ヒアリング」を昭和五七年六月二七日開催し、そこでの議論を土台にして、同年一〇月原子力安全委員会に対し、「高速増殖炉『もんじゅ』安全審査に関する質問書」を提出した。

同質問書の項目は、次のとおりである。

(1) 安全審査指針について
(2) 高速増殖炉の現状評価について
(3) 基礎岩盤の評価について
(4) 活断層の存在及びデーターの改ざんについて
(5) 断層及び地震について
(6) 安全解析について
(7) 大事故発生の可能性について
(8) 使用済燃料の再処理について
(9) プルトニウムの取得、加工、輸送、管理について
(10) 核廃棄物の管理について
(11) 労働者被曝低減対策について
(12) 事故確率について
(13) 集中化について
(14) 事故想定と防災について
(15) 「もんじゅ」の経済性について

この質問は、普通の人が抱く、ごく当然のものであった。しかし、原子力安全委員会からは、何の回答もなかった。このような住民無視は、昭和五五年一一月二〇日、日本原電敦賀二号炉について、「住民公開ヒアリング意見・質問書」を関係機関に提出したときと同様である。

5　推進派の態度—安全性確認は人まかせ。もっぱら「現実利益」のみ
—「慎重な態度」は、反対運動への取り繕いのみ—

昭和五一年六月一七日、福井県は、被告動燃による高速増殖炉建設のための現地調査を正式に許可した。これを受けて、被告動燃は、安全審査のために必要な気象、地層、海象などの調査を始めた。中川福井県知事は、「現地調査を許可することと立地を認めることとは切り離す」と述べていたが、これが単なる弁解にすぎず、実際は、いくつかの地元の利益、利権と引換えに高速増殖炉建設を認める予定でいたことが明らかになる。

敦賀市議会、敦賀市長、県議会、県知事は、高速増殖炉建設、すなわち原子力発電所の増設を認めるかどうかは、当初等しく「認めない、あるいは反対」という態度をとってきた。

これまでの原発設置については、「安全性は国にお任せする」としてきた中川県知事は、「慎重に検討する」という意見表明しかしてこなかったが、高速増殖炉については、一時的にせよ、「反対」表明をしたのは特筆に値することであった。ところが、この狙いはすぐ明らかになる。すなわち、当時、昭和五六年の日本原電一号炉の敦賀湾への放射能漏れという重大事故を隠していたのが発覚したときであり、又、高速増殖炉という特別に危険なものを誘致する見返りが、既設原発以上にはない状況だったのである。

これまでの原発誘致は、いずれも「地元権益」を期待してなされた。「地元権益」というのは、電源三法による交付金は当然のこととして、それ以外にも地元自治体への寄付金、地元建設業者等に対するものを中心とする投資効果等である。

しかし、従来の「地元権益」では、高速増殖炉が特に危険なものであるだけに、地元（といっても地元自治体の議会、首長レベルのことであるが）を納得させえなかったのである。そのため、例えば高速増殖炉の電源三法による交付金を計算するにあたって、高速増殖炉の出力は、二八万キロワットであるが、同法の計算基礎は、一四〇万キロワットとして評価するという方法がとられる。そして、政治の裏舞台での複雑な動きがあって、結局のところ、高速増殖炉について、「反対」から「賛成」へ転換したのは、「核燃料税」新設の見込みが知事において感知しえたこと、熊谷参議院議員もこれを保障したこと、さらに地域別格差電気料金が導入される見通しがついたことがきっかけである。

これまで原発誘致は、いつも地元、すなわち市町村議会の推進決議という上から「組織」された推進運動により、住民の意思を無視して強行されてきたが（これも「安全性」が前提で、しかも「安全性」については国が保障しているというのが建前である）、この強行の背景は、前記の各種の「地元権益」なのである。この「地元権益」のうちには、原発新増設についての各種協力金、寄付金も当然含まれる。地元に設立が予定されている女子短大の建設寄付金や敦賀市金が崎神宮への寄付金などもその一例である。

マスコミでも有名になった高木市長の問題発言＝「原発は金の成る木」は、このような状況を正直に述べたにすぎないのである。

6　現状—大部分が高速増殖炉建設反対

福井県嶺南地方のように、原子力発電所が異常に集中立地したところで生活している地元住民は、原子力発電所の安全性について深い疑問を抱いている。「国の安全性保障は確実なのか。国策に協力することは、いつも最後には莫大な犠牲を強いられてきた、過去の戦争の例をもち出すまでもなく、近時でも日常的によくあることである」との思いがある。

しかし地元住民は、現在その「生活」のほとんど全てを原子力発電所に委ねざるを得ない人が多くなりつつあり、親戚、縁者などの網の目のようなしがらみのため声が出せない状況に置かれている。だが、これは原発誘致賛成を物語っているのではない。そのことは、例えば、「原電を考える会」が敦賀市区長会に対してなした原子力発電所に対するアンケート調査結果がよく示している。この敦賀市区長会に対するアンケート結果によると、昭和五〇年八月現在、一〇一人の区長のうち、「原子力発電所の運転状況について不安がある」が四六・五％、「どちらともいえない」が四〇・六％、「安全である」が、わずか一二・九％で、原発集中化については、「仕方がない」とあきらめているのが四七・五％で、「反対」は四五・五％、「賛成」はわずか七％、増設についての公聴会の必要性については、「必要である」が七六・二％を占めた。

敦賀市における同種の世論調査のアンケートは、その後NHK、立正大学によって行われたが、いずれも同様の結果、すなわち「これ以上の原子力発電所はいらない」というのが圧倒的多数である。

「会」が敦賀市において、今後原発誘致をする際には住民投票を行うよう求めて、条例制定運動を行ったのは、右のような圧倒的世論があったので、その世論を生かすべく行ったのである。敦賀市長は、同制定運動に必要な代表者資格証明書の発行すら拒否するという違法行為をなしたが、市議会での多数与党を頼ったこの暴挙は、さすがに裁判所も支持せず、住民意思の意見表明の場は、かろうじて一部確保された。この場というのは、昭和五四年四月三〇日の福井地方裁判所での和解により設置されることになった「敦賀市原子力発電所懇談会」であるが、市長が任命する同懇談会の委員のなかで、原発誘致反対派は少数であり、真に住民意思が反映されているとはいいがたい状況である。

7 まとめ

「もんじゅ」は、地元住民の多数がその安全性について危惧の念を表明していることを無視して、「地元権益」の確保を主張する一部誘致推進派のため建設促進が強行されてきたものであって、このような住民無視の事態の進行は許されないことは明らかである。

五、実証炉

1 実証炉の開発は、表向き一九九〇年初頭の建設着工を目標に、現在、概念設計、基本仕様選定にかかわる設計研究、実証炉要素技術最適化研究、炉型式にかかわる設計研究などが進行中といわれている。概念設計を中心になって行っている被告動燃と電気事業連合会（電事連）からは、それぞれ熱出力二四八万KW、電気出力一〇〇万KWのループ型原子炉（被告動燃）、熱出力二六〇万KW、電気出力一〇〇万KWのループ型原子炉（電事連）などの設計モデルが提示されている（電事連の設計モデルは表4参照）。

又、原子力委員会は、一九八三年五月に「高速増殖炉開発懇談会」を設置して実証炉研究開発の進め方などを検討し、通産省の諮問機関である総合エネルギー調査会の原子力部会でも実証炉開発スケジュールや経済性などを討議したとされている。

2 しかしながら、実証炉の開発が実験炉「常陽」、原型炉「もんじゅ」の延長線上に明るい見通しをもって語られる根拠は、今日全くない。

第一に、アメリカやイギリス、西ドイツなどでの高速増殖炉開発の中止、停滞やエネルギー需要の伸びの鈍化、さらには電力各社が多数の稼働中の軽水炉を保有していることなどの諸状況から、いったい高速増殖炉開発を何のために急ぐのか、という根本的な疑問が開発主体の側からさえ湧き起こっている。これらの疑問は、「日本独自のエネルギー政策の確立」という大義名分のみではもはや押し止め難い動きとなっている。

第二に、高速増殖炉は、既存の発電設備や軽水炉に対して経済的に競合しうるのかという問題がある。実証炉の建設は、電力各社側が事業主体となることが予定されており、これら経済性の問題は、実証炉開発を推進する立場にある者にとっても最大の疑問となっている。原型炉「もんじゅ」の建設費用が、現時点で既に同一出力規模の軽水炉に較べて数倍に達していることは、電力側の不安を一層高めている。

これまで実証炉の開発は、「もんじゅ」を前提として概念設計研究が行われてきたが、そこでの経済的側面での結論は、「どえらい高いものになりそうだな、と。九社が私企業として、やがて魅力を感じて発電所としてつくろうという気にはとてもなりそうにないな、という気持ちをもたざるを得ない」(電事連・高速増殖炉開発準備室室長小島孝発言。「原子力工業」一九八三年一一月号)という実情にある。

第三に、実証炉の炉型式をループ型にするかタンク型にするかという技術的な出発点が未だに確定していないのである。従来、実証炉の開発は、「常陽」、「もんじゅ」の延長上に構想され、したがって炉型式もループ型が前提とされていた。しかし、経済的観点からはタンク型が有利との見方があり、又、高速増殖炉開発の先進国とされるフランスがタンク型を採用していることなどから、特に電力側からタンク型採用の意見が上がり、その設計研究も行われている。これらの動きを受けて一九八三年四月、前記原子力部会の高速増殖炉実用化小委員会は、一九八六年までにループ型、タンク型の炉型選定を行うとの方針を決定している。仮にタンク型が選定された場合には、「もんじゅ」の建設目的、ひいては被告動燃の存在意義について重大な疑問が提起されざるを得ない。なぜなら、「タンク型の場合はポンプもIHXもナトリウム中に設置されるので、その仕様条件もループ型の場合と大きく変るはずです。したがって動燃がこれまでループ型を念頭においてやってきたポンプやIHXの開発成果をどれだけ活用できるのかが問題となる」(被告動燃・高速増殖炉開発本部副本部長野本昭二発言。前同)からである。

3　開発費の高騰に悲鳴を上げた電気事業連合会は、一九八五年八月に、従来の「FBR推進会議」を「FBR対策会議」(委員長飯田孝三関西電力副社長)に改組し、FBR推進体制を根本的に見直すこととした。報道によれば、この中でFBRの実用化時期を従来二〇一〇年ごろとされていたものを数十年延期するものと伝えられている。これは、電気事業連合会によるFBR実用化の事実上の断念ないし棚上げにも等しいものといわなければならない。

このように実証炉の開発には、事業主体と予定される電力各社側の態勢や、機器メーカー側の態勢と被告動燃との役割分担の問題、国の財政援助の規模を含めた資金面の問題、諸外国との国際協力の問題等々、未解決、未着手の問題が山積している。実証炉が「夢の原子炉」のままで終わる可能性は非常に高いといわねばならない。

第三　「もんじゅ」設置許可処分手続きの重大かつ明白な違法性

一、「もんじゅ」設置許可処分手続きの概要

1　「もんじゅ」の原子炉設置許可申請は、昭和五五年一二月一〇日、被告動燃から被告総理大臣（科学技術庁）に対してなされた。

科学技術庁では、昭和五六年一二月ころまでに、一応の安全審査をなし、その結果（動力炉・核燃料開発事業団の「もんじゅ」発電所の原子炉設置に係る「安全審査書」案）を添えて、昭和五七年五月一四日、原子力安全委員会に対し、「原子炉等規制法第二四条第二項の規定に基づき、当該基準の適用についいて、貴委員会の意見を求める」との諮問を行った。同諮問は、法二四条一項三号（技術的能力）及び同四号（災害防止）についてのみなされた。

2　原子力安全委員会は、同日、原子炉安全専門審査会に対し、調査審議を求め、同安全専門審査会は、翌五八年四月二〇日、「本原子炉の設置後の安全性は確保しうるものと判断する」との結論を原子力安

全委員会に報告し、同安全委員会は、同月二五日付けで、同結論を妥当なものとして、内閣総理大臣に答申した。

右安全専門審査会は、青木成文を部会長とする合計二八名の審査委員により構成されている第一六部会において調査審議をなした。その審議内容等は、「原子力安全委員会月報」(第五五号)に記載されている程度しか公表されていない。その内容の概要は次のとおりである。

記

原子炉安全専門審査会の審議の概要

「動力炉・核燃料開発事業団高速増殖炉『もんじゅ』発電所の原子炉の設置に係る安全性について」審議の概要を、項目に従い順次列記すると、以下のとおり。

(一) 調査審議の結果

本原子炉の設置後の安全性は確保しうるものと判断する。

(二) 調査審議の方針等

(1) 調査審議の対象

「動力炉・核燃料開発事業団の『もんじゅ』発電所の原子炉設置に係る『安全審査書』案」と「高速増殖炉『もんじゅ』発電所設置許可申請書」とを併せて検討。

(2) 調査審議の方針

「原子力安全委員会の行う原子力施設に係る安全審査等について」に従い、「高速増殖炉の安全性の評価の考えかたについて」に照らし、スリーマイルアイランド原子力発電所二号炉で発生した事故をふまえて、「我が国の安全確保対策に反映させるべき事項」及び、「動力炉・核燃料開発事業団もんじゅ発電所の原子炉の設置に係る公開ヒアリング」にだされた意見等についても、参酌する。

(3) 審査指針等

各種の審査指針等が羅列されている。これらは、原子力安全委員会が昭和五三年一一月八日付けをもって決定を行い、昭和五四年二月一六日付けをもって、原子炉安全専門審査会へ指示した「原子炉立地審査指針等について」に含まれる指針等のうち、次の各指針等を参考にしたものである。

「原子炉立地審査指針及びその適用に関する判断のめやすについて」

「発電用原子炉施設の安全解析に関する気象指針について」

「プルトニウムを燃料とする原子炉の立地評価上必要なプルトニウムに関するめやす線量について」

以上を用いて判断し、

「発電用軽水型原子炉施設に関する安全設計審査指針について」

「発電用軽水型原子炉施設の安全評価に関する審査指針について」

「発電用軽水型原子炉施設周辺の線量目標値に対する評価指針について」

「発電用軽水型原子炉施設における放出放射性物質の測定に関する指針について」

「発電用軽水型原子炉施設の火災防護に関する審査指針について」

「発電用原子炉施設に関する耐震設計審査指針について」

「発電用軽水型原子炉施設における事故時の放射線計測に関する審査指針について」

「我が国の安全確保対策に反映させるべき事項」

「放射性液体廃棄物処理施設の安全審査に当たり考慮すべき事項ないしは基本的な考えかたについて」

以上を、判断の際の参考にした。

㈢ 調査審議の内容

(1) 立地条件
(2) 原子炉施設の安全設計
(3) 平常運転時の被曝線量評価
(4) 運転時の異常な過渡変化の解析
(5) 事故解析
(6) 「事故」より更に発生頻度は低いが結果が重大であると想定される事象の解析
(7) 立地評価

以上、例えば(7)立地評価のところで、「したがって、『原子炉立地審査指針等』で要求される立地条件は満足されており、周辺公衆との離隔は確保されていることを確認した」と総括されているように、㈡、(2)、(3)で羅列、引用された各種の審査指針等の基準を満足するという形で、(1)ないし(6)でも、(7)と同様にまとめられている。

㈣ 調査審議の経緯

審査会は、昭和五七年五月一八日に開催された第四〇回審査会において第一六部会を設置した。同審査委員は、昭和五八年四月現在青木成文部会長外二七名である。
同部会は、昭和五七年六月一一日、第一回部会を開催し、調査審議方針を検討するとともに、以下の三グループに分けた。
Aグループ（主として施設担当）
Bグループ（主として環境担当）
Cグループ（主として地質、地盤、地震、耐震設計担当）
昭和五八年四月一二日の部会で部会報告書を決定し、これを受けた審査会は、昭和五八年四月二〇日第五〇回審査会において本報告書を決定した。
㈤　公開ヒアリングの参酌状況については、「動力炉・核燃料開発事業団高速増殖炉『もんじゅ』発電所の原子炉の設置に係る公開ヒアリングにおける意見等の参酌状況について」（昭和五八年四月二五日付け原子力安全委員会）という文書が作成されている。
この文書の特徴は、全部は公開されない資料に基づき、判断理由を詳しく示さないまま、住民から提起された高速増殖炉の安全性に関する疑問は既に解決済みであり、何ら根拠がないと述べ、一方的独断をしていることである。
3　被告総理大臣は、前記原子力安全委員会の答申を受けて、同年五月二七日、本件原子炉設置許可処分をなした。

二、審査体制の不公正

1　原子力安全委員会は、原子力利用に関し、「安全の確保のための規制」を行う任務があり、委員五名をもって組織されるが、同委員の選任は、被告総理大臣が両議院の同意をえて任命する。

同委員会に、原子炉安全専門審査会が置かれるが、同審査会を構成する審査委員は、被告総理大臣が任命する。

2　前記各委員会等の委員には、原子炉の危険性を指摘する学者（いわゆる原発設置反対派）は存在せず、委員会での議論は、原子炉の安全性について総合的な議論がなされる仕組みになっていない。又、委員等の任命が被告総理大臣の恣意にゆだねられるために、不公正な委員会体制として帰結している。

昭和五三年一〇月、原子力安全委員会が原子力委員会から分離独立したのは、従来の原子力委員会がしばしば原子力行政の推進に傾きがちになり、もう一つの任務である安全確保を軽視していた弊害を取りのぞくためであったのに、原子力安全委員会には、原子炉の安全性について客観的公平な判断ができる基礎となる委員構成が、右のように欠如している。

三、審査基準の違法性

1　審査基準設定の違法性

原子炉の安全性を審査する場合の審査基準は、日本国憲法三一条により、法律に根拠がなければならない。すなわち原子炉は、その安全性が十分確保されず、事故が発生したときは、国民の生命、身体、財産に重大な危害を与えるものであるだけに、原子炉の安全性の審査基準は法律に規定されなければならない。しかし、同審査基準は、法律には全く規定がない。この違法性は重大であり、本件許可処分の無効事由を構成する。

又、原子炉の安全性について、原子力安全委員会の内規である各種の審査指針が安全審査の基準として設定されているが、同設定についても、法律に設定根拠がない。確かに、「原子力委員会及び原子力安全委員会設置法」の第一三条には、「原子炉に関する規制のうち、安全の確保のための規制に関すること」（同第二号）という規定はあるが、これは原子炉の安全性に関する審査基準を規定したものでないことはいうまでもない。ただ、この規定が、原子炉の安全性審査の判断に当たって用いられる前記の各種審査指針等を決定する根拠規定であるという弁解はありうるとしても、この規定は、いわば白地規定であって、この規定があるからといって右審査指針等は法律に根拠があるとはいえない。

そのうえ、同審査指針等を決定するに際して、原子炉の危険性を指摘する学者の意見がほとんど考慮されていないことなど手続的不公正があり、これも原子炉の危険性からして、重大な違法性があり、本件許可処分の無効事由を構成する。

2　審査基準自体の違法性

原子炉の安全性を審査する場合の審査基準が、前記各種審査指針であるとして、これらの各種指針＝審査基準自体の違法性は、これらが原子力安全委員会において独自に作成したものでなく（原子力安全委員会には十分なスタッフ、設備がなく、独自に審査基準を作成する能力はない）、アメリカの審査基準を模倣したものとの指摘があることや、およそ概括的であって、審査基準の名に価しないものであることから、審査基準自体の違法性も重大かつ明白であって、本件許可処分の無効事由を構成すると考えられるが、審査基準それ自体の違法性は、個々の審査指針＝審査基準の問題点に帰着するので、別に論じる。

四、本件許可処分手続きの違法性

1　本件許可の審査手続は、前記「安全審査の概要」記載のとおりであるが、この手続の特徴は、被告総理大臣が本件許可処分を、原子力安全委員会の判断、より正確には、原子炉安全専門審査会の安全審査についての判断の結論のとおりに従ってなしており、被告総理大臣としては、原子炉の安全性について独自の判断をなす余地がないことである。

2　本件許可の要件

原子炉設置許可の際の安全審査は、核燃料取得から廃棄物の最終処理に至るまでの、いわゆる核燃料サイクル全体についての総合的な審査でなければならない。というのは、原子炉、特に高速増殖炉を含む核燃料サイクルは、技術的に未開発で安全が十分確立されているとはいえず、いったん事故が発生し、放射性物質が閉塞された回路から漏出したり、放射性廃棄物が管理不可能になる事態が発生すれば、国民の生命、身体、健康に重大な危害を与えるだけに、いわゆる核燃料サイクル全体についての総合的な審査をなし、いやしくも国民の生命等にいささかの危険も生じさせてはならない。

とくに本件の場合は、軍事利用に連なるプルトニウムを燃料として使用する高速増殖炉であるだけに、平和利用の目的が保障されなければならない。又、プルトニウムの管理の困難性もより厳しい安全保障体制を必要としているのである。

原子力基本法は、その第二条に、原子力の研究、開発、利用について、「平和目的に限り、安全の確保を目的として」「民主、自主、公開」の基本方針を規定する。同方針の下に、総理府に、原子力委員会及び原子力安全委員会が置かれるが、とくに原子力安全委員会は、原子炉の設置許可に関して、安全確保のための総合的審査を行うべき使命をもつ（原子力委員会及び原子力安全委員会設置法一三条）。

この場合、原子炉等規制法は、昭和三二年に制定されたが、同法の体裁が核燃料物質等の製錬の事業、加工の事業、原子炉の設置、再処理など各分野毎に規制し、核燃料サイクルを予定した総合的な条項は欠落したものになっていることが注目される。

すなわち法制定にあたり、高速増殖炉の危険性などについては、全く議論がなされていないのである。したがって、本件許可手続では、日本国憲法三一条の規定の趣旨からして、より総合的に安全性が確保されるべきであり、そのため核燃料サイクル全体について不測の事故が起こりうることを想定し、十分な総合的な審査がなされるべきであるが、これらの総合的な審査は何らなされておらず、もっぱら炉工学的安全審査に限定された本件許可手続は、重大かつ明白な違法性がある。

本件許可にあたり審査は、「原子炉安全専門審査会」における、いわゆる炉工学的安全性に限定された。前述のとおり安全審査は、総合的になされなければならず、右以外に環境放射能、温排水、核燃料の再処理、核燃料の輸送、固体廃棄物処理、廃炉などの問題を総合的に考慮し、かつ福井県嶺南地方のような原子力発電所の集中した立地がなされているもとで、周辺にどのような影響があるかが検討されなければならない。したがって、本件許可処分は、総合的かつ実質的な安全審査を欠くもので、重大かつ明白な違法性がある。

3　本件許可についての「民主、公開」原則の違反

本件許可処分をなすにあたっては、原子力基本法二条に規定する「自主、民主、公開」の三原則のうち、「民主、公開」の原則が保障されるべきである。原子炉は、平常時においても放射性物質を排出し、事故時においては、地元住民の生命、健康等に重大な危害を与えるだけに、住民は、当該原子炉の安全性の審査に当たり、その資料の公開と公聴会など安全性審査手続に参加する権利があるというべきである。

㈠　原子炉安全専門審査会が、本件の安全審査をなしているが、その審査過程及び審査資料は公開されておらず、問題点についての討論内容が不明である。同審査会には、いわゆる反対派の委員が構成メンバーになっていないだけに審査過程、用いられた資料等を公開して広く国民が議論しうる機会を与えることがより必要であり、それが手続の民主性を保障することになる。

右の非公開性は、原子力基本法二条に違反するもので、重大かつ明白な違法性がある。

㈡　公開ヒアリングの問題点—住民参加のないこと

原子力安全委員会は、「もんじゅ」設置許可に関わる公開ヒアリングを、昭和五七年七月二日、敦賀市において実施し、同結果を参酌したとしているが、この公開ヒアリングは、手続的にも内容的にも民主、公開原則に違反している。

すなわち右公開ヒアリングは、一回きりで、質問者、質問事項等は地域を限定してあらかじめ募集されたうえ、同委員会で適宜選別したものに限定、質問時間も一〇分に限定され、討論は原則として許されない。右公開ヒアリングで指摘された問題点も、単に参酌されるのみでよく、何ら解決されなくてもよいことになっている。高速増殖炉のように安全性その他について多くの疑問、問題点が指摘されているものに、一回きりの公開ヒアリングでもって安全が保障されるはずはない。住民側が任意に学者を選び、十分公開された資料でもって必要な討論が保障されることが、最低限要求される民主的手続である。この保障がないままになされた本件許可処分は、重大かつ明白な違法性がある。

4　住民の疑問に応えていないこと—重大かつ明白な違法性

「高速増殖炉など建設に反対する敦賀市民の会」（以下「会」という）は、昭和五一年四月一五日に結成された。ついで同年七月二五日には、福井県労働組合評議会や「会」なども加わり、「原子力発電に反対する福井県民会議」（以下「県民会議」という）が、結成された。

右の「会」などの結成に至る経過は、高速増殖炉の建設が計画されるまでに若狭湾岸に集中して多数の原子力発電所が設置され、しかも、当初の国側の安全性保障の言明とは全く逆に、多くの事故、故障が発生しているにもかかわらず、「事故隠し」が再三行われるというような背景があり、にもかかわらず今回高速増殖炉の建設が計画されるという事態に我慢できなくなった住民が「これ以上の原発進出はごめん。技術的に未開発な高速増殖炉が、住民の一部にすぎない原発誘致賛成派の利権欲しさのために誘致されるのは、絶対に反対する」ということで立ち上がったのである。

「県民会議」等に結集する住民は、やみくもに反対してきたのではない。たとえば、住民の意見を反映させるためにあらゆる機会を利用する立場で、建設を前提とした従来の公開ヒアリングの問題点を指摘し、その改善がなされ住民の意思が尊重されれば、公開ヒアリングに参加するという姿勢をとったのである。

科学技術庁に対する公開ヒアリング改善の要望は次のとおりであって、日本国憲法三一条の趣旨からして、極めて当然のことである。

(1) 安全審査に係る全ての資料を公開し、縦覧期間を十分保障すること
(2) 陳述人は、地域に限定せず、申し出たものには誰でも陳述させること。とくに科学者、専門家による技術的討論が十分尽くせるような運営を計ること。時間的制約はしない。
(3) 公開ヒアリングの結果は、住民に広く周知徹底させること。そのうえで建設の可否を住民投票にゆだねること。

科学技術庁は、右要望をすべて拒否した。

そこで「会」「県民会議」では、建設手続を進めるにすぎない公開ヒアリングの実力阻止闘争の方針

を決める一方、「住民ヒアリング」を開催した。この「住民ヒアリング」は、「県民会議」主催の「もんじゅ」の検討会であり、国の安全審査を批判する内容となった。

この「住民ヒアリング」をもとにした「意見書」が作成され、原子力安全委員会等に提出されたが、同「意見書」では、全資料の公開を求めることと高速増殖炉の各種の危険性について指摘しているが、今日に至るも、被告らからは全資料の公開もなく、資料に基づいた適切な反論もなく、討論の機会の提供もない。

高速増殖炉の安全性に疑問が指摘されている以上、本件許可処分に至るまでに同疑問の解明がなされていないのは、高速増殖炉がこれまでの原子力発電所以上に極めて危険なもので、安全な制御が困難であると言われているだけに、手続的にみて、その違法性は重大かつ明白というべきである。

5　まとめ

本件許可審査手続は、高速増殖炉についての総合的安全審査を欠き、かつ手続、資料の民主性、公開制にも欠け、住民自治の観点を全く欠落しており、同手続には、重大かつ明白な違法性がある。

よって、本件許可処分は無効であり、本件許可処分に基づく「もんじゅ」の建設、運転は差止められるべきである。

第四　高速増殖炉開発をめぐる国際的な状況

―停止に向かう高速増殖炉開発―

我が国の高速増殖炉開発は、先行する欧米諸国の経験に学び、これに追い着くことを目標にして進められてきた。したがって、高速増殖炉開発をめぐる国際的な状況を概観しておくことは、我が国における高速増殖炉開発の今後の動向を占う上で極めて有意義であるし、高速増殖炉の安全性や経済性が争点となる本件訴訟にとっても参考になると考える。

一、アメリカ合衆国

米国は、世界で最も早く高速増殖炉開発を始めた国であり、それだけにその歴史は、高速増殖炉開発をめぐる世界の潮流を最もよくあらわしているということができる。

1　重大事故の存在

米国における高速増殖炉開発の歴史の中でまず印象的なのは、ＥＢＲ－Ⅰ及びフェルミ一号炉における重大事故の存在である。

ＥＢＲ－Ｉ（熱出力一・二ＭＷ）は、アイダホ州国立原子炉試験場に設置され、一九五一年に初臨界を迎えた実験炉であるが、一九五五年一一月に炉心溶融事故を起こした。

これは、原子炉の制御試験中に緊急停止用の制御棒高速作動スイッチを入れるべきところ、運転員が誤って調整用の遅い電動式制御棒ボタンを押したため、炉心温度が急上昇して一一〇〇度Ｃ以上に達し、炉心のウラン全体の四〇～五〇％が溶けて炉心破壊をしたという事故である。あと〇・五秒遅ければ即発臨界に達するというところでようやく制御棒が有効に作動して事態の進行はとまったが、この事故の分析結果として、増殖炉が核爆発をおこす可能性が明らかになった。

又、一九六六年一〇月五日、デトロイト・エジソン社の実験炉Ｅ・フェルミ一号炉（六六ＭＷ。デトロイト近郊ラグナビーチ所在）において、流体閉鎖のために炉心が過熱して、燃料の一部が溶融するという重大事故が発生した。幸い、低出力運転であったために、事故は核爆発にまで至らなかったが、人口二〇〇万人のデトロイト市とその周辺の住民に対し緊急退避警報を出すことが検討され、実際すべての地方警察署と防災当局に警報が発せられたという。「我々はほとんどデトロイトを失うところだった」（訳書『原子炉災害』＝時事通信社刊＝の原書であるジョン・Ｇ・フラーの英文著書の題名）と言われた。

その後会社側は、Ｅ・フェルミ一号炉の再開を計画していたが、さらにトラブルが続き、七二年八月、原子力エネルギー委員会（ＡＥＣ）は運転中止命令を出し、この発電所は永久封鎖されるに至った。

このように米国は、約一〇年の間に高速増殖炉の重大事故を二回も経験したが、このこと自体が高速増殖炉の危険性を物語っている。

2 原発計画のあいつぐキャンセル

最近の米国における原子力発電所の建設状況はけっして好調なものではない。一九七九年以来原子力発電所の新規受注はなく、同年以降八一年までに、建設中を含め原発建設計画の中止及び廃棄は米国内だけで二三基に及んでいるが、その傾向は八二年になっても止まず、三月三一日までに一一基の原発建設が中止されている。一九七二年から八四年までの間にキャンセルになった契約数は実に一〇三件にのぼる。

暴騰する建設費とエネルギー需要の低迷のために、米国の原子力産業は、今後少なくとも一〇年間、あるいは次世紀までその回復はほぼ望めない状況にあるといってよい。「アメリカの人びとが原子力を支持するようになるとは思われない」(ジョン・エイハーン米原子力規制委員会委員)とまで言われている。

3 原型炉「クリンチリバー」の建設断念と高速増殖炉開発計画の挫折

このような原子力発電所建設に関する全般的な状況のなかでも、高速増殖炉の将来はとりわけ暗いものがある。このことを端的に示しているのが、米国初の高速増殖炉原型炉であるクリンチリバー増殖炉(CRBR)の開発の歴史である。

CRBR(三八〇MW)は、当初は過去の例のように民間プロジェクトに政府援助を行う計画であったが、建設費の高騰から政府分担分が圧倒的に大きくなり、政府（当時エネルギー研究開発局＝ERDA、現エネルギー省＝DOE）のプロジェクトとなった。

一九七七年四月、当時のカーター大統領は、核不拡散の観点から、CRBRの中止、高速増殖炉商業化の無期限延期政策を明らかにしたが、一九八一年に大統領に就任したレーガンは、CRBR支持政策をとった。同年一一月、レーガン大統領のCRBR許認可再開の指示を受けたDOEは、CRBRの整地、掘削、工事施設の作業等準備工事の開始を原子力規制委員会（NRC）に申請したが、NRCはこれを却下した。その後DOEは、同年七月に三度めの申請を行い、NRCは八月五日、三対一でこれを承認して、ようやく準備工事が開始されることになった。

これに対し下院は、一九八二年一二月一四日、CRBR予算全面削除案を二一七対一九六で可決したが、上院審議、両院協議を経て予算案が復活、共和党が多数派を占める上院議会において最終日の一二月二一日、八三年度CRBRに一億八一〇〇万ドルを支出するという予算案が通過し、大統領署名を経て成立した。

ところがその後、コスト上昇、電力需要の伸びの低迷などから連邦議会に反対意見が強くなり、八三年一〇月二六日上院が八四年度補正予算案にCRBR予算を含める旨の上院歳出委員会勧告を否決し、無期限に検討しないこととしたため、同月二七日DOEドナデル・ホーデル長官は、CRBR中止計画をまとめるよう指示をなし、CRBRの建設計画はついに中止されるに至った。

CRBRの中止が決定された時点で、設計は九一％完了し、工事関係図面九六六三枚のうち八九八三枚が完成していた。装置類は約七億七〇〇〇万ドルが発注され、このうち原子炉容器など四億一八〇〇万ドルが完成保管されていた。サイト整地工事も九〇％以上が完成していた。かくして、建設費八五億ドルと言われたCRBRの建設は中止され、すでに支出された莫大な経費が無駄に終わったばかりか、さらに今後サイト復旧、完成部品保管、技術資料保管、人件費などCRBR終結作業費用として一億七二〇〇万ドルが必要であるとされている。ちなみにCRBRの前記建設費は、同規模の軽水炉の一〇倍以上と言われる。

又、CRBRの建設中止に伴い、ここ数年の間毎年一五〇〇万ドルの予算で続けられてきた実証炉LSPB（大型原型増殖炉）の設計研究も、一九八四年度（一九八四年九月）で終止符がうたれることになった。

CRBRの中止がアメリカの高速増殖炉開発に与える影響は大きく、DOEは今後の高速増殖炉開発政策の再編に苦慮している。

二、フランス

フランスは、高速増殖炉の開発に世界で最も熱心な国の一つであるが、開発の過程で事故の多発、稼働率の低さ、建設費の高騰に悩まされてきた。

1　実験炉「ラプソディー」の永久閉鎖

フランス初の実験炉ラプソディー（熱出力四〇MW）は、一九七八年末、一次系の活性ガスの中にナトリウムが漏洩し、漏洩箇所を特定できなかったために、熱出力を定格の四〇MWから二四MWに落として運転を続けた。その他にもポンプの故障、制御棒機構及び燃料取扱装置の駆動困難、炉容器の変形などのトラブルが相次いで発生した。

そして一九八二年二月、約一平方センチの穴があくナトリウム漏洩事故が発生して運転を停止したが、漏れの場所が悪く、修理に大がかりな工事が必要で経費がかかるため、仏原子力庁（CEA）は同年一〇月六日、ついに炉の永久閉鎖を決定した。

2 原型炉「フェニックス」の問題性

(一) ナトリウム漏洩事故の多発

また原型炉フェニックス（二五〇MW）は、一九七三年八月初臨界のあと七四年、七六年と熱交換器にナトリウム漏洩事故が起き、その後同種の故障が起こったため、三分の二の出力で運転しながら、七八年四月まで修理改造を行った。最近では、一九八二年四月二九日、二次冷却系のナトリウムが三次冷却系の水に漏れ、水素が発生したため炉は停止した。又、その翌三〇日、停止中の炉で二次系のナトリウムが空気中に漏れて火災が発生し、この二つの事故のためにフェニックスは二ケ月間停止した。ところが、その後三基の蒸気発生器のうち二基で運転し、一二月にようやく修理を終えて定格出力に戻した矢先の同年一二月に第一蒸気発生器、八三年二月に第三蒸気発生器の再熱器（配管）にナトリウム漏洩が発生し、同年三月二〇日には第一蒸気発生器の加熱器に漏洩が発生した。このうち最後の故障のあと加熱器の当初のモデルをすべて交換することに決定され、修理は八三年三月より開始され、修理期間中は三分の二の出力で運転された。このように原型炉フェニックスにおいてもナトリウム漏洩事故が相次いでいるのが実状であり、フランスでは安全性をめぐる論議が高まっている。

(二) 実用にはほど遠い現状

問題はそればかりでない。高速増殖炉の採算設備利用率（稼働率）は八〇％以上といわれているが、フェニックスの場合、七四年七月の本格的運転開始以来の設備利用率が五八・四％、八三年の設備利用率が五五・六％と、採算ベースにはるかに届かない水準である。又、建設コストも商業用軽水炉をはるかに上まわり、又増殖率も低い。

燃焼度も高速増殖炉に要求される経済性の半分程度にすぎないのが現状である。

3 実証炉「スーパーフェニックス」の問題性

世界で初めての実証炉スーパーフェニックス（一二〇〇MW）は、八三年蒸気発生器の組立てが完了し、原子炉へのナトリウム注入、燃料装荷を経て、八五年九月には第一次臨界に達したと発表されている。

(一) 建設費の高騰と安全設計の簡素化

但し、一九八三年一〇月に明らかにされた建設費は、一八八億九二〇〇万フラン（原子炉プラント八六億四〇〇〇万フラン、在来プラント四九億七六〇〇万フラン、予備費三億四〇〇〇万フラン、エンジニアリング・試運転費一八億二四〇〇万フラン、二炉心分の燃料二三億三六〇〇万フラン、APEC使用済燃料貯蔵施設八億一二〇〇万フラン）と同容量の軽水炉の約二倍を要している。これに対し仏政府の方針では、二重についている熱交換器を一重にしたり、格納容器内の遮蔽構造を簡素化することなどによって経済性を向上させるとしていたが、それは当然にも安全への信頼度を落とすことを意味する。

(二) 炉内構造物の異常振動事故の発生

ところで、近時報じられたところでは、一九八五年になって、スーパーフェニックスにおいて、炉容器内のナトリウムを加熱試験中、炉内構造物に原因不明の振動が発見され、最悪の場合ナトリウムを回収し、バッフル板を取り換えなければならず、運転スケジュールや建設費、さらにはフランスの高速増殖炉開発計画全体に与える影響が懸念されている。

(三) 高速増殖炉用再処理工場建設の展望が明らかでないこと

さらに高速増殖炉が経済的な意味を持つためには、増殖炉用の核燃料サイクルが確立する必要があるが、スーパーフェニックスの最初の使用済燃料が取り出される予定の八七年には、高速増殖炉用再処理工場は稼働しないことが確定的になっており、現在フランスでは、その展望は明らかでない（ちなみに、高速増殖炉用再処理工場のメドが立っていないのは、他の欧米諸国も同じである）。

4 初期実用炉「スーパーフェニックスII」は実現の展望がないこと

フランス電力庁（EDF）は、八三年七月初期実用炉スーパーフェニックスII（SPX−II、一五〇〇MW）の基礎設計をノバトム社に発注したが、ここで注目されるのは、仮想的炉心崩壊事故（HCDA）を設計基準事故（DBA）から除外したことである。これによりスーパーフェニックス（SPX−I）に設置されている炉上部格納ドームが省略されることになる。これらの設計の採用によりSPX−

IIの建設費は同容量の軽水炉の一・五倍に収まるという予想を立てている。
但しボアトーEDF総裁は、近時発電コストが軽水炉に比べるとそれでも五〇％の割高になることを理由に、「当分の間商業炉の建設は行わない」と言明しており、高速増殖炉開発に最も熱心なフランスにおいてさえ、高速増殖炉開発は実用化にはほど遠い状況にあるということができる。

三、西ドイツ

1 原型炉「SNR－三〇〇」の問題性

西ドイツ、オランダ、ベルギーの共同プロジェクトになる原型炉SNR－三〇〇（三〇〇MW、ノルトライン・ウェストファーレン州カルカー所在）は、一九七三年二月に第一回分建設許可がなされ、同年四月正式に着工した。

㈠ 炉容器の線状亀裂
一九八二年九月二九日、オランダ国立エネルギー委員会（LEK）は「カルカー……大きな誤算」と題する四〇頁の報告書を公表した。この報告書は、SNR－三〇〇の炉容器に線状の割れ目が生じていると暴露している。容器は、原子炉建屋の完成を待ってサイト内に保管されていたもので、材料の結晶崩壊が起こったものといわれるが、原子炉が運転されれば悪化は必至であろう。

㈡ ナトリウム漏洩による火災事故
又、一九八四年一月二二日、建設中のSNR－三〇〇において、二次系試験に際し、アルゴンと五〇ないし一五〇キログラムのナトリウムが漏れ、原子炉建屋の約一〇〇平方メートルの仮屋根覆いで火災が発生したことが近時報じられているが、建設にあたっていた高速増殖炉原子力発電会社（SBK社）が同火災について、許認可庁である労働・健康・社会大臣に対する当初の報告において、単なる屋根アスファルトによる火災であるとし、損害面積についても過小にしか報告しなかったために、フリートヘルム・ファルトマン労働・健康・社会大臣から非難を受け、その後ようやく「二次系での弱点箇所での機能試験に際してナトリウムが漏れ、発火したのであろう」と真相を認めるという一幕もあった。

㈢　スケジュールの大幅遅延と建設費の高騰

ところで、SNR－三〇〇建設のスケジュールは、安全設計の考え方の変更に基づく設計変更、確証試験の実施、連邦議会による運転許可留保権設定等の問題が発生したために大きく遅延している。建設許可申請時のスケジュールでは、七五年臨界、正式着工時には七九年臨界の予定であったが、その後八六年一月臨界の予定と修正され、前記㈡の事故によりさらに遅延することも予想されていた。

さらに、八五年七月ノルトライン・ウェストファーレン州のレイムト・ジオアヒムセン経済相は、同炉の所有者であるSBK社からの燃料装荷及びゼロ出力試運転認可申請に対し、使用済燃料の管理方法が十分に実証されていないことを理由に却下し、臨界のメドは立っていない。

建設費も上昇し、この分担決定もスケジュール遅延の原因となっている。建設費は、建設許可申請時四億マルク、七二年三月の関係国によるプロジェクト承認時一五億四〇〇〇万マルクであったが、現在では六五億マルクとなっている。この建設費は軽水炉の六倍以上であるが、これも「保障できない」（リーゼンフーパー研究相）といわれており、前途は多難である。

2　実証炉計画は霧の中

西ドイツの実証炉SNR－Ⅱ（一三〇〇MW）は、七二年なかばから設計が開始され、この時の着工予定は七九年であったが、SNR－三〇〇の建設の遅れからSNR－Ⅱの着工は大幅に遅れ、一応九〇年代とされている。但し、西ドイツ連邦議会の動きからみて、現段階ではSNR－Ⅱの着工は未定といった方がより適切であろう。そしてSNR－Ⅱの建設費も発表されておらず、SNR以降の計画も発表されていない。西ドイツにおいても、高速増殖炉開発計画の前途は霧の中というべき状況である。

四、イギリス

1　原型炉「PFR」の問題性

(一)　続出する技術的トラブル

英国の高速増殖炉原型炉PFR（二七〇MW）は、一九六六年二月建設が決定され、同年六月着工されたが、着工後ルーフ・スラブの溶接割れが発見され、初臨界は当初計画より約三年遅れて七四年三月となった。しかも、七四年九月、熱出力で九〇MW運転中、第二蒸気発生器に漏洩が発生し、その後、半年間に他の蒸気発生器にもおよび、その数は九ヶ所となった。さらに八三年二月、第一蒸気発生器のラプチャー・ディスクが疲労破壊し、発電所は三月末まで停止、同年五月までの間に冷却水取水口に大量の海草がつかえて一時停止、同年五月なかば第一再熱器の下部配管にナトリウム漏洩が発見され六月なかばまで停止、同年八月三一日定期点検、燃料交換、スリーブ付の第二及び第三蒸気発生器据付、新九クロムフェライト鋼製の第三再熱器据付のために停止、と技術的トラブルが多い。

㈡ 実用にほど遠い稼働状況

そのために、初臨界以来長期連続定格運転に入ることができず、一九八三年末までの累積発電量は一四億二四〇〇万KW時、平均設備利用率（稼働率）は六・八％、八二年の設備利用率は一二％、八三年の設備利用率は七・七％と、実用には全くほど遠い状況にある。

2 実証炉計画は凍結状態

英国において、一九七〇年頃から、PFRに続く実証炉計画としてCFR一号炉が計画された。現在、実証炉はCDFR（一三〇〇MW）と呼ばれている。その最初の概念設計は七一年ナショナル・ニュークリアー社（NNC）に発注され、当時の計画では七四年着工の予定であった。しかし電力需要の伸びの低迷、加圧水型軽水炉の試験的導入などのために計画は遅れ、現在では着工するとすれば九六年頃とされている。

一九七六年九月に発表された王立環境委員会「原子力と環境」報告は、「私たちがここで純粋に環境上の理由から好ましいとする戦略は、CFR一号炉の開発を遅らせることである。それによってプルトニウム経済の社会的政治的側面が十分に検討され、議論される時間が得られよう。そうすることによってCFRにつき進む前にその危険性の度合が広く理解され、当否の判断が可能となろう」と述べており、又、英ローソン・エネルギー相も、八二年一月二九日、議会において、高速増殖炉について、長期開発を放棄するつもりはないが、商業化は二〇〇〇年以降にならないと期待できないと言明している。

このように、英国においても、高速増殖炉開発計画は凍結状態にある。

五、ソ連

1　原型炉「BN－三五〇」の重大事故

ソ連の高速増殖炉原型炉であるBN－三五〇（一五〇MW、他に二〇〇MW相当分は脱塩水製造）は、一九七二年一一月に初臨界に達したが、運転は順調ではなく、七三年五月及び九月、七五年二月蒸気発生器漏洩事故を起こし、当初一五ないし三〇%、その後長らく六五%出力で運転され、八三年にようやく七二%出力での運転に漕ぎつけた状態にある。これらの事故は、蒸気発生器六台のうち三台に水漏れが発生したものであり、そのうちの一台の事故がとくに重大で、約一〇〇キログラムの水が流出し、これが冷却材の液体ナトリウムと激しい化学反応を起こした。ソ連当局はこの重大事故の詳細を明らかにしていないが、火事が発生したことは確実で、何らかの爆発も起こったのではないかと推測されており、水とナトリウムの反応による白煙が立ち上るのが、アメリカの人工衛星によって観測されたといわれたほどだった。

2　実証炉計画は立ち消え状態

実証炉BN－一六〇〇（一六〇〇MW）は設計中であったが、前記BN－三五〇が数度にわたる深刻なナトリウム漏出事故を起こしたため、計画はほとんど立ち消えの状態になっているという。

六、まとめ

以上に見てきたとおり、欧米の高速増殖炉開発をめぐる状況は極めてきびしい。米「サイエンス」誌のパリ通信員ディビッド・ディクソンは、同誌一九八二年一〇月号において、コストの上昇、電力需要の冷え込み、高速増殖炉商用化への道を開くために必要な従来型の軽水炉建設の遅れなどにより、欧州における高速増殖炉開発熱は急速に冷えつつあると述べている。まさにその指摘のとおりであり、高速増殖炉は、事故の多発、建設費の高騰、稼働率や増殖率の伸びなやみ、再処理、核燃料サイクルの未確立、電力需要の落ち込み等、解決の容易ならざる多くの問題を抱えているのであって、そのために先進諸外国では、高速増殖炉は放棄されつつあるといったほうが適当な状況にあるのである。

表１　世界の高速増殖炉開発スケジュール概況

昭和59年６月現在

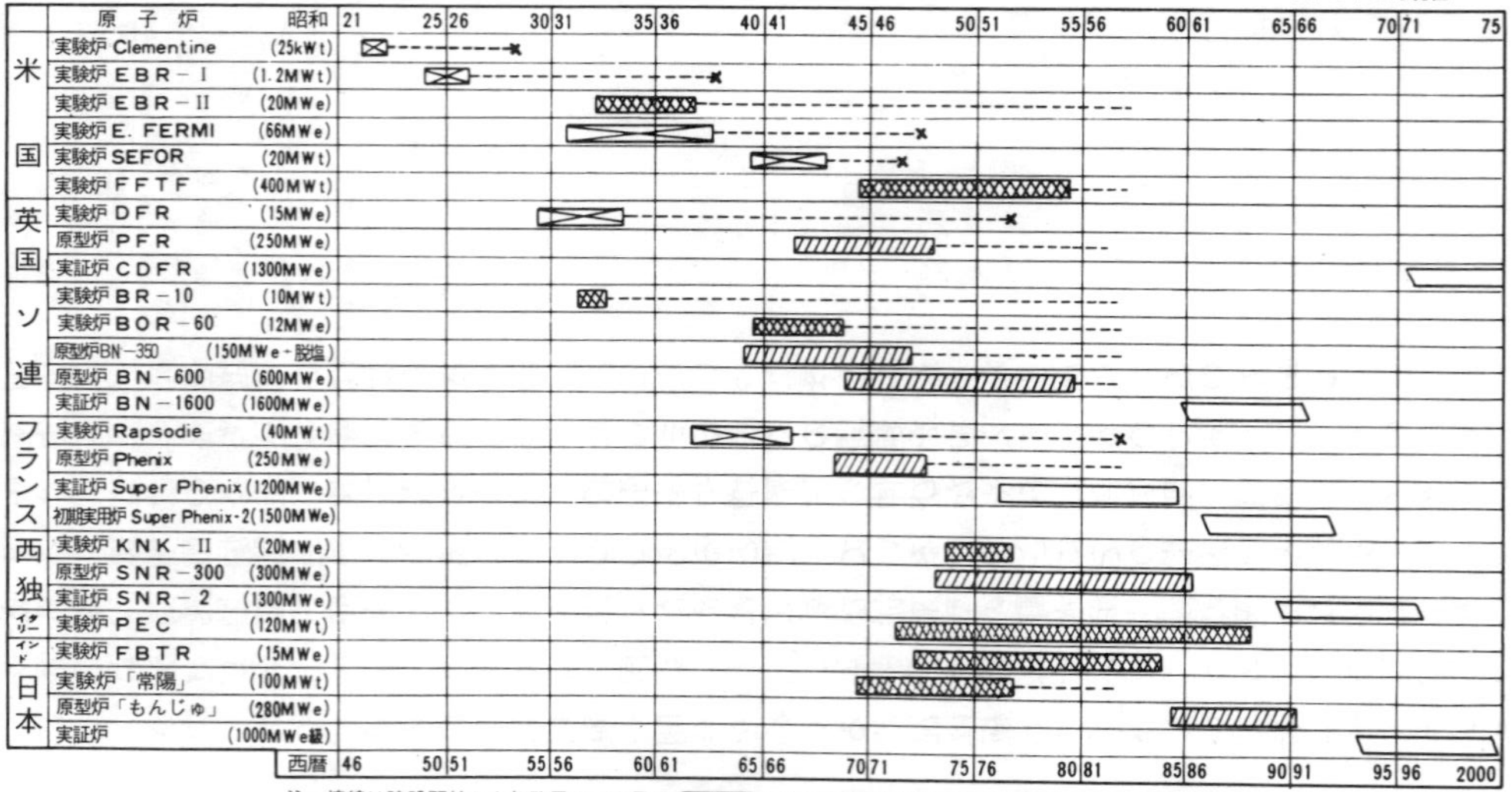

原子炉
昭和 21 25 26 30 31 35 36 40 41 45 46 50 51 55 56 60 61 65 66 70 71 75
米国
実験炉 Clementine (25kWt)
実験炉 ＥＢＲ－Ｉ (1.2MWt)
実験炉 ＥＢＲ－II (20MWe)
実験炉 E. FERMI (66MWe)
実験炉 SEFOR (20MWt)
実験炉 ＦＦＴＦ (400MWt)
英国
実験炉 ＤＦＲ (15MWe)
原型炉 ＰＦＲ (250MWe)
実証炉 ＣＤＦＲ (1300MWe)
ソ連
実験炉 ＢＲ－10 (10MWt)
実験炉 ＢＯＲ－60 (12MWe)
原型炉BN－350 (150MWe＋脱塩)
原型炉 ＢＮ－600 (600MWe)
実証炉 ＢＮ－1600 (1600MWe)
フランス
実験炉 Rapsodie (40MWt)
原型炉 Phenix (250MWe)
実証炉 Super Phenix (1200MWe)
初期実用炉 Super Phenix-2 (1500MWe)
西独
実験炉 ＫＮＫ－II (20MWe)
原型炉 ＳＮＲ－300 (300MWe)
実証炉 ＳＮＲ－２ (1300MWe)
イタリー
実験炉 ＰＥＣ (120MWt)
インド
実験炉 ＦＢＴＲ (15MWe)
日本
実験炉「常陽」 (100MWt)
原型炉「もんじゅ」 (280MWe)
実証炉 (1000MWe級)
西暦 46 50 51 55 56 60 61 65 66 70 71 75 76 80 81 85 86 90 91 95 96 2000

注：棒線は建設開始から初臨界までを示す　実験炉　原型炉　実証炉　閉鎖
点線は運転期間を示す
×印は閉鎖を示す

（出典：「動燃技報」No.51，動燃事業団，1984．９）

表2　高速増殖炉と軽水炉との比較(出典：川又伸弘『科学』1979年1月号)

	高速増殖炉	軽　水　炉
電気出力(万kW)	100	100
熱出力(万kW)	250	300
燃料要素(本)	30～100×10^3	30～50×10^3
出力密度(kW/l)	250～500	35～90
燃焼度(MWD/t)	～100×10^3	25～30×10^3
中性子束(n/㎠·秒)	～10^{15}(高速)	10^{13}～10^{14}(熱)
炉心出口温度(℃)	530～560	280～325
炉心入口温度(℃)	370～400	220～290
被覆材最高温度(℃)	620～700	～315
熱衝撃(℃/秒)	1.5～10	1～1.5
1次系圧力(kg/㎠G)	～0.5(カバーガス圧)	72(BWR) 158(PWR)

表3　高速増殖炉もんじゅ発電所の主要目

原子炉型式	ナトリウム冷却高速中性子型
熱出力	714MW
電気出力	約280MW
燃料(炉心)	プルトニウム・ウラン混合酸化物
(ブランケット)	二酸化ウラン
核分裂性プルトニウム富化度	
(内側炉心／外側炉心)	約16／21 Wt %
燃料装荷量(炉心)	5.9×10^3kg-Pu,U
(ブランケット)	1.75×10^4kg-U
増殖比	約1.2
炉心燃料平均取出燃焼度	約80,000MWD／T
線出力密度(炉心平均／炉心最高)	約210／360 W／cm
燃料被覆管材質	SUS 316
被覆管外径／肉厚(炉心)	6.5／0.47mm
(ブランケット)	11.6／0.5mm
炉心燃料被覆管最高温度	675 ℃
原子炉容器型式	底部鏡板付円筒たて型容器
1次冷却材流量	15.3×10^6kg／hr
1次冷却材温度(原子炉入口／原子炉出口)	397／529℃
ループ数	3
中間熱交換器型式	たて型無液面平行向流型
2次冷却材流量	3.7×10^6kg／hr (1ループ)
2次冷却材温度(低温側／高温側)	325／505℃
ポンプ位置	コールドレグ
蒸気発生器型式	ヘリカルコイル貫流式分離型
蒸気タービン型式	串型3気筒4流排気非再熱式
蒸気温度(主蒸気止め弁前)	483℃
蒸気圧力(　〃　)	127kg／㎠g
タービン流入蒸気量	1.1×10^3t／hr
燃料交換方式	単回転プラグ固定アーム方式
燃料交換間隔	約6ヶ月

(出典：「高速増殖原型炉『もんじゅ』の現状と海外の動向」坂田肇)

（出典：『原子力発電便覧』85年版）

BOR（ソ　連）	BR-10（ソ　連）	DFR（イギリス）	Rapsodie（フランス）	KNK（西ドイツ）	PEC（イタリア）	常　陽（日　本）
12	—	15	—	21.4	—	—
60	10	60	40	58	130	100
ループ型	ループ型	ループ型	ループ型	ループ型	ループ型	ループ型
円　柱	円　柱	円　柱	円　柱	円　柱	円　柱	円　柱
410/400	280/280	530/530	387/340	1,175/1,050	/900	736/550
UO_2＋PuO_2 カーバイドも可	PuO_2 Nak ボンド カーバイドに取替	Pu-Fe 合金	UO_2＋PuO_2 He ボンド	UO_2	濃縮ウラン酸化物 ベント型	70UO_2＋30PuO_2 He ボンド
/0.4	5.07/0.4		6.7/0.45	/0.3	6.8/0.4	5.5/0.35
SUS	SUS	Nb	SUS 316	SUS 14970	SUS 316	SUS 316
	65,000		30,000	10,000		50,000
800	600	680	590	580	542	650
B_4C	B_4C	B_4C	B_4C	B_4C	B_4C	B_4C
7	18	12	6	7	11〜12	6
360〜450/600	430/500	230/330	450/540	361/551		370/500
	370/470		220/310			340/470
2	6	24	2	2	2	2
540/100	435/50	280/13	—	—	—	—
			—	—	—	—
2	6	12	—	—	—	—
回転プラグアーム式	二重回転プラグ斜めエレベータ	二重回転プラグ直動式	二重回転プラグアーム式		単回転プラグアーム式	二重回転プラグ式
						60
'65/'68	/'58	'55/'59	'62/'67	'74/'77	'71/'87	'70/'77
運転中	運 転 中	閉　鎖	閉　鎖（'82/10）	運 転 中	建 設 中	運 転 中

表4　世界の高速増殖炉の基本仕様一覧（その1）

(1) 実験炉

	単位	EBR-II（アメリカ）	E. Fermi（アメリカ）	SEFOR（アメリカ）	FFTF（アメリカ）
電気出力	MWe	20	65.9	—	—
熱出力	MWt	62.5	200	20	400
炉構造		タンク型	ループ型	ループ型	ループ型
炉心		円柱	円柱	円柱	円柱
直径／高さ	mm	483/361	830/830	845/910	1,220/915
炉心燃料		U-Fiss合金 Na ボンド	U-10%Mo 合金 —	UO_2+PuO_2 He ボンド	18〜26w/o PuO_2-74〜82w/oUO_2 He ボンド
ピン直径／被覆厚さ	mm	4.42/0.23	4.01/0.125		5.85/0.38
被覆材		SUS304	Zr	SUS316	SUS316
ピン配列					
燃焼度	MWd/t	24,000	6,000		45,000
被覆材最高温度	℃		497	650	665
制御棒材質			B_4C	Ni 反射体	
本数		14	10	10	
一次系温度・入口/出口	℃	〜372/〜482	288/427	371/437	425/559
二次系温度・IHX入口/出口	℃	〜322/〜472	265/407	288/354	
IHX台数	基	1	3	1＋予備	3
主蒸気・温度／圧力	℃/kg/cm²	451/91	405/	—	—
給水温度	℃	285	173	—	—
蒸気発生器	基	1	3	空気冷却	空気冷却
燃料交換系		アンダーザプラグ固定アーム	アンダーザプラグ固定アーム	ホットセル上蓋取外し	アンダーザプラグ炉上部機構（3分割方式）
燃料交換間隔	日				
備考	着工／臨界	'57/'62	'61/'63	'65/'69	'70/'79
	現状	運転中	閉鎖	閉鎖	運転中
	その他				

（出典：『原子力発電便覧』85年版）

フェニックス（フランス）	BN-350（ソ　連）	BN-600（ソ　連）	SNR-300（西ドイツ）	もんじゅ（日　本）
251/233	150（電気） 残（脱塩）	600/—	327/295	280/—
568	1,000	1,470	762	714
タンク型	ループ型	タンク型	ループ型	ループ型
円　柱	円　柱	円　柱	円　柱	円　柱
1,400/850	1,495/1,060	2,060/750	1,500/950	1,785/930
$(Pu, U)O_2$	UO_2	$(Pu, U)O_2$	$(Pu, U)O_2$	$(Pu, U)O_2$
6.55/0.45	6.1/0.35	6.9/0.4	6.1/0.38	6.5/0.47
SUS 316（アニール材）	SUS	SUS	1,497 SS	SUS 316
3角	3角	3角	3角	3角
100/50	50	100/—	87/57	94/80
700	680	700	685	675
B_4C	B_4C	B_4C	B_4C	B_4C
6（ベント型）	12	27	12	19（1ry 13 2ry 6）
400/560	300/500	380/550	377/546	397/529
350/550	273/453	320/520	328/521	325/505
3	6（内予備1）	3	3	3
Cold leg×3	Cold leg×6	Cold leg×3	Hot leg×3	Cold leg×3
6	6	9	9	3
510/163	435/50	505/140	495/163	483/127
246	158	240	252	240
ヘアピンモジュラー 12	バイオネット型	直管モジュラー型	直管モジュラー 6 ヘリカル 3	ヘリカルコイル 貫流分離型
単回転プラグ 固定アーム斜道式	2重回転プラグ 斜エレベータ	2重回転プラグ 斜エレベータ	3重回転プラグ 直動式	単回転プラグパンダグラフ固定アーム式
2	2	5	5	6
'68/'73 運転中 Marcoule 建設費 Fr 759m 全額政府出資	'64/'72 運転中	'68/'80 運転中	'73/'86予定 建設中 Kalkar SBK/INB/RWE /RWU	'83/'91予定 建設中 白木（敦賀） 政府/民間

表4　世界の高速増殖炉の基本仕様一覧（その2）

(2) 原型炉

	単位	CRBR アメリカ	PFR イギリス
電気出力・発電端/送電端	MWe	380/350	270/254
熱出力	MWt	975	600
炉構造		ループ型	タンク型
炉心		円柱	円柱
直径/高さ	mm	1,882/914	1,400/914
炉心燃料		$(Pu, U)O_2$	$(Pu, U)O_2$
ピン直径/被覆材厚	mm	5.84/0.38	5.84/0.38
被覆材		SUS 316	20%CWM 316
ピン配列		3角	3角
燃焼度・最大/平均	10^3MWd/t	初期ワイヤー 80/50 後期グリッド 150/100	−/75
被覆材最高温度	℃	657	700
制御棒材質		B_4C	Ta, B_4C
本数	本	19(1ry15, 2ry 4)	10
一次系温度・入口/出口	℃	388/535	400/562
二次系 IHX 温度・入口/出口	℃	343/502	370/532
ループ数		3	3
一次ポンプ位置×数量		Hot leg×3	Cold leg×3
IHX台数		3	6
主蒸気・温度/圧力	℃/kg/cm²	462/102	516/161
給水温度	℃	232	288
蒸気発生器		ホッケースティック	Uチューブ3
燃料交換系		3重回転プラグ	単回転プラグ パンダグラフ
燃料交換間隔	月	12	50日
備考	着工/臨界 現状 建設地 その他	計画中止（'83/10） Clinch River	'66/'74 運転中 Dounrear 建設費 £44.5m 全額政府出資

（出典：『原子力発電便覧』85年版）

SNR-2 （西ドイツ）	アメリカにおける大型炉概念設計の例 GE	 A I	 CDS	日本における実証炉概念設計の１例
1,360/1,300	1,038/1,008	—/1,000	1,000/—	1,000/901
3,420	2,417	2,400	2,550	2,600
ループ型	タンク型	ループ型	ループ型	ループ型
	2,474/762	2,590/1,100	径方向非均質 /1,000	3,340/1,000
(Pu, U)O_2	(Pu, U)O_2	(Pu, U)O_2	(Pu, U)O_2	(Pu, U)O_2
7.6/0.5	6.3/0.255	7.6/0.445	6.99/0.37	6.5/0.47
SUS 316	SUS 316	SUS 316	D 9	SUS 316
3角	3角	3角		3角
115/—	138/100	114/67.4	／	91/73
	663 （肉厚中心）	695		650
B_4C	Ta, B_4C	Ta		B_4C
	31	15	30	37
380/500or 540	432/621	415/615	354/510	365/500
320/470or 520	341/577	354/577	327/488	310/465
4	3	3	4	4
Hot leg×4	Cold leg×3	Hot leg×3	Hot leg×4	Hot leg×4
4	3	3	4	4
495/163	510/168	538/170	454/155	450/102
	249	248		210
	Uチューブ	ホッケースティック	ヘリカルコイル/再循環型	ヘリカルコイル/再循環型
3重回転プラグ直動式	ホットセル	2重回転プラグ	3重回転プラグ/シュート方式	3重回転プラグ/シュート移送セル方式
12	12	12	12ヵ月運転	12ヵ月運転
未　定 '88年建設許可をとりたいとしているが，かなり不明確。	○GE, AI の場合は 1,000MWe Follow on Study の例 ○CDS は CDS-400-2 の値。 ○アメリカは'97年を LSPB の完成年度として設計研究を進めてきたが，その可能性はかなり不明確。			○電力が実施しているもののうち，ループ型概念設計の例。 ○わが国は '86 年までにループ型タンク型を含めて炉型選定を行ない，'90 年代前半着工を目標としている(58.4.25 FBR 実用化小委員会)。

表4　世界の高速増殖炉の基本仕様一覧（その3）

(3) 大型炉

	単位	CDFR（イギリス）	スーパーフェニックス―I（フランス）
電気出力，発電端/送電端	MWe	1,320/1,250	1,200/―
熱出力	MWt	3,230	3,000
炉構造		タンク型	タンク型
炉心			円柱
直径/高さ	mm	2,900/1,000	3,600/1,000
炉心燃料		$(Pu, U)O_2$	$(Pu, U)O_2$
ピン直径/被覆材厚	mm	5.8/	8.50/0.7
被覆材		SUS 316	SUS 316
ピン配列		3角	3角
燃焼度・最大/平均	10^3MWd/t	―/100	初期炉心 70 その後 100
被覆材最高温度	℃	620（含まずホットスポットファクタ）	620（含まずホットスポットファクタ）
制御棒材質		―	B_4C
本数	本	37	24
一次系温度・入口/出口	℃	370/540	395/545
二次系IHX温度・入口/出口	℃	335/510	345/525
ループ数		6/8/2 （一次系/二次系/発電機）	4
一次ポンプ位置×数量		Cold leg×6	Cold leg×4
IHX台数		6	8
主蒸気温度/圧力	℃/kg/cm²	486/163	487/177
給水温度	℃	230	235
蒸気発生器		Uチューブ	ヘリカルコイル貫流一体型
燃料交換系		3重回転プラグ直動式	2重回転プラグ直動式
燃料交換間隔	月	―	12
備考	着工/臨界 現状 その他	未定 '90年代前半着工としているが，かなり不明確	'77/'84予定 建設中 $2,361.5m (58.12.1 原産新聞) NERSA（国際協同）

図1　もんじゅ原子炉容器内構造（出典：『原子力発電便覧』85年版）

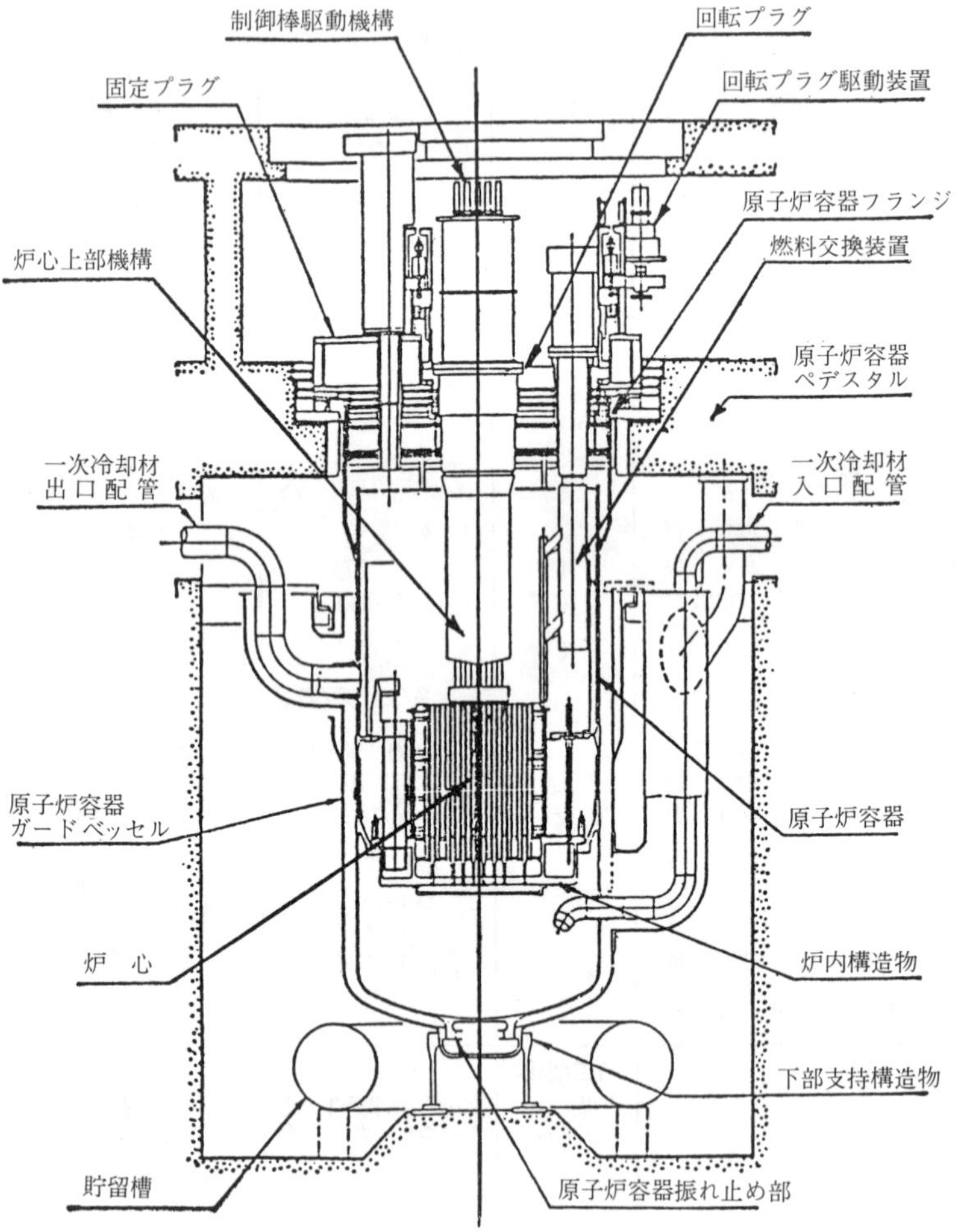

図２　フランス実証炉・「スーパーフェニックス－Ⅰ」

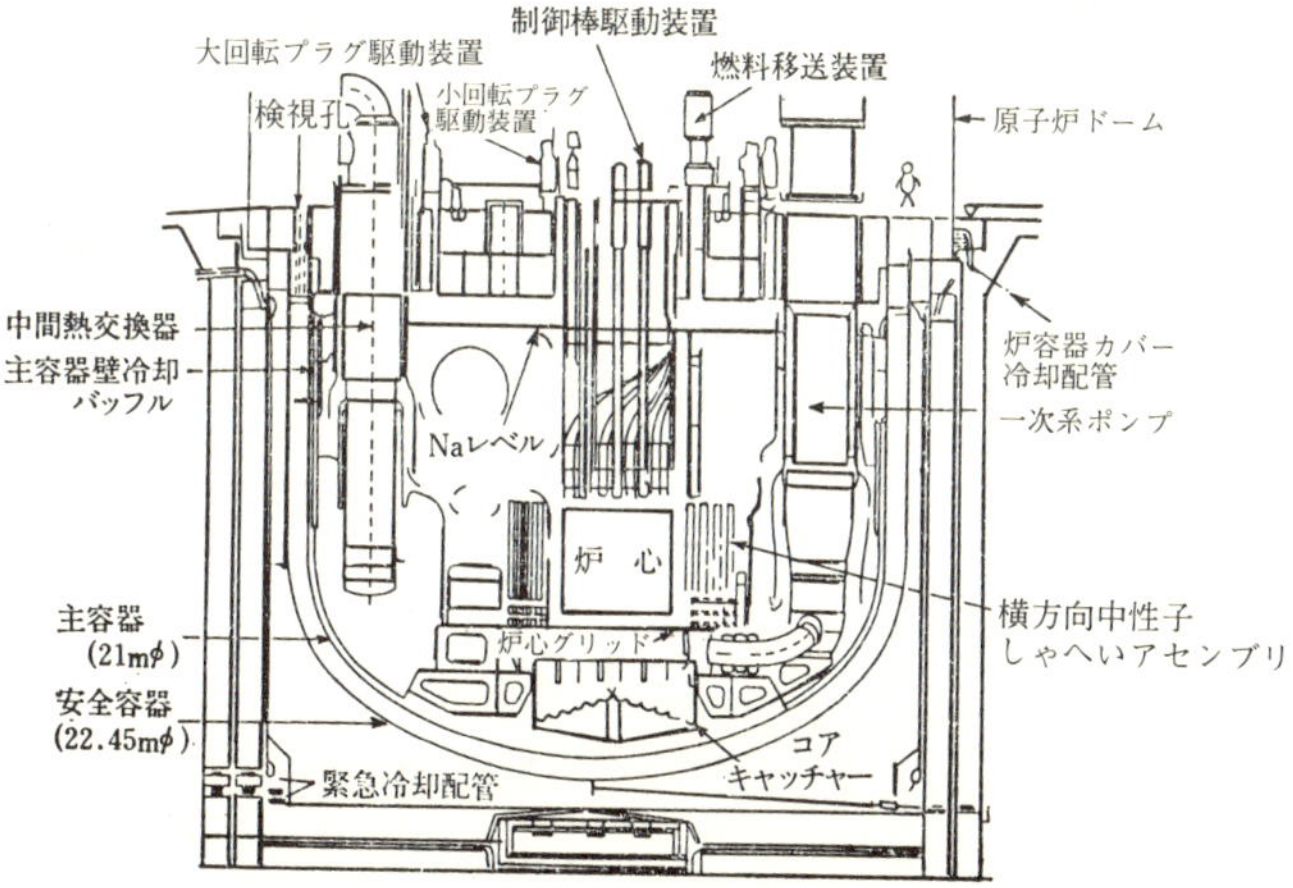

（出典：『原子力発電便覧』85年版）

補図　イギリス原型炉・「ＰＦＲ」

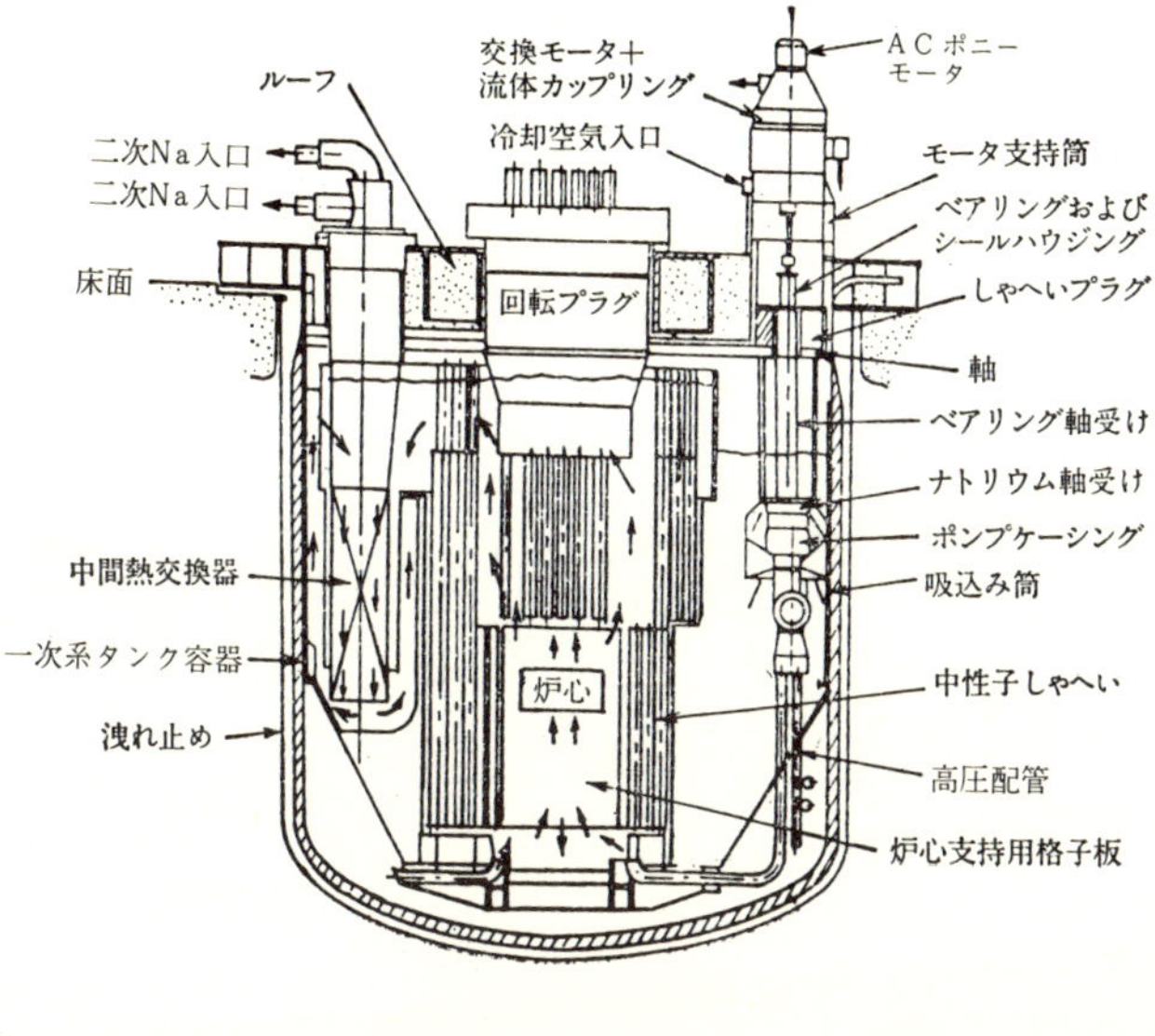

図３　もんじゅ主系統概要図

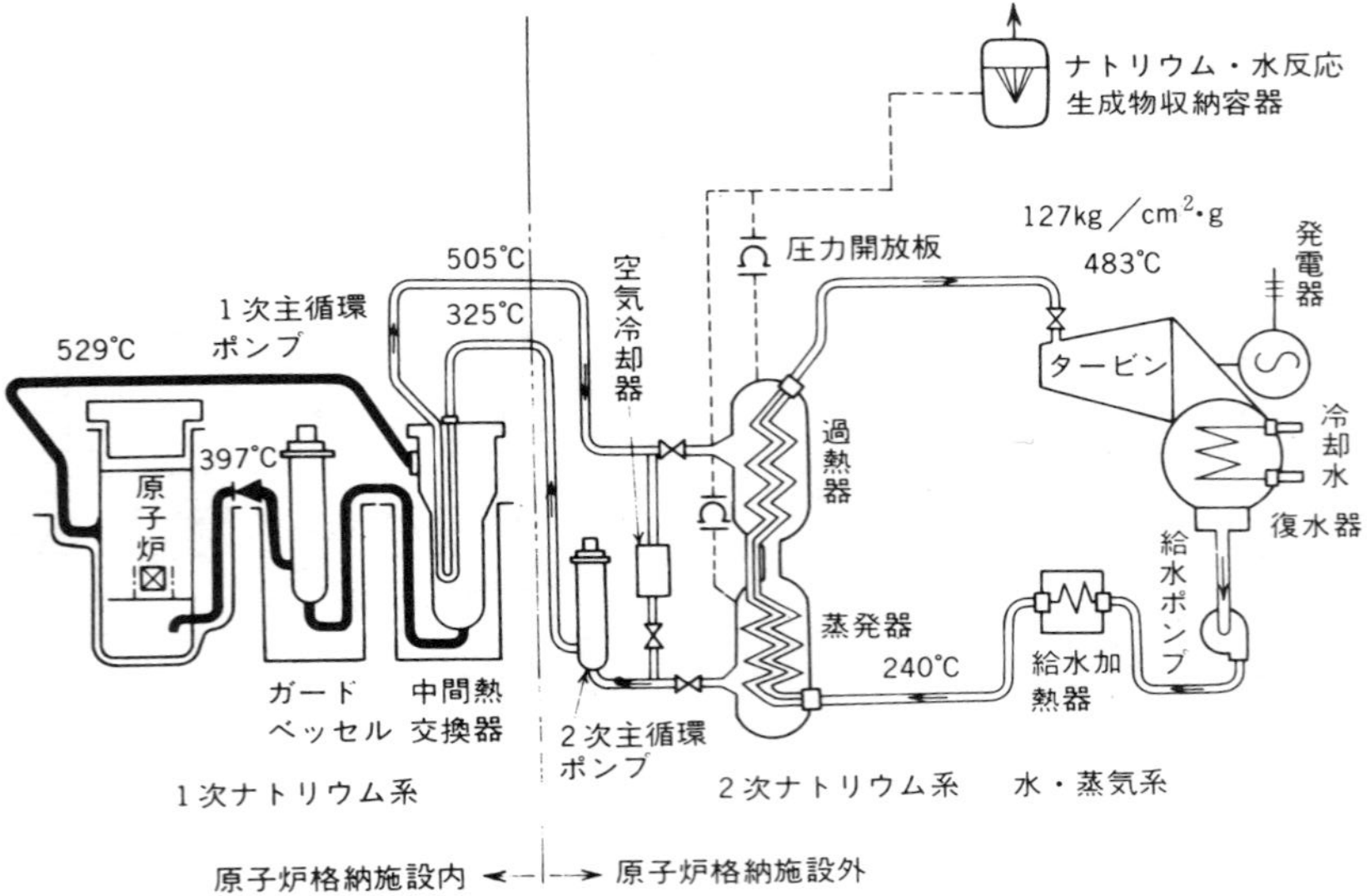

（出典：「高速増殖炉開発の概要」動燃事業団，1981.6）

図4　加圧水型原子炉の概念図　（出典：『原子力発電便覧』85年版）

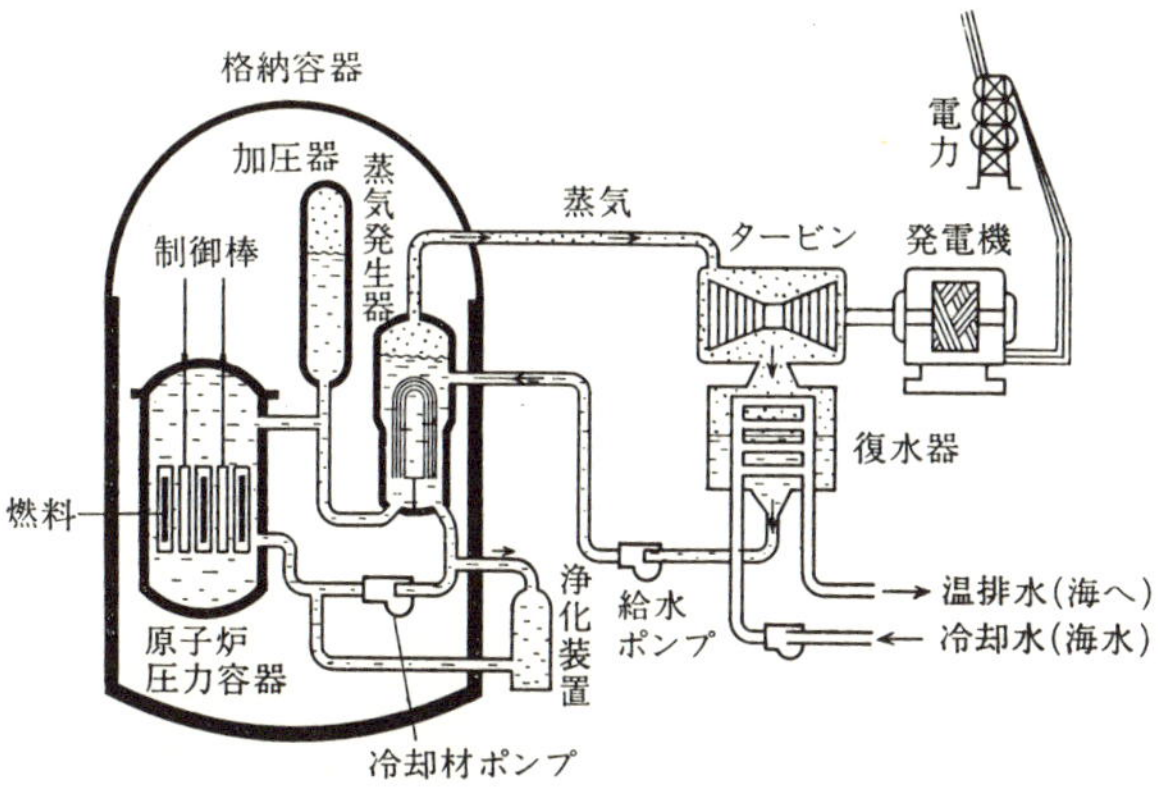

補図　沸騰水型原子炉の概念図

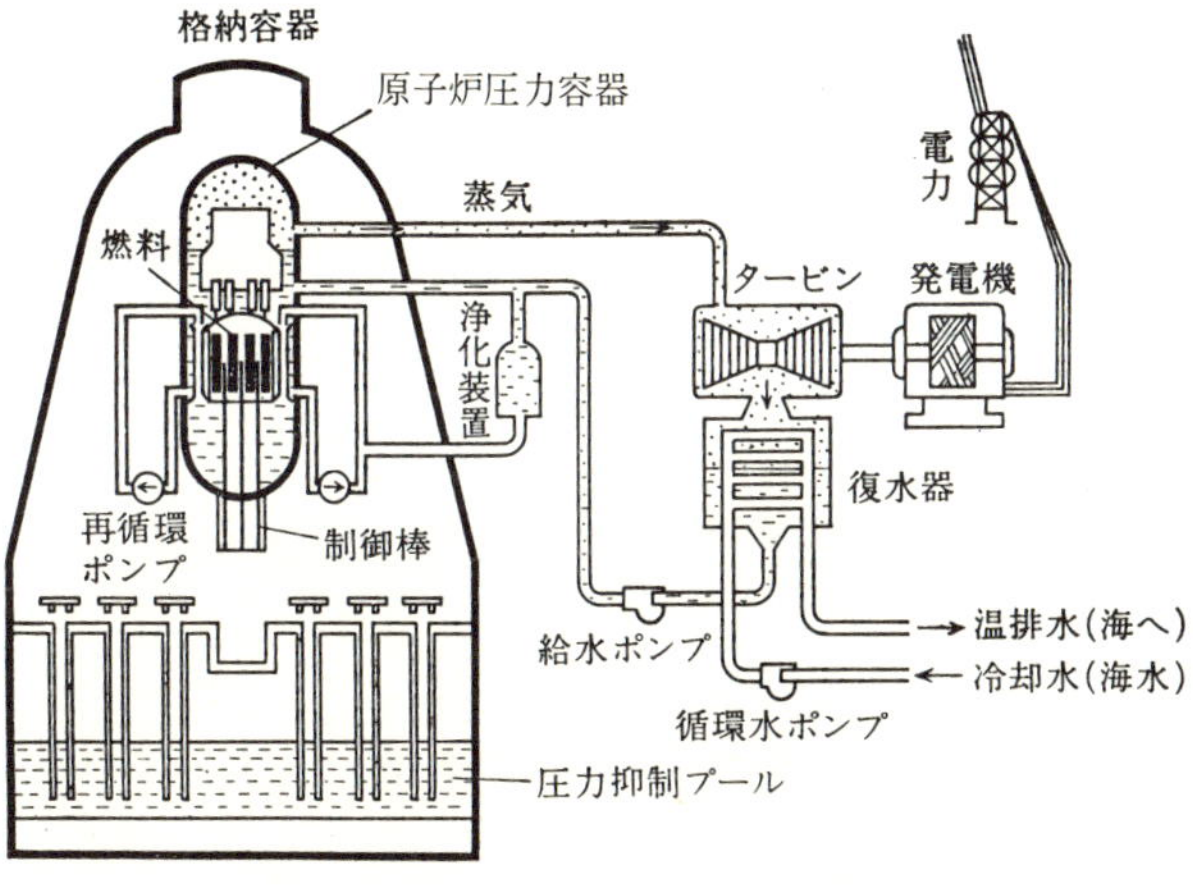

図5　炉心配置説明図

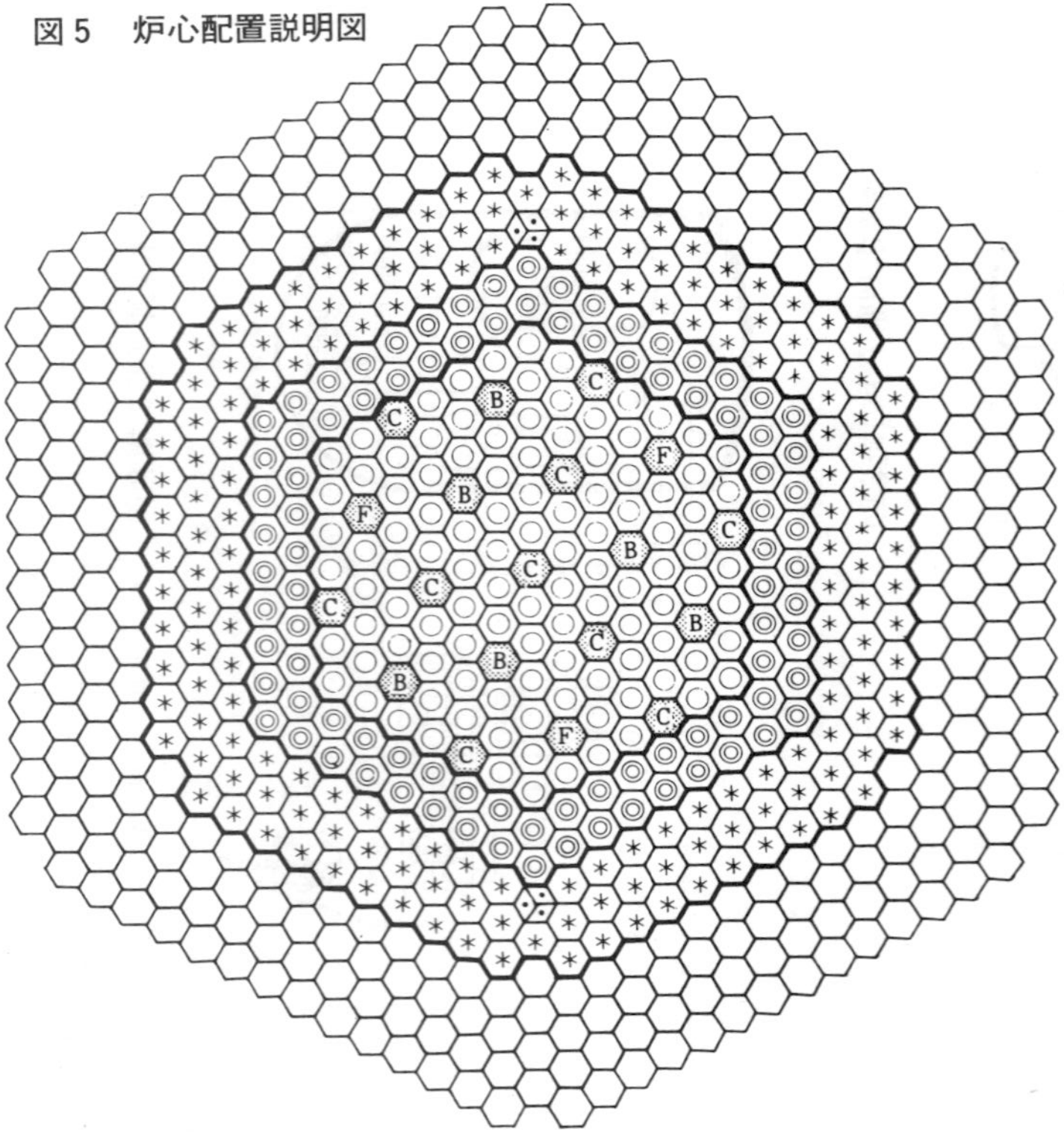

炉心構成要素		記号	数量
炉心燃料集合体	内側炉心	○	108
	外側炉心	◎	90
ブランケット燃料集合体		＊	172
制御棒集合体	微調整棒	F	3
	粗調整棒	C	10
	後備炉停止棒	B	6
中性子源集合体			2
中性子しゃへい体		⬡	316
サーベイランス集合体		⬡	8

(出典：「動燃技報」No51，動燃事業団，1984.9)

図6　炉心燃料集合体構造説明図

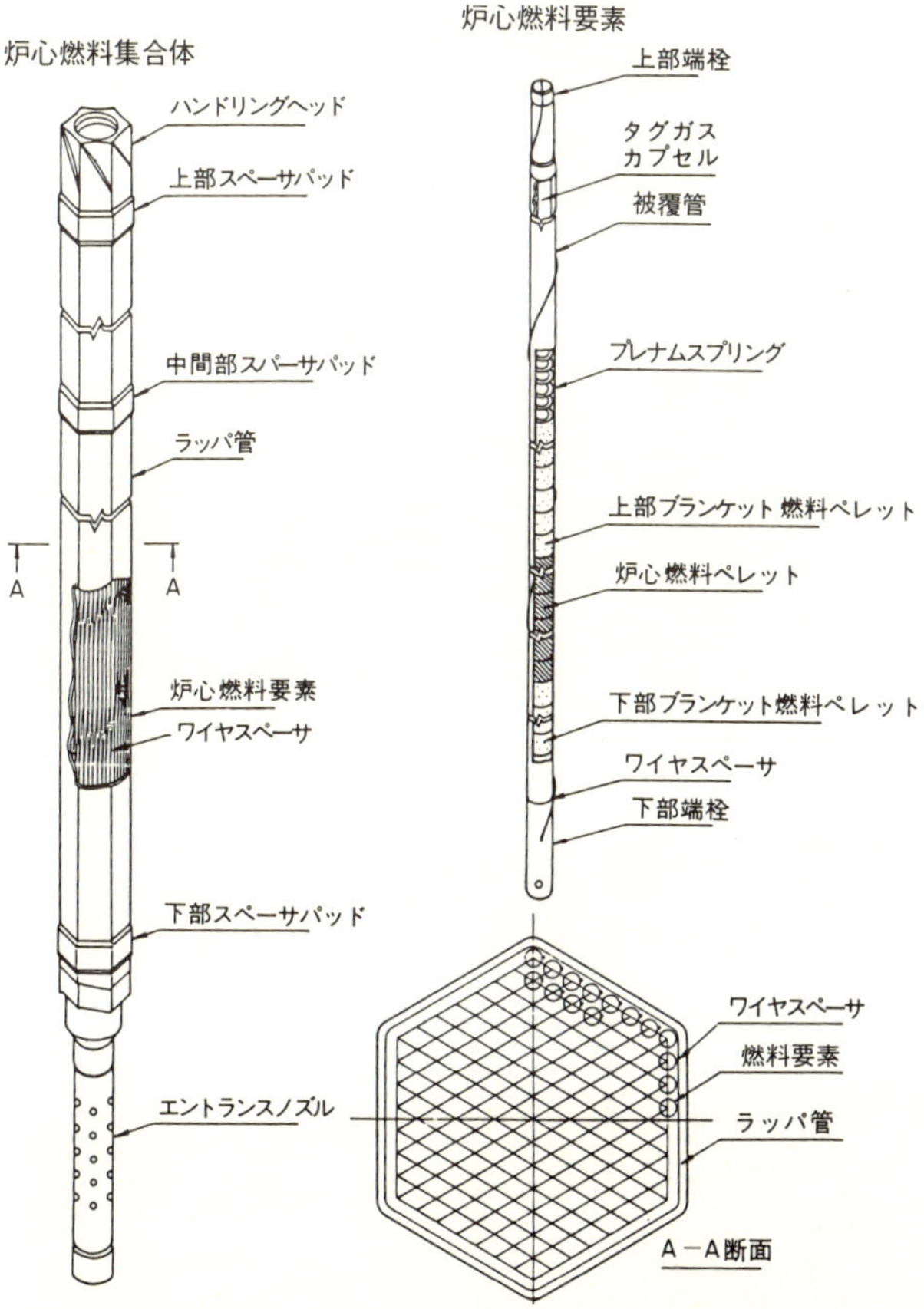

（出典：「動燃技報」No51，動燃事業団，1984.9）

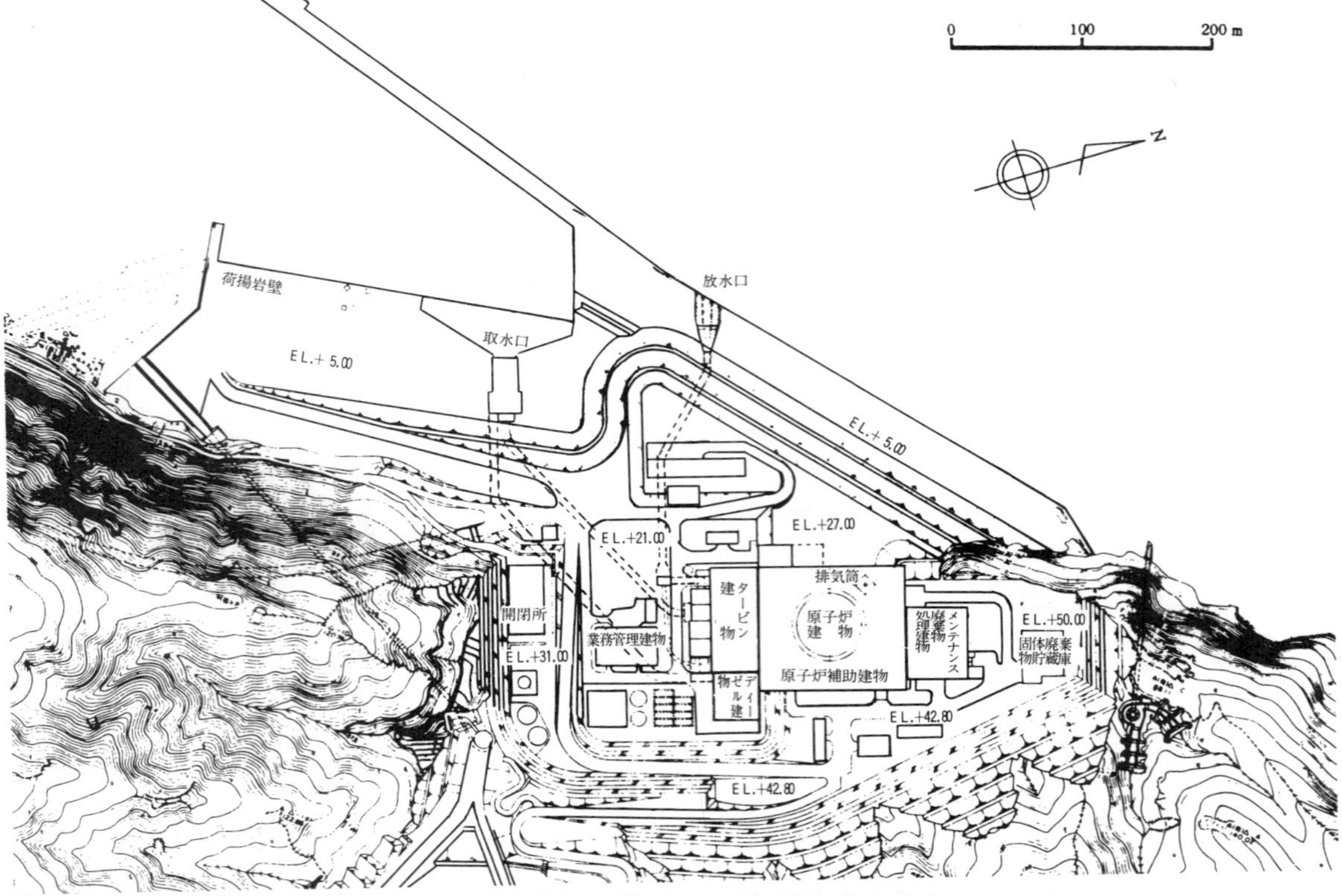

図７　発電所全体配置図（出典：「動燃技報」No51，動燃事業団，1984.9）

図 8　主要建物断面図〔A－A断面〕

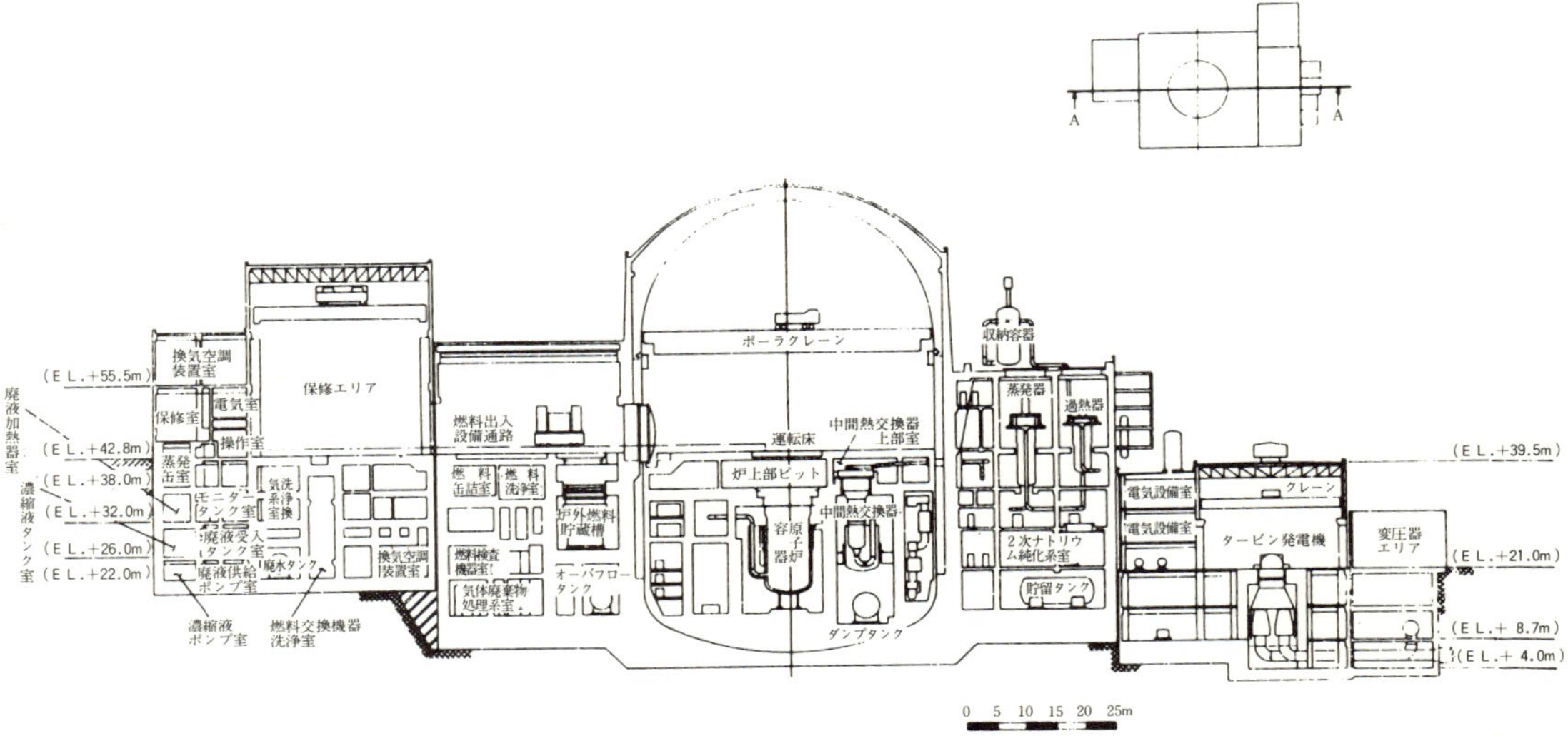

(出典：「動燃技報」No51，1984.9)

図9　原子炉断面図〔常陽〕

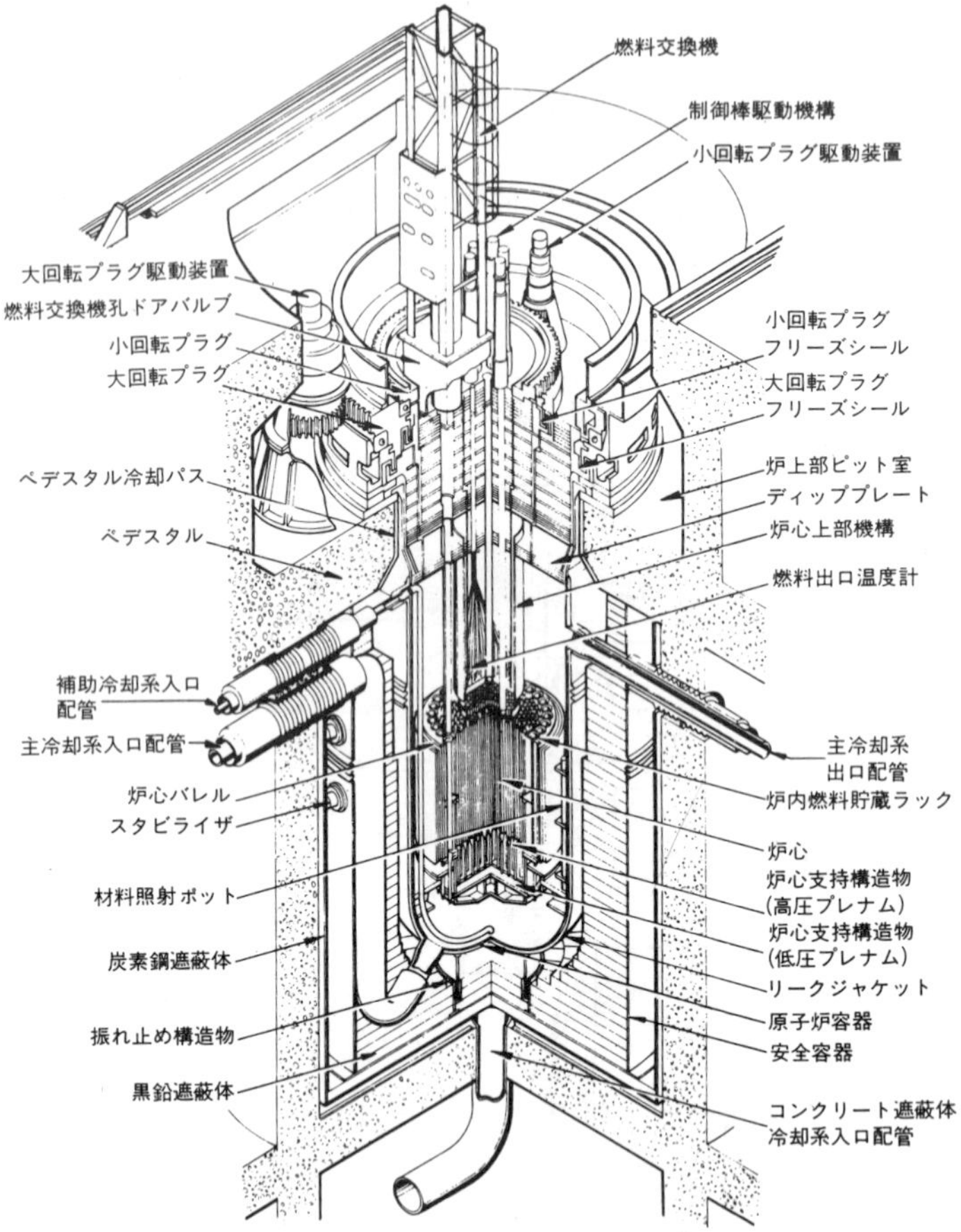

(出典：「高速増殖炉開発の概要」動燃事業団，1981.6)

第二部　放射線と放射性物質の危険性

―高速増殖炉の危険性の根源―

一、核燃料サイクルの各段階における被害の発生

高速増殖炉を含む原子炉の主要な危険性は、放射線による危険性である。この放射線は、直接原子炉から漏れ出し、あるいは放射性物質が環境に漏れて、これがそこで壊変する際に放出される。

この放射性物質（放射線）により、既に多数の被害が生じている。古くは放射線の影響に対して全く無知であった時代における、研究者等の大量被曝による被害、広島、長崎における原子爆弾投下、多くの核実験による被害、更には医療用を初めとするX線による被害、各種原子力施設における被害等々がそれである。これらによって、既に現在までに多量の放射性物質が環境中に放出されている。

放射性物質による被害のうち、特に以下においては、本件に関連するいくつかの放射線被害を見ることとする。

1　ウラン鉱山による被害

自然界に存在する物質で原子炉等の燃料となるのはウランである。このウランの鉱石を採掘するウラン鉱には、ウランを初めとする多種の放射性物質を含んだ粉塵及び放射性のガスがあふれている。そこで、ここで労働した鉱夫に肺ガンその他のガンを発生させる等の被害を生じさせている。

2　ウラン選鉱工場による被害

ウラン鉱石は、粉砕され、硝酸溶液で処理されて使用可能なウランが抽出される。この操作の後に残された廃棄物には元の鉱石の八五パーセントの放射能が含まれたままである。この廃棄物は、通常大きな溜池等に溜められて保管されるが、その溜池のダムが決壊するなどして大量の放射性物質が流出してしまう事故が、過去多発している。この廃棄物の主要な放射性物質はトリウム二三〇であるが、その半減期は八万年であり、したがって、これらの事故により将来極めて長期にわたって放射能被害が発生することとなるのである。

3 ウラン濃縮工場による被害

選鉱によって取り出された天然ウランの中には、ウラン二三四、二三五、二三八が存在する。このうち核燃料となりうるウラン二三五の割合を高めるのが、ウラン濃縮である。この過程でも、ウランの粉塵によって労働者が被曝する被害が発生している。

4 原子炉による被害

原子炉では、ウラン等の核分裂により多量の放射性物質が生産される。この原子炉の中でも原子力発電所の原子炉は出力が大きく、したがって、発生させる放射性物質の量もまた大量である。その放射性物質は、特に事故が生じなくとも日常的に多量に放出され、これによって既に甚大な被害が発生していると推測することができる。又、ひとたび原子炉の事故が発生すれば、それにより多量の放射性物質が環境に漏出し、大きな被害を与えることとなる。過去多くの原子炉事故が発生しているが、その最も大きな事故がＴＭＩ原発事故である。この事故では、原子力を推進しようとする者により今までおよそ起こりえない事故とされてきた仮想事故を上回る規模にまで事故が進展し、極めて多量の放射性物質が環境に放出された。これによりＴＭＩ原発の風下地域に多くのガン患者を発生させる等の被害を発生させた。

又、本件と同様の高速増殖炉であるアメリカのフェルミ炉においても一九六六年燃料棒が一部溶融する事故が発生している。同炉では、更に放射性ナトリウムが漏出する事故があり、結局、同炉は廃炉となるに至っている。

5　再処理工場による被害

再処理は、原子炉で生じた使用済燃料を処理して、燃え残りのウラン二三五を取り出し、更にプルトニウムを分離抽出する過程である。使用済燃料中には、燃え残りウラン及び各種の核分裂生成物が多量に存在するが、これらを取り出して処理するため、まず燃料棒を破壊する。そこで、放射性物質が環境に漏れやすく、過去多数の環境汚染、労働者被曝の事例を生じている。また再処理は臨界に達しやすいプルトニウムを扱うため、臨界事故もまた多数発生している。

6　放射性廃棄物による被害

放射性廃棄物は、その性質上、放置しておけば自然に分解してなくなるというものではなく、各固有の半減期に従って減少していくにすぎない。そこで、数十万年、数百万年といった極めて長い期間の保管が必要となってしまう。この間に事故が生じないという保障は全くない。又、現にその取扱いを誤ったためと思われる大事故も生じている。

7　輸送事故

燃料採掘から廃棄物となるに至る過程において、核物質はその各過程を輸送されて移動する。そこで、過去その過程の中で、トラックの衝突、列車転覆、船舶の沈没等の事故が起き、環境が放射能によって汚染されて、人等が被曝する被害が生じている。

既に多量の放射性物質が生産されている。「もんじゅ」は、これに加えて後述するような危険な炉内部に多量の放射性物質を擁し、更に新たに生み出そうとするものである。

「もんじゅ」は、このような放射性物質によって現場で働く人々、周辺住民を始めとした地域的に極めて広範囲の人々のみならず、子々孫々に至るまでの人類全体に多大の危害を加えるものである。

二、放射線の種類

放射線には、物理的な性質上種々のものが含まれる。これを大別すれば、電子等の荷電粒子及び中性子等の非荷電粒子からなる粒子線と電磁波からなる電磁放射線とに分かれる。粒子線であるベータ線、アルファ線、中性子線、電磁波であるX線、ガンマ線等は物質と反応してその物質を電離させる能力があり、総称して電離放射線と呼ばれる。

これらの電離放射線のエネルギー量は、分子を結合させているエネルギーより非常に高いエネルギーのレベルにある。そこで、その結合を優に破壊することができる。

ところで、これら放射線の個別のエネルギーは、その線量に必ずしも関係するとはいえない。漏洩する放射性物質の量が少なければ、線量は減少するが、その放射性物質一原子が崩壊することにより発生する各放射線のエネルギーは、変わりがない。電子線であるベータ線を例にとってこれを単純化していえば、飛びから電子のスピードが各個別のベータ線のエネルギーを決め、これに飛びから電子の個数を掛けて線量が定まるということができるのである。これは他の放射線であっても同様であって、電磁波であるX線、ガンマ線においても個別の放射線のエネルギーを定めるのは電磁波の振動数であり、同じ振動数の電磁波は同じエネルギーを有するのである。

同じエネルギーを有する放射線も、その種類によって物質に与える影響の程度は異なる。例えばアルファ線は透過性に乏しい（プルトニウムのアルファ線は皮膚を〇・〇四ミリメートルも走れば止まってしまう）が、これは逆に透過する物質にその持つエネルギーを与えやすいことを示すものであるから、生体に対しても極めて強い破壊力を有するのである。

三、放射性物質の種類

このような放射線を生み出す放射性物質には、各元素毎に種々のものが存在する。放射性物質が放射性を有するのは、原子核が不安定であって、これが自然に壊れてしまい、その際に放射線を放出するからであるが、各放射性物質にはそれぞれ固有の壊れやすさがあり、これに従って崩壊する。この固有の壊れやすさに反比例するのが、各放射性物質の半数が壊変する時間である半減期である。

又、放射性物質の壊れ方には、アルファ粒子(ヘリウム原子核)を放出するアルファ壊変、電子を放出するベータ壊変及びガンマ線を放出するガンマ壊変がある。ある放射性物質がどのような壊変をするかは、それぞれの放射性物質によって特有である。

放射性物質の環境内、生体内での行動は、それぞれの元素の化学的性質により定まる。したがって、生体内に取り込まれてとどまりやすい放射性物質はそこで濃縮され、壊変して周辺の組織に大きな影響を与えることとなる。

四、放射線の危険性発現の機制

1　放射線による生体内分子の破壊

荷電粒子の場合を見るならば、これが飛んで生体を構成する物質の分子に衝突し、若しくはその近傍を通過して荷電粒子が飛ぶ経路に沿った分子の、更にこれを構成する電子にエネルギーを与える。その結果、エネルギーを与えられた電子は分子から飛び出し、あるいはエネルギーの高い状態となって、分子はより不安定な(反応性の高い)状態におかれる。取り去られた電子が分子を構成する原子間を結合させる働きを持ったものであれば、分子は放射線によって直接的に破壊されてしまう。又、それ以外の場合においても他の反応を介し、分子の破壊を導く。

荷電粒子以外の放射線においても、終局的には、荷電粒子同様の効果を及ぼすこととなる。即ち、非荷電粒子は原子核に衝突することによりこれを跳ね飛ばし、これにより荷電粒子である反跳原子核を生じさせ、あるいは原子核に吸収されてこれを不安定な原子核にして、その壊変をもたらす。ガンマ線等の場合には、コンプトン効果等により高速電子を発生させることにより荷電粒子同様の電離作用を及ぼすこととなる。

ところで、一個の放射線（ベータ線ならばベータ線の中の一個の電子）の持つエネルギーは、生体を構成する分子内の化学的結合を維持しているエネルギーの何万倍何十億倍もの全く桁違いに大きなものであって、それぞれ優に分子を破壊するに足る力を有している。この個別の放射線のエネルギーは、ほぼ線量と関係なく定まるといえるから、どんなに線量が少なかろうと、一つの放射線はそれぞれ十分に生体内の分子を破壊することができるエネルギーを有するのである。そこで、どんな少ない線量であれ放射線の照射を受けた生体組織の分子は、その影響を（線量による確率的な大小はあっても）、必ず受けることとなる。衝突された分子の側から見れば、自分に衝突する放射線（それは自己を破壊するに十分なエネルギーを有している）があるか否かが問題であり、自分に衝突する放射線がある以上、自分以外のどれだけ多くの分子に他の放射線が衝突したか（これが即ち線量ということができる）は、全く関係のないことである。

したがって、生体を構成する分子に対する影響という微視的意味では、放射線の線量がいかに小さくとも必ず確率的に影響が存在し、即ち「しきい値」は存在しえないのである。

2　放射線による生体に対する遺伝的あるいは遺伝学的影響

(一)　生体におけるＤＮＡ（デオキシリボ核酸）の重要性

生体において最も重要な分子は、遺伝子の本体であるＤＮＡである。生物を形成するために必要な（ほとんど）すべての情報がこのＤＮＡに乗せられているといってよく、これを必要に応じて取り出すことにより生体の各部が作られる。

ＤＮＡは、二重らせん構造の長大な分子であるが、人の体細胞の場合、このＤＮＡは同一情報について一対のみ存在し、生殖細胞においては同一情報につき一個しか存在しない。

人などの高等生物では、ＤＮＡは蛋白質などと結合した染色体（クロマチン）という形で存在する。

(二)　ＤＮＡの構造及び機能

ＤＮＡはリン酸と糖と塩基の結合体（ヌクレオチド）が重合してできた長い鎖が二本並んだ二重らせん構造を有する分子である。このヌクレオチドを構成する塩基にはアデニン、チミン、シトシン、グアニンの四種があって、この塩基のＤＮＡにおける並び方が即ち遺伝情報となっている。より具体的には、塩基の連続した三個の並び方（これをコドンという）がそれぞれ一つのアミノ酸に対応し、ある目印で区切られたコドンの並び方が、これを基にして作られる蛋白質のアミノ酸の並び方を規定するのである。

又、ＤＮＡの二本の鎖は、その一本のある部分にアデニンがあれば他の一本のこれに向かい合った部分には必ずチミンがあり、同様シトシンに対する部分にはグアニンがあって、相補的な安定した構造となっている。細胞が分裂する時にはこのＤＮＡが複製されるが、その複製はＤＮＡの二本の鎖がほどけ、それぞれに以前の他の一本同様の相補的な鎖が形成されて、以前と同一の構造を持ったＤＮＡが形成されてなされる。したがって、一旦誤った塩基の順序のＤＮＡが形成されれば、その誤った遺伝情報は安定して存在し続けることとなり、容易に元に戻ることがない。

(三) 発ガンにおける遺伝子（染色体）の役割

人は、五〇兆から六〇兆の細胞から構成されている。このすべての細胞は同じ染色体、同じ遺伝子を有し、必要なすべての遺伝子のセットを有しているが、それぞれ必要に応じて、例えば皮膚の細胞であれば、皮膚として必要な遺伝子のみが実際に機能して皮膚としての細胞になるように（他の遺伝子が眠っているように）調節されている。このような複雑な調節により、それぞれの細胞がそれぞれ特有の機能の細胞として生まれるのである（分化）。この分化の機能が失われ、異常な機能を有するに至ったのがガン細胞であり、その過程がガン化であるが、ガン化には、ガン遺伝子と呼ばれる一群の遺伝子が関与する。即ち、ガン化は遺伝子レベルでの変化を伴うものなのである。このガン遺伝子が活性化することによってガンが発生するが、ある種のガン遺伝子の活性化には点突然変異（ＤＮＡの塩基配列の変化の意味における突然変異）が関与することが知られている。このガン化には、点突然変異が大きな役割を果しているのである。

このようにして生じた突然変異が、その後長い期間を経て（他のガン遺伝子の突然変異によらない活性化などのいくつかの段階を経て）、真に悪性な腫瘍となる。もちろん、同じ変化が別個独立に多数の細胞において発生する必要はなく、一個の細胞に生じればガン化は発生するのである。そして、その悪性化した細胞が、更に増殖してガンとして検知しうるまでの大きさ（一グラムの大きさとしても約一〇億個の細胞集団となって初めて検知しうる）になるまでは、また長い期間（人間の場合、白血病のあるものでは照射後三年ないし五年、固形ガンの場合一〇年ないし二〇年程度）の経過が必要なのである。

(四) 放射線の遺伝子に与える影響

放射線が染色体に照射されると、染色体は損傷を受ける。既述したように、生体分子を構成する原子間の結合エネルギーは、放射線のエネルギーに比較して極めて小さいから、いかに小さい線量の放射線であっても染色体を構成する分子を直接傷つけることができる。又、放射線は生体内の水分子を活性化する。その活性化された水分子によっても染色体は損傷を受けうる。放射線により、こうして直接または間接にDNAの二重らせんの一方の鎖が切断されると、それが修復される段階において誤った塩基が挿入されることにより、染色体中のDNAの塩基配列が変えられることがある。このようにしてDNA配列が変えられることを点突然変異という。あるいは放射線は、染色体の構造自体、更には染色体の数まで変えてしまうこともある。これを染色体異常という。

このような変化は非可逆的であり、そのまま保存される。このような変化が体細胞のガン遺伝子に起こったのであれば、その後、長い期間を経てガンが発生する。又、このような変化が生殖細胞に起きれば、その子のすべての細胞は、この生殖細胞と同様の突然変異した遺伝子を有することとなり、即ち遺伝的障害が発生する。

ところで、この遺伝的障害はほとんど劣性突然変異であって、同種の劣性遺伝子を有する人との間で子供を作ることがなければ、そのような変化は具体的に出現しない。したがって、遺伝的障害が実際に知りうるのは何世代も後のこととなるのである。

結局、遺伝的障害においては、染色体（DNA）が極めて重要な、同種のものが一対しかないものであるため、放射線の影響はその線量に関係なく確率的に必ず発生し、又、ガンの発生においては、一個のガン遺伝子の活性化であってもガン化を促すことから、同様放射線の影響はその線量に関係なく確率的に必ず発生するのである。しかし、いずれの障害もその発生を知りうるのはきわめて長い期間を経た後であり、かつ、それぞれの障害のうちどの障害が放射線によるものであるかを個別に知ることは不可能である。

五、放射線障害の種類

1 身体的障害

人間を含む哺乳類の身体に与えられる障害のうち、その体細胞に与える障害には、急性のものと晩発性のものとがある。急性障害には、①けいれん・運動失調など神経系の障害、②骨髄の新生能力喪失・白血球減少などの造血系の障害、③食欲不振・消化不良・下痢・腸内出血など消化器系の障害、④脱毛・紅紫斑・水疱・皮膚炎・色素沈着など皮膚の障害、⑤結膜や鼻腔粘膜など粘膜の障害、⑥血管内膜損傷及び出血、⑦放射線肺炎、⑧精子減少・排卵異常・流産など生殖器系統の障害などが知られている。

又、晩発性障害としては、①慢性白血球減少症、②白血病、③ガン、④白内障、⑤寿命短縮、⑥免疫力の低下などが知られている。

2 遺伝的障害

身体に起こされる障害のうち、特にその生殖細胞またはその原基細胞に起こされる遺伝学的障害が遺伝的障害であり、子孫に遺伝される。この中には、既述したように、DNAの塩基配列の変化による点突然変異と、染色体の構造自体もしくは染色体の数までもが変えられてしまう染色体異常とがある。

六、放射線の危険性評価

1　はじめに

放射線障害は、歴史的に次第に解明されてきた。しかし、特に低・微量線量域における放射線が、その線量に応じてどの程度の効果を人の身体に及ぼすかについては、現在に至るも確立した見解は存在しない。それは、①大部分の場合、被曝線量が正確に測定されておらず、線量を推定に頼って算出する以外にないことが多いこと、②被曝条件や被曝集団の特性が千差万別なこと、③観察される効果である発ガン等は非常に少数であって、統計的誤差を含みやすく、又、効果の生じるのが非常に長期間経過後であること、などの理由から、線量と効果との関係を知ることが一般的に困難であることによる。

このように低・微量線量域における線量―効果関係に確立した見解が存在しない現状においては、原子炉等を設置する際の放射線の危険性を評価するにつき、より安全を重視した考え方をとる必要がある。即ち、ある線量において複数の危険性評価の見解があって、いずれも確立した見解といえない場合、そのうちの最も危険であるとする見解に従って評価すべきなのである。安全であるとの見解を採用して評価しようとしても、これが誤りである可能性は否定しえないのであって、そこで後にその危険性が具体化して被害が発生したならば、取り返しがつかないこととなる可能性がある。これは、危険な賭けというほかなく、結局、最も安全を重視した（危険性を高く認める）見解を採用すべきこととなるのである。

2　線量と放射線障害との一般的関係

㈠　「しきい値」の不存在

放射線障害に「しきい値」が存在するか否かは、過去大きな問題として議論されてきた。しかし、現在「しきい値」が存在するとして主張する科学者はわずかである。前述した発ガン、遺伝障害発生の機制からしても、「しきい値」は存在しえない。殊に安全性の考え方に従えば、到底「しきい値」が存在するとの前提には立つことができない。

㈡　低・微量線量域における線量−効果関係

放射線障害に「しきい値」が存在しないとしても、線量の増加とそれによってもたらされる障害の増加との関係がどのような関係に立つかについて、種々の見解が提示されている。これについてアメリカ国立科学アカデミーの電離放射線の生物学的影響に関する委員会の報告（ＢＥＩＲⅢ）は、種々考えられるその関係の中から、直線型、直線−二次曲線型及び二次曲線型の三つの型について詳細に考察した。しかし右報告も、確定的結論までは出しえていない。この点についての確立した見解は存在していないのである。すると、原子炉における危険性評価において採用すべき安全性を重視した考え方に立てば、右の三つの型のうち、最も危険性を高く評価する直線的比例関係を主張する見解を採用すべきである。

㈢　線量率及び線量の分割

急性障害において、同一の線量であってもこれを分割して何回かに分け、あるいは長期間に少量ずつ被曝した場合の方が、障害は発生しにくいことが知られている。これは、少量ずつ照射された方が、生じた損傷の修復される可能性が強いことによる。一方、晩発性障害においても同様にこれが認められるかについては、やはり確定的な結論は出されていない。しかし、発ガンや遺伝的障害が遺伝子レベルでの障害を含むものであること及び遺伝子レベルでの障害は、一旦生じた場合には安定的に維持されることからして、少量の線量に分割し、あるいは長期間被曝しても、総線量が同じであれば効果は変わらないと見るべきであり、かつ安全を重視した考えに立つならば、このような微量の被曝の方が安全であるとの見解は採用することができない。

3 放射線の危険性の程度

(一) 急性障害

急性障害は、全身または身体の大部分が短時間におよそ二〇ラド以上の被曝を受けた場合に生じ、ほぼ五〇〇ラドで死亡率は一〇〇パーセントに達する。急性障害における放射線の致死作用のうち最も重要なものは造血組織、とりわけ骨髄における影響である。骨髄の幹細胞は放射線の影響を極めて受けやすい細胞である。骨髄細胞の破壊はすべての種類の血液細胞の形成を抑制する結果を招く。一〇〇ラドから五〇〇ラドの線量域において、骨髄の破壊の程度が著しい場合には、通常六週間以内に死亡する。五〇〇ラドから二〇〇〇ラドの線量域においては、胃腸管系の変化が原因で更に早期に死亡する。又、これ以上の非常に高い線量を被曝した場合には、神経系の病理学的変化によって更に急速に死に至る。

(二) 低・微量線量域における障害

(1) ＩＣＲＰの勧告におけるリスク係数

ＩＣＲＰ（国際放射線防護委員会）の一九七七年勧告は、一〇〇万人の人が一レムずつあびたときそれぞれの確率的障害（発ガン、遺伝的障害という確率的に生じると考えられる障害）で何人が死亡するかという放射線障害による死のリスク係数を、すべての年齢及び両性で構成された人間集団に対するリスクの平均値として、白血病による死亡のリスクは一〇〇万人・レムあたり二〇人、すべてのガンによる死亡のリスクは同ほぼ一〇〇人、遺伝的リスクは最初の二世代で同四〇人、それ以下の全世代で同四〇人程度などと判断している。

(2) これに対しマンクーゾらは、ハンフォード原子力施設の過去三〇年間に及ぶ、約二万八〇〇〇人の放射線作業従事者の被曝記録と死亡調査をもとに、放射線によるガン死のリスク評価を行った。このデータから導かれたリスクは、全てのガンによる死亡に対して一〇〇万人・レムあたり一〇〇〇人ないし二〇〇〇人もしくはそれ以上であった。

(3) 又、ロートブラットは、医療用放射線被曝者、マーシャル諸島住民などの低レベル被曝集団のデータを独自に整理した結果、全てのガン死に対する危険率として、一〇〇万人・レムあたり八〇〇人の値を出した。

(4) ところで、ＩＣＲＰの危険率評価の際、最も重要なデータとされたのは、最大の被曝者集団である広島、長崎における原爆被爆者データであった。その被曝線量の評価は、Ｔ65Ｄと呼ばれるものであり、被曝者のガン統計はＡＢＣＣと呼ばれるものである。ところが最近、広島、長崎データであるＴ

65 DとABCCのデータにつき誤りが指摘され、その再評価がなされるに至っている。

(5) このように低・微量線量域における危険性評価については、ICRP勧告による評価がなされていたが、その妥当性につき疑問を提示する種々の知見が認められるようになってきている。すると、ここにおいても「しきい値」が存在しないと考えたのと同様、安全性を重視する考え方が必要となる。したがって、ICRPの一九七七年勧告におけるデータよりも危険性が高いと指摘するマンクーゾらのデータを基礎としてすべてのリスク評価がなされなければならない。ICRP自身「しきい値」が存在しないとする際には、安全性を高くとろうとする考え方をとっているが、線量あたりの影響の評価においても同様の考え方は当然とられなければならない。この結果、ガン死についてのリスク係数としては、一〇〇万人・レムあたり一〇〇〇人ないし二〇〇〇人もしくはそれ以上というマンクーゾらのデータを採用すべきである。

七、「許容被曝線量」の違法性

1 「許容被曝線量」の性格

「原子炉の設置、運転等に関する規則等の規定に基づき、許容被曝線量等を定める件」は、周辺監視区域外の一般住民につき、「許容被曝線量」を年〇・五レムとしている。そこで、この「許容被曝線量」がいかなるものであるかにつき見ることとする。

この「許容被曝線量」は、ICRPの一九五八年勧告による一般人に対する許容線量の年〇・五レムをそのまま採用したものである。ところで右勧告は、単に職業人に対する許容線量の一〇分の一の値を「被曝するかしないかの自由度が与えられておらず、かつその被曝から直接の利益を何も受けていない」からとして定めたにすぎず、ＩＣＲＰ自身この値を知見が十分ではないので、あまり生物学的意義を持たせるべきではないとして、この値の線量の放射線が、人体に対し生物学的に影響を与える可能性のあることを認めている。

ところでＩＣＲＰは、一九五八年以降次々に低線量域での発ガン、遺伝的障害といった重大な影響が新たに明らかにされていたにもかかわらず、その制限値を全く改定しようとしないで現在に至っている。これは、ＩＣＲＰがそもそも原子力利用者側の機関であるというその性格に由来する。

2 「許容被曝線量」の違法性

そもそも放射線の人に対する影響には、「しきい値」が存在しえないことは既に述べたとおりである。したがって、この「許容被曝線量」は、被害の生じないという意味での許容量ではなく、単にこの程度は危険があっても「許容」する、だから被害を受ける可能性のある者はがまんせよという「がまん量」でしかない。

このような「がまん量」でもいいとする根拠として挙げられるのは、人間生活における他のリスクと比較して容認することができるとする相対リスク論及び原子力利用による利益とリスクとを比較するバランス論である。しかし相対リスク論は、既存の容認基準を前提とするものであって、実質的な根拠とはなりえないものである。原子力利用によるリスクは全く新たなリスクであり、相対リスク論は、人間生活における現に存在するリスクに、このようなプラスアルファのリスクを加えていいとすることの根拠を与えるものとはいえない。

一方バランス論の措定する「利益」とは、単なる経済的利益であって、しかも極めて間接的な、被害を受ける可能性のあるすべての人に与えられるとは必ずしもいえない利益である。これに対する「危険」とは、人の生命身体に対する危険であり、「利益」とは全く異質の、憲法上も最も高度の保障を求められる価値に対する危険である。このような危険と比較しうるのは、医療用放射線の場合のような同質の利益、生命身体にとっての利益しかありえない。この意味でバランス論は、最も高度に保障されるべき利益の犠牲により、これに比して保障の程度の低いはずの経済的利益を確保しようとするものであって、到底首肯しうる根拠とはなりえない。比較しえない価値の間での比較をしようとする点で、全く不当な根拠付けなのである。

したがって、一般人についてこのような「がまん量」は妥当しえない。一般人はわずかであっても自己の生命身体に危険が及ぶことは拒否しうるのである。仮に経済的利益があるからといって、生命身体に対する危険を「がまんせよ」とは言いえない。にもかかわらずこのような議論がなされるのは、発ガン、遺伝的障害といった個別の被害が、放射線以外の他の原因による同種の被害と区別しえないために可視的ではないからである。個別の被害が可視的であって、例えば原子炉由来の放射線によってガンとなったと知れる患者がいたとすれば、死期の迫るこの患者に対して、「あなたは偶然に不幸だったのだから諦めなさい、がまんしなさい」と言えるであろうか。このような患者に「同じような被害者を発生させないように原子炉はやめるべきだ」と言われ、「同じような被害者が出たとしても諦めてもらう」

などと言えるであろうか。個別の被害を受ける者にとっては、自己の生命は、どのような経済的利益とも比較しえないものであって、そうであるからこそ、一個の生命は地球より重いと言われるのである。このような比較における「がまん」はありえない。したがって、放射線の人体に与える影響につき「しきい値」が存在しない以上、一般人に対し放射線被曝をもたらす施設を経済的利益のために容認することはできない。結局、被曝線量に「許容量」を定めることは、単にその値までの危険をがまんせよということ「がまん量」を定めることにすぎず、これは、憲法一三条及び同二五条の生命、身体、健康に対する保障並びに憲法による右保障を具体化した原子炉等規制法二四条一項四号に反することとなるのである。

3　よって、本件許可処分は、原子炉等規制法二四条一項四号の災害防止上支障がないとの要件に反する違法な基準による、結果としても災害防止上支障のある違法な処分であり、また「もんじゅ」は、人の生命身体に対する被害を発生させる危険があるから、人格権により建設、運転が差止められるべきものである。

八、「めやす線量」の違法性

1　原子力委員会は、昭和三九年「原子炉立地審査指針及びその適用に関する判断のめやすについて」を定め、さらに原子力安全委員会は、昭和五六年「プルトニウムを燃料とする原子炉の立地評価上必要なプルトニウムに関するめやす線量について」を定めて、その中で事故に関する立地審査の際の、「判断のめやす」としての被曝線量を定めている。

右「判断のめやす」としての線量（めやす線量）の被曝によっても、被曝線量に「しきい値」が存在しない以上、「許容線量」の被曝同様必ず人の生命身体に対する被害を発生させる。したがって、これもまた「がまん量」でしかない。すると、「許容線量」において述べたと全く同様のことがこのめやす線量に対してもいえ、この基準は憲法一三条及び同二五条の生命、身体、健康に対する保障並びに憲法による右保障を具体化した原子炉等規制法二四条一項四号に反することとなるのである。

2　また、右線量はいずれも「許容被曝線量」より更に極めて大きな線量とされている。即ち、昭和三九年に定められた「判断のめやすについて」では、重大事故時のめやす線量は、非居住地域につき甲状腺に対して一五〇レム、全身に対して二五レム、仮想事故時のめやす線量は、低人口地帯につき甲状腺に対して三〇〇レム、全身に対して二五レムとされており、昭和五六年に定められたプルトニウムに関するめやす線量では、骨に対して六ラド、肺に対して一二ラド、肝に対して一五ラドとされている。しかし事故の際の被曝と平常時における被曝とは、何ら差異のあるものではなく、したがって、右めやす線量は許容線量にも反することとなり、違法な評価基準である。

これらは、具体的な発ガン等の症例の中から放射線被曝によるものと判定された、個々の事例中の最低線量である最小限界線量をもとに定められたものとされる。これは、被曝者集団のガン等の発生率の疫学的調査研究から個人の発ガン等の危険性を求めたものとは全く異なるものである。しかし、発ガン等の発生リスクが、そもそも個別の個人からすれば小さい（ＩＣＲＰの評価によれば一〇〇万人・レムあたり一〇〇人のガン死の確率）ことを考えれば、何十人かの事例をとって、ガンが発生したか否かを問うというその考え方自体、極めて不合理かつ無意味なものである。確率的事象であることを前提にするならば、いかに少ない線量であっても、事例が多数ありさえすればいずれ必ず症例として認められるものが出てくるはずである。したがって、このような最小限界線量は、事例が重なるにつれ無限に小さくなるはずであって、にもかかわらずこれが未だ高い値であるということは、単に極めて少ない事例しか検討していないからにすぎない。また、そうであるからこそ疫学的調査研究がなされ、確率的なリスクが探求されているのである。

3　また仮に、想定した事故について厳しい評価条件（真に厳しいといえるか否かがそもそも問題であるが）をつけて過大に評価しているのだとしても（このような主張がなされることがある）、それであまりに過大な線量を設定したことをカバーしうる何らの保証もない。また、そのような厳しい条件をつけたのは、本来安全性の考え方に立ってのことである「はず」である。にもかかわらず事故についての評価の基準であるめやす線量が、このようにあまりに過大な数値となっていたのでは、「厳しい」評価基準を最初に設定した意味は何もないこととなる。したがって、右基準は「許容線量」に反する、ひいては原子炉等規制法二四条一項四号に反する違法な基準であることとなる。

4　よって、本件許可処分は、原子炉等規制法二四条一項四号の災害防止上支障がないとの要件に反する違法な基準による、結果としても災害防止上支障のある違法な処分であり、また「もんじゅ」は、人の生命身体に対する被害を発生させる危険があるから、人格権により建設、運転の差止められるべきものである。

九、プルトニウムの危険性

1　プルトニウムは原子番号九四の元素であって、超ウラン元素の一つであり、原子番号八九のアクチニウムから原子番号一〇三までの一五の元素からなるアクチノイドに属する元素である。プルトニウム二三八、二三九等三四種の核種が知られている。

2　プルトニウムは、この世で最も毒性が強い物質の一つといわれる極めて強い毒性の物質である。その妥当性には、様々な疑義があるが、とりあえず現行の許容量をとったとしても、一般人が肺に取り込む限度はプルトニウム二三九の場合、〇・〇〇一六マイクロキュリー（重量にして四〇〇〇万分の一グラム程度）でしかない。このように大きな毒性の生じる最大の原因は、それが破壊力の極めて大きいアルファ線を放出するアルファ壊変をすることにある。アルファ線は透過力が小さいが、そのため破壊力が極めて大きい。そこで、壊変するプルトニウムの近傍の物質に、極めて大きな影響を与え、したがって生体に取り込まれた場合、体内被曝効果が極めて大きくなるのである。

プルトニウムは、一般に酸化物として利用されるが、酸化プルトニウムは直径一ミクロン前後の微粒子となって空気中に漂いやすく、呼吸器系から生体内に取り込まれやすい。しかし、一旦取り込まれると、酸化プルトニウムは非常に溶けにくい物質であるので、気管や肺の繊毛、肺の組織に沈着し、長く留まってその周囲の組織を長期間被曝し続ける。原発事故の際に放出されるのは、主としてこの酸化プルトニウムである。

また水溶性プルトニウムは、消化器系を通じて体内に吸収され、吸収されたプルトニウムは主として骨に集まりやすい性質を有する。こうしてプルトニウムは呼吸を通じて吸収されたものは肺ガンを、消化器系を通じて吸収されたものは骨のガン、特に白血病を誘発しやすいのである。

3　プルトニウムは半減期が長く（プルトニウム二三九の場合二万四一〇〇年）、自然に壊変して除去されるということが事実上考えられない。また、プルトニウムは環境中での測定が容易でなく、漏洩したとしても正確にこれを知ることができない。

プルトニウムは、極めて核分裂しやすい物質であり、ある量があれば容易に臨界に達してしまう。プルトニウム二三八の場合、球状のプルトニウムを厚さ一〇センチメートルの天然ウラン反射材で包んだときの純度一〇〇パーセントのプルトニウムの臨界量は四・四キログラムである。そこで、プルトニウムを扱うためには臨界とならないような設計（臨界設計）が重要となる。

プルトニウムがこのように極めて核分裂しやすいため、プルトニウムを用いれば容易に核兵器が製造可能である。

4　また、金属プルトニウムは反応性に富み、空気中で酸化し、自然発火しやすい性質を有する。ところが、プルトニウムの量がある程度以上あると、発火したプルトニウムに水をかけようとしてもその水が介在することによりプルトニウムが臨界に達してしまう可能性があり、極めて困難な事態になってしまうのである。

一〇、その他高速増殖炉において特に問題となる放射性物質の危険性

1　ナトリウム

㈠　高速増殖炉においては、通常金属ナトリウムが冷却材として用いられる。この金属ナトリウムは極めて化学反応性が高く、特に高温状態では更にその反応性は高くなる。このため金属ナトリウムが水と接触すれば、爆発的に反応して水素ガスを発生させ、また空気中でも燃える。また、この高い反応性のため原子炉構造材料を腐蝕させやすい。

㈡　冷却材として用いられたナトリウムは、強い放射線に曝され放射化し、ナトリウム二二（半減期が二・六年で陽電子とガンマ線とを出す）とナトリウム二四（半減期が一五時間でベータ線とガンマ線を出す）とが生成される。

㈢　ナトリウムは、自然界ではありふれた元素である。例えば塩化ナトリウムは、いわゆる「塩」である。生体内においてナトリウムは生体膜を通過する物質輸送等に極めて重要な機能を有し、生体の各部にわたって広く分布して存在し、血液等に入って移動する。そこで、放射化したナトリウムが生体に取

り込まれると、生殖細胞を含めた生体のあらゆる細胞の内外に容易に入り込み、これが壊変する際にその近傍の組織に大きな影響を与える。

2　トリチウム

㈠　トリチウムは、水素の質量数三の放射性同位体で、ベータ壊変する半減期一二年の物質である。水素は、自然界においてナトリウム以上に極めてありふれた元素であり、酸素と結合すれば水となり、生体のいかなる組織も欠くことができない元素である。そこでトリチウムは、普通の水素のように、ナトリウム同様生殖細胞を含めた生体内のあらゆる細胞の中に入り込む。のみならず、DNAを構成する普通の水素の代りに入り込みうる。そこで、これが壊変する際、取り込まれたDNA等の生体物質を初めその近傍の生体組織に極めて大きな影響を与えるのである。

㈡　トリチウムは、軽水炉においても生成されるが、高速増殖炉においては高速中性子の作用により更にトリチウムが生成されやすい。ところが、トリチウムは水素の同位体であるため、化学的には普通の水素と変わらない挙動を示し、これを分離することは不可能に近い。そこで、トリチウムは水の形で廃気、廃液に容易に混入し、環境に漏出する。

第三部　プルトニウム・リサイクルの違憲・違法性

第一　核燃料サイクルとは

一、核燃料の流れに沿って

　現在、実用炉として世界で最も多く運転されている軽水炉型原子力発電所では、その燃料として、約三パーセントのウラン二三五を含んだ二酸化ウランを使用している。ウラン鉱山で採鉱されたウラン鉱石が被覆管におおわれた燃料棒に成型加工され、二酸化ウランというかたちで原子力発電所の原子炉の中に装荷されるまでには、ウラン鉱石を八酸化三ウラン（イエローケーキ）に製錬し、製錬されたイエローケーキを六フッ化ウランのかたちに転換し、核分裂物質であるウラン二三五の含有率を天然ウランの〇・七パーセントから核燃料として使用できる約三パーセントにまで濃縮し、この濃縮ウランを更に二酸化ウランに転換し、燃料棒のかたちに成型加工する、採鉱―製錬―転換―濃縮―成型・加工という一連の工程を経る必要がある。

　原子炉の中に装荷された二酸化ウランは、炉の中で核分裂反応を起こし熱エネルギーを発生させるが、そのためウラン二三五が消費されてしまうので、毎年炉全体の核燃料の三分の一ないし四分の一を取り替えて新しい核燃料を補充する必要が出てくる。こうして、核燃料はある特定の設計された燃焼度に達すると、原子炉から取り出されるが、これは使用済燃料といわれ、この中には、原子炉でウランの核分裂の際副産物として生成されたプルトニウム、燃え残りのウラン、そして約二〇〇種類にも及ぶといわれる強い放射能をもった「死の灰」と呼ばれている核分裂生成物が含まれている。

核燃料サイクルとは、以上に述べてきた、原子力発電所で使用される核燃料の誕生（採鉱）から墓場（廃棄）へ至るまでの、核物質の一連の流れをいう。この核燃料サイクルは、原子力発電所を境として、原子力発電所への核燃料の供給（採鉱―製錬―転換―濃縮―成型・加工）と、それから排出される使用済燃料の処理・廃棄の二つの部分に分けられるが、前者に向かう流れは上流（アッパーストリーム）、後者に向かう流れは下流（ダウンストリーム）と呼ばれている。

二、ワンス・スルー型とプルトニウム・リサイクル型

1　核燃料サイクルには、使用済燃料をそのまま固体廃棄物として貯蔵・処分してしまうワンス・スルー型と、使用済燃料に含まれているプルトニウムを再処理工場で抽出・分離し、それを加工して再び核燃料として利用しようとするプルトニウム・リサイクル型の構想がある。

このプルトニウム・リサイクル構想とは、一〇〇万キロワット級の軽水炉型原子力発電所では、一年間フル稼働した場合そこで使用される約二七トンの核燃料である濃縮ウランから約二〇〇キログラムのプルトニウムが副産物として生成されることになるが、この生成されたプルトニウムに着目し、このプ

ルトニウムを、再処理工程を経て、再び原子力発電所の核燃料として利用するというものである。

2　プルトニウム・リサイクル構想に基づく「核燃料サイクルの確立」は、石油・石炭に代わる新しいエネルギー源であるウラン資源の有効利用という視点のみから、プルトニウムの持つ危険性、再処理や廃棄物処理の技術的困難性、安全性等の問題を意識的に捨象して、原発推進派の一部から、将来のエネルギー問題を解決する唯一の道であるかのように、さかんに喧伝されている。

しかしながら、原発推進派の中でも、再処理の技術的困難性や、経済的な採算性がとれないこと、さらにはプルトニウムが社会に単体分離して生み出されることによる核拡散、軍事転用の危険性などから、核燃料サイクルにおいては、使用済燃料をそのまま固体廃棄物として貯蔵・処分してしまうワンス・スルー型を志向すべきだという意見も有力に主張されているのである。現に、原子力開発のトップランナーを走っていたアメリカでも、カーター政権は、核拡散防止政策を打ち出し、そのため商業用の高速増殖炉や再処理工場の建設・計画が凍結され、ワンス・スルー型の選択をしたのであった（しかし、現在のレーガン政権は、核兵器のプルトニウムの不足を理由に、バーンウェル再処理工場の再開など、民間の商業用原子炉からの使用済燃料の軍事転用をはかろうとしたが、一九八三年一二月工場閉鎖に至った。高速増殖炉についても、コスト的な面から撤退を余儀なくされていることは前述したとおりである）。

3　しかるに、わが国の原子力政策は、「もんじゅ」の計画、建設、そしてその許可に端的にあらわれているように、原発推進派内部からも出されているプルトニウムの持つ猛毒性の人体や環境に与える危険性、再処理や廃棄物処理の技術的困難性、安全性等に対する懸念に眼を向けることなく、「限りあるウラン資源有効利用」という視点のみに眼を奪われ、プルトニウム・リサイクル構想に基づく核燃料サイクルの道をすでに歩み出そうとしている。

第二　プルトニウム・リサイクルにおける高速増殖炉の位置

一、プルトニウム・リサイクルの中核としての高速増殖炉

プルトニウム・リサイクルには、再処理工場で回収されたプルトニウムと低濃縮ウランの混合酸化物を、既存ないし新設の軽水炉型原子力発電所を利用して、そこでの核燃料として用いるというプル・サーマル計画もある。しかし、やはり、プルトニウム・リサイクルの中核として原子力推進派によって位置づけられているのは、高速増殖炉である。因みに、わが国の原子力委員会は、高速増殖炉について、「消費した燃料以上の燃料を生産する画期的な原子炉であり、軽水炉に比べウラン資源を数十倍も利用することが可能であるから……核燃料の資源問題を基本的に解決でき、将来の原子力発電の主流となるもの」（昭和五九年版原子力白書）として、「ウラン資源の有効利用」という観点から、高速増殖炉が将来プルトニウム・リサイクルの中核的位置を占めるものとしている。

二、プルトニウム・リサイクルの虚構性

しかしながら、「ウラン資源の有効利用」という点は、燃料の増殖によって燃料が倍量になるのに必要な時間の長さであるダブリング・タイム（倍増時間）の問題一つをとっても、虚構に満ちたものであることがわかる。すなわち、現在のところ、世界で最も高速増殖炉の開発技術が進んでいるといわれているフランスのフェニックス炉で、ダブリング・タイムは五〇〜六〇年と言われ、それより進んだ実証炉でも二〇〜三〇年かかると言われている。そしてプルトニウム・リサイクルに不可欠な高速増殖炉燃料の再処理は全くめどが立っていない。その間高速増殖炉で使用されるプルトニウムは、軽水炉で発電の際副産物として生産されたプルトニウムに頼らざるを得なくなるであろう。したがって、もしも仮に高速増殖炉並びにプルトニウムの再処理の技術上の問題が克服されて、わが国の開発目標どおり二〇一〇年頃に実用炉が完成されたとしても（この開発目標自体が電気事業連合会によって延期される見通しである）、高速増殖炉自身で増殖されたプルトニウムが自己循環するプトニウム・リサイクルが回転しはじめるまでには、それから更に二〇〜三〇年の歳月を要することとなる。

一九八五年八月フランスのリヨンで開かれたIAEA（国際原子力機関）の高速炉シンポジウムで、西独カールスルーエ原子力研究所のW・マルス氏とインターアトム社のU・ベーマン氏は、今日の状況の下では、高速炉は増殖を行う必要はないとする注目すべき発表を行った。この中で両氏は、SNR－三〇〇について、当初一・二二に設計されていた転換比を初装荷炉心で〇・九六、その後では一・〇

五程度に引下げたとしている。その理由としては、大量のＦＢＲ燃料を再処理する施設が存在していないこと、再処理、ＦＢＲ燃料加工費用が高いことをあげている。

このように、プルトニウム・リサイクルが実用化されるメドは全くないといわなければならない。

三、プルトニウム社会への道を開く「もんじゅ」開発

わが国の原子力行政は、この虚構に満ちた「ウラン資源の有効利用」を錦の御旗に、「もんじゅ」の建設を突破口として、その高騰する建設費を度外視し、使用済燃料からのプルトニウム抽出・分離技術開発のメドもないままにプルトニウム・リサイクルに基づく核燃料サイクルへの歯止めのない道へ歩み出そうとしている。

仮に原子力推進派の思惑通り、いくつかの高速増殖炉が動き始め、その使用済燃料の再処理工場も稼働し始めるとすると、西暦二〇〇〇年には、プルトニウムの世界の年間生産量は三〇〜四〇トン、総累積量は三〇〇トンにも達すると予想される。そして各国の高速増殖炉開発計画からすると、右プルトニウムの一〇分の一以上が日本国内に存在することになる。しかも、その時点ではプルトニウムは消費されるよりも生産される量がはるかに多く、当分はさらにたまり続けると考えられている。

ＩＣＲＰが定めた、一般人のプルトニウム二三九の許容量でさえ、〇・〇〇一六マイクロキューリー（重量にして四〇〇〇万分の一グラム程度）であること、一九四五年八月九日長崎に投下された最も初歩的な原爆をつくるのに必要なプルトニウムの量が一〇キログラム程度であることを考えると、西暦二

〇〇〇年にはいかに多量の猛毒性を持ったプルトニウムが社会に氾濫するかを想像することができる。

四、プルトニウム社会の深刻な問題点

プルトニウムが多量に社会に氾濫するいわゆるプルトニウム社会では、第一にプルトニウムの持つ猛毒性ゆえ、プルトニウム・リサイクルに関連する産業に従事する労働者の作業中の労働者被曝、原子力発電所周辺の大気中にまき散らされる気体放射性物質や、使用済燃料の貯蔵庫から漏れ出る放射能による原子力発電所周辺住民の被曝だけでなく、プルトニウム・リサイクルをつなぐ輸送途中の事故による沿道住民の被曝が問題となってくる。プルトニウムを積載したトラックが、もし大都市を通過中事故などを起こせば、その被害は甚大なものとなろう。

第二に、プルトニウムは、軍事転用が比較的簡易であるので、人類に現在以上に核戦争の恐怖をもたらすことになる。一九七四年、インドは核実験を成功させたが、この実験に使用されたプルトニウムはカナダより導入された原子炉から取り出した使用済燃料から抽出されたものであった。この事実は、現在核兵器を所有していない国も、通常の技術的基盤を有する工業国であれば、プルトニウムさえあればいつでも核武装化しうることを物語るものである。

第三に、国家が、外国や国内の反体制派にプルトニウムが流出するのを極度に恐怖し、事故につながるいかなる人間のミスも許されないが故に、危険なプルトニウムの管理という名目のもとに、高度の情報管理社会の途を歩まざるを得なくなる。近時の原発関係作業従事者に対する思想・信条を含めた厳重

な管理チェック、フランスのラ・アーグ再処理工場から戻ってきたプルトニウムの東海再処理工場への国内輸送に対する過剰なまでの警備体制、原子力基本法の「公開の原則」の見直しとその形骸化は、社会全体の管理の強化にもつながるものでもある。

五、民主的討論を経ない日本の高速増殖炉開発

ところで、この危険なプルトニウム社会を選択するか否かについて、諸外国では政府機関や議会が「プルトニウム社会」を包括的に捉え、国民に対して問題提起をしようとする姿勢がうかがえる。たとえばイギリスでは、ウィンズケール再処理工場の拡張をめぐって長期にわたるヒアリングや検討作業が行われ、次期高速増殖炉CFR一号炉の開発にあたって、一九七六年九月に提出された王立環境委員会の「原子力と環境」報告でも、

「私たちがここで純粋に環境上の理由から好ましいとする戦略は、CFR一号炉の開発を遅らせることである。それによって、プルトニウム経済の社会・政治的側面が十分検討され、議論される時間が得られよう。そうすることによって、CFRにつき進む前にその危険性の度合が広く理解され、当否の判断が可能となろう」

と述べている。

またアメリカでも、一九七四年アメリカ原子力委員会が、プルトニウム社会につき、プルトニウムを大規模に産業利用した場合に起こり得る影響について論じたGESMO報告という報告がある。この報

告も、基本的人権や民主主義の立場からプルトニウム社会が妥当であるかどうかの議論が生ずるのは当然であることを前提としている。

しかるに、わが国においては、このようなプルトニウム社会への選択が国会などを通じた国民の前での民主的討論にかけられることなく、既定の方針の如く、政府の原子力行政担当者だけの手によって秘密裡に決定され、国民に有無を言わさず推進されつつある。

国民の意見をまともに聞かず、十分な論議も尽くさないまま、たった一日だけの機動隊の壁に守られた「公開ヒアリング」で、国民に対する民主的手続を経たと豪語する「もんじゅ」の計画・許可・建設過程こそ、原発推進勢力の狙う、危険で非民主的な管理社会の入口に現在原告らを含む日本国民全体が置かれていることを如実に示すものである。

第三　放射性廃棄物の危険性と見通しのない処理・処分

一、一般的な問題点

1　はじめに

原子力発電が他の発電方式（水力や火力）と根本的に違う点は放射性廃棄物がでるという点である。放射性廃棄物の処理・処分の見通しがないままに原子力発電所を運転し続けるということは、かけがえのないこの地球を放射性廃棄物で汚染し続けるということであり、結局われわれ人類そのものの生存をおびやかす暴挙である。

2　放射性廃棄物の区分

原子力発電所からでたゴミつまり廃棄物はすべて放射性廃棄物になるので法律上は何の区別もない。しかし取扱い上、高レベル・中レベル・低レベルという区分がされている。

各レベルの放射能の目安は表5のとおりである。

㈠　高レベル廃棄物

原子力発電所の使用済燃料中から直接由来するもの、つまり死の灰そのものの廃液とかそれを固化したものを高レベル廃棄物とよんでいる。

一〇〇万キロワットの原発を一年間運転すると年当り約三〇トンの使用済燃料がでる。

日本の核燃料サイクルの方針に従えばそれらが再処理工場へ運ばれて、プルトニウムと燃えのこりのウランを取り出すために化学処理（再処理という）をうける。この再処理の結果廃液が残るがこの再処理廃液が高レベル廃液の本体である。

使用済燃料一トンを処理すると約一トンの高レベル廃液がでる。

㈡　中レベル廃棄物

再処理廃液ではないもので放射能レベルが高いもの。

例えば使用済燃料の被覆管そのものなど。

㈢　低レベル廃棄物

原発の運転中に放射性物質がもれて汚染が生じた場合に二次的に汚染したような物質、例えば浄化系に使っている樹脂や機械のドレーン（機械からの水もれ排水を濃縮したもの）など。

しかし低レベルだからといって放射能的に危険性が少ないというレベルではない。

例えば低レベルといわれるドラム缶廃棄物の場合、二〇〇リットルのドラム缶全体で一〇〇ミリキュリーぐらいの放射能が含まれており、人間の体内毒性という観点からみれば、核種にもよるが、数百人の致死量に当たるものである。

3　放射性廃棄物の寿命と毒性

図10は一〇〇万キロワット級原子炉を一年間運転した場合に出される約三〇トンの使用済燃料に含まれている高レベル廃棄物の数十億キュリーの放射能についての毒性変化を縦軸にハザード・インデックス（放射能レベルを水中の「許容濃度」にまで希釈するのに必要な水量）、横軸に時間をとって表わしたものである。

希釈をするのに必要な水量は、最初は約二〇兆トンであり、一〇〇年位経過してやっと地上の全河川水量に減る程度である。

そして一〇〇〇年以降は超ウラン元素といわれるプルトニウム、ネプツニウム、アメリシウム、キュリウムが残っているため毒性はほとんど落ちない。

さらにラジウム二二八のような娘核種が途中から生成して増えてくるため、一億年たっても非常に高い毒性が残りつづけることになる。

この様な毒性の高さと無限ともいえる寿命の長さが放射性廃棄物の最大の問題である。

4　放射性廃棄物の熱

放射性廃棄物の放射能は、基本的には熱に変わるので、放射能が強いと熱出力も高くなる。

図11は使用済燃料トン当りの高レベル廃棄物の熱出力の変化を表わしたものである。

原子炉からとり出した直後はトン当り一〇〇キロワットの熱出力があり、一〇年経過後も数キロワットの熱出力を持ち続けているのである。

この熱出力が放射性廃棄物の貯蔵や処分を非常に困難にしているのである。例えば使用済燃料一トンからとれる死の灰は、体積だけをいえば一〇リットル位の容器に収めてしまうことができるが、一〇年経っても数キロワットの熱を出すために容器それ自体が熱のために融解し、放射能がもれるという可能性があるのである。

5 放射性廃棄物の発生量の現状と予測

表6は一九八四年七月に出された総合エネルギー調査会原子力部会の原子力発電設備容量の見直しに伴う核燃料サイクル関連諸量の変化である。

この数値は一九八二年六月に試算したものを見直したものであるが、わずか二年間に数値が変化するということは予測そのものに問題があるのであり、見直し後の数値の信頼性も高いとは言えないが、この数値を前提としても二〇〇〇年度時点での使用済燃料の発生量は単年度発生量が一六〇〇トンであり、累積量は一万九六〇〇トンにもなる。そして使用済燃料を再処理すると一トン当り一トン程度の廃液が出るとすれば一万九六〇〇トンもの大量の高レベル放射性廃棄物がでることになる。

東海再処理工場では一九八三年度時点で一五六トンの高レベル廃液を蓄積しているが、この数値は、日本の原子力発電所の全使用済燃料のごく一部にしかすぎない。

例えば表6によっても一九八五年度時点における使用済燃料の累積発生量は三二五〇トンにもなるのであって、この大半はイギリスとフランスの再処理工場に輸送されて再処理がなされることになっている。

また低レベル放射性廃棄物の発生量は二〇〇〇年度時点で単年度発生量が五万本（二〇〇リットルドラム缶換算）で累積発生量は一〇三万本（二〇〇リットルドラム缶換算）にもなる。

ところで表7は一九八三年度の低レベル放射性廃棄物であるがそれによれば一九八三年度の単年度で二〇〇リットルドラム缶換算にして四万七五四九本もの大量なものになる。そしてこの数値は前述した二〇〇〇年度時点での単年度発生量の五万本とほぼ等しくなる。二〇〇〇年度時点での原子力発電の設備容量は六二〇〇万キロワットであるが、この数値は一九八三年八月末現在の設備容量である一七一七・七万キロワットの三倍以上であるため発生する低レベル放射性廃棄物発生量も三倍以上の約一五万本になるはずであるが、約一〇万本を焼却処分するということで二〇〇〇年度時点での単年度発生量を五万本と推定しているのである。

焼却処分をするということは大気中に放射能をまき散らすということであり、深刻な環境汚染をもたらすものである。

また一九八三年度における低レベル廃棄物の累積的な保管量は原子力発電所全体で三八万六三九八本（二〇〇リットルドラム缶換算）になり、他の原子力施設からの分を合わせると五二万本もの大量の低レベル放射性廃棄物が累積されていることになる。

6　海外返還廃棄物

現在国内の再処理施設のみならず、海外（英・仏）に委託した再処理も予定通りに進んでいない（一九八三年までに海外に送られたもので再処理されたものは約二〇トンで契約量の一％以下である）ので、再処理後の廃棄物は少量しか発生していない。

しかしながら今後海外の再処理機関に委託しえたとしても、結局再処理後の高レベル廃棄物は抽出されたプルトニウムとともに、日本に返還されるのであるから、いずれにしろ再処理後の高レベル廃棄物の最終処分方法の確立なくして原子力発電所を運転し続けることは許されない。

現在の予測では一九九〇年ごろから再処理後の高レベル廃棄物が返還されてくるといわれている。この時高レベル廃棄物は固化されて返還されるのであるが、この固化体は使用済燃料一トン当りの死の灰を溶解してキャニスターと呼ばれるステンレス鋼の容器の中に溶かして流し込みガラスで固めたものでガラス固化体とよばれている。

このキャニスターは内容量で一二〇リットル、全容量で一四〇〜一五〇リットルになりこの中に使用済燃料一トンに当たる数十万キュリーもの大量の放射能が含まれており、この様なものが毎年三〇〇体ぐらい日本に返還されてくることになるのである。

一キャニスター当りの放射能は、冷却期間にもよるが七〇万〜八〇万キュリーにも達し、数百〜一千万人もの致死量に当たる。そのなかには毒性も強く寿命も長い超ウラン元素（例えばネプツニウム二三七は半減期が二一四万年）が多量にに含まれるためその貯蔵はきわめて長期の安全性を必要とし、廃棄処分は不可能である。さらに放射能の発熱作用によって一体当り約二キロワットの熱がでるためガラス体表面では百数十度、内側で四〇〇度近くに温度が上がり、ガラス固化体の安全性を著しく損ねるおそれが多分にある。

ガラス固化体の技術は非常に不安定な状況にあり、日本ではまだ実物大の実験がまったく行われていないという状況にある。ガラスは非結晶で非常に不安定な物質であり、年の経過と共に結晶化を起こし、ひび割れを起こす可能性もある。

また、キャニスターに使用されるステンレス鋼の寿命は五〇年程度と言われているのであって、高レベルの放射能による発熱の影響とあいまって放射能漏れの起こる可能性は極めて大きい。

7 廃炉

(一) 廃炉の見通し

原子力発電所の耐用年数は二〇年から三〇年といわれている。

日本では現在原子力発電所が二八基稼動しているが、これが稼動し始めたのは一九七〇年からであり、仮に耐用年数が三〇年だとしても二〇〇〇年ぐらいから年に二基ずつぐらいが廃炉になる予定である。

(二) 廃炉の廃棄物

長期に運転した原子炉はそれ自身が中性子によって放射能を強く帯びている。

図12は炉心シュラウドという部分に残存する放射能を表わしている。この炉心シュラウドの部分の放射能は、当初はコバルト六〇の放射能の半減期のみを問題にすればよいと考えられていたが、現在ではニッケル六三という放射能が大量に残ることがわかってきた。ニッケル六三は半減期が一〇〇年であるから一〇〇年たっても半分にしか減らないということであり、炉心シュラウド自体一千年以上に渡って厳重な管理のもとに貯蔵しなければならないことになる。

表8は一一〇万キロワットの沸騰水型原子炉を廃炉にした場合の廃棄物発生量の試算である。高レベ

ル廃棄物が一〇〇トン、中レベル廃棄物が一〇〇〇トン、低レベル廃棄物が三万五〇〇〇トン、低レベル廃棄物のうち極低レベルと称しているものが二万トンあり、それよりさらに低レベルと考えられる鋼材とかコンクリートが六〇万トンも出てくるのである。

㈢　本件安全審査においては「もんじゅ」に関する廃炉についての審査がまったくなされていない。よって本件許可処分は原子炉等規制法二四条一項四号の要件を充足しておらず、重大かつ明白なる違法が存するものである。

二、高速増殖炉による放射性廃棄物の問題点

1　高速増殖炉の放射能

高速増殖炉も核分裂に基づいた原子炉であるから、同じ出力（発電量）に対しては、軽水炉とほぼ同じだけの核分裂生成物（死の灰）ができる。

しかし、高速増殖炉の場合には軽水炉にないような放射能の問題が生ずる。

㈠　ナトリウム

放射性物質としてのナトリウムの性質と危険性は第二部、一〇において述べたとおりであるが、大型の高速増殖炉ではナトリウム二四の生成量は二〇〇〇～三〇〇〇万キュリーにも達しよう。このため一次冷却材の流路にそって放射線レベルを著しく高めることになり、労働者被曝は軽水炉の場合に比しはるかに大きくなろう。ナトリウム二二の生成量は一万キュリー程度と比較的少ないが、その寿命が長い

ために無視できない存在である。

㈡　トリチウム

軽水炉の場合でもトリチウムは生成し、核燃料再処理のときに環境汚染の原因となるが、高速増殖炉では高速中性子の作用によってトリチウムができやすくなる。軽水炉の場合の数十倍が生成されると予想されている。

トリチウムの危険性は第二部、一〇において述べたとおりである。

㈢　プルトニウムなどの超ウラン元素の問題

高速増殖炉の炉心は一般に二〇～三〇％のプルトニウムを燃料として内蔵しているから軽水炉の場合に比べ、もともとプルトニウムの存在量が多い。さらに炉心とブランケットに存在するプルトニウムの一部は、核分裂をせずに中性子を吸収してより重い元素に変わっていく。

この現象は軽水炉のウラン燃料の中に副産物としてプルトニウムが生まれることと似ており、副産物としてプルトニウムからアメリシウム、キュリウムなどの超ウラン元素ができるのである。その大体の生成量を軽水炉の場合と比較したのが表9である。

超ウラン元素のできる量は軽水炉の場合より多く、しかもこれら超ウラン元素の寿命は非常に長く減衰して無害になるまで一〇〇万年程かかるのである。そしてこれら超ウラン元素はプルトニウムと同じような猛毒のアルファ線を出すため、その管理や取扱いの厳しさは極めて大きく、放射性廃棄物の安全な貯蔵や、その他の管理を決定的に困難にしている。

2　高速増殖炉の使用済燃料の特性

表10は高速増殖炉からの使用済燃料の特性を軽水炉の使用済燃料の数値と比較したものである。炉心燃焼度は軽水炉の二～三倍になり、崩壊熱、プルトニウム含有量、核分裂生成物含有量、放射能濃度のいずれも軽水炉より大幅に高くなる。特にプルトニウムの含有量は約二〇倍（炉心燃料）高くなる。

三、「もんじゅ」における固体廃棄物の問題点

1　「もんじゅ」における固体廃棄物の種類と年間推定発生量

「もんじゅ」における固体廃棄物の種類と年間推定発生量は原子炉設置許可申請書の添付書類9の第四・四―一表によれば表11のとおりである。

2　「もんじゅ」における固体廃棄物の処理・処分の方法

許可申請書二七頁によれば、固体廃棄物の廃棄設備という項目で次の様に述べている。

「(1)構　造

a　主な固体廃棄物としては、廃液蒸発濃縮装置及び洗浄廃液蒸発濃縮装置の濃縮廃液、使用済脂肪、使用済活性炭、雑固体、使用済廃棄用フィルタ及び使用済制御棒集合体等である。固体廃棄物の廃棄設備は、固体廃棄物のアスファルト固化装置、圧縮可能な雑固体廃棄物を圧縮するためのベイラ、

運搬装置、固体廃棄物廃棄貯蔵庫等からなる。濃縮廃液及び使用済樹脂は固化処理した後ドラムに詰めて貯蔵保管する。

圧縮可能な雑固体廃棄物はベイラにて圧縮処理し、ドラム詰めにする。使用済活性炭はドラム詰めとし、使用済廃棄用フィルタ類は梱包する。発生した固体廃棄物は敷地内に所定の遮蔽設計を行った固体廃棄物貯蔵庫に保管する。また、使用済制御棒集合体等は水中燃料貯蔵設備及び固体廃棄物貯蔵プールに貯蔵する。

なお、海洋投棄など最終的に処分する場合には関係官庁の承認を受ける。

b　主な機器

（省略）

（2）廃棄物の処理能力

固体廃棄物貯蔵庫は発生する固体廃棄物の約一五年分を貯蔵保管する能力がある。

なお、必要がある場合には増設する。」

3　**安全審査書における固体廃棄物の処理・処分に関する判断内容**

安全審査書の一一七頁〜一一八頁の放射性固体廃棄物処理設備と題する項目では次の様に述べている。

「放射性固体廃棄物処理設備は、遮へい、遠隔操作等によって、従事者の被曝線量を合理的に達成できる限り低減できる設計であることが要求される。また、放射性固体廃棄物貯蔵設備は、発生する放射性固体廃棄物を貯蔵する容量が十分であるとともに、放射性固体廃棄物の貯蔵による敷地周辺の空間線量を合理的に達成できる限り低減できる設計であることが要求される。

このため、審査に当たっては、従事者の被曝低減対策、放射性固体廃棄物の発生量、固体廃棄物貯蔵庫の貯蔵及び遮へい能力等について検討を加えた。

濃縮廃液及び使用済樹脂はアスファルト固化によりアスファルトと混合加熱し、水分を蒸発して、ドラム詰めされる。ドラム充填室には、従事者の被曝線量を低減できるよう遮へい壁、鉛ガラス等が設けられるが、ドラム缶の移動及びドラム詰めは、遠隔操作で行えるよう設計される。圧縮可能な雑固体廃棄物はベイラにて圧縮処理し、ドラム詰めされる。また、使用済活性炭はドラム詰めされ、使用済排気用フィルタ類は梱包される。

したがって、放射性固体廃棄物処理設備の設計及び処理方法は妥当なものと判断する。

一方、固体廃棄物貯蔵庫は推定される放射性固体廃棄物の約一五年分を貯蔵保管できることになっており、必要に応じて増設される。

なお、使用済制御棒集合体等は、その放射能を減衰させるために水中燃料貯蔵設備及び固体廃棄物貯蔵プールに貯蔵保管される。

放射性固体廃棄物の貯蔵保管に当たっては、従事者の被曝線量を低減するため、必要なものについては十分な遮へいを設けるとともに、遠隔操作が可能なように設計される。

固体廃棄物貯蔵庫からの直接線量及びスカイシャイン線量は、原子炉格納容器内線源等によるものと合計して、人の居住の可能性のある発電所敷地境界外において、合理的に達成できる限り低くなるよう設計し、管理されることとなっている。

なお、放射性固体廃棄物を最終的に処分する場合には、法令の手続を経て行うことになっている。

したがって、放射性固体廃棄物貯蔵設備の設計は妥当なものと判断する。」

4 安全審査書における固体廃棄物の処理・処分に関する判断内容の問題点

㈠ 固体廃棄物の危険性と管理上の問題点

固体廃棄物及び高速増殖炉の放射能の危険性については、すでに述べたとおりであるが、固体廃棄物に含まれると予想される放射性物質は、すでに述べたナトリウム、トリチウム、プルトニウムなどの超ウラン元素の他にコバルト六〇（半減期五・三年）、マンガン五四（同二七八日）、コバルト五八（同七一日）、クロム五一（同二八日）、ニッケル六三（同一〇〇年）などの腐食生成物の他、燃料棒内から被覆管のピンホール等の結果原子炉冷却水系に一部放出されたセシウム一三七（同三〇年）、ストロンチウム八九、九〇（五〇・四日及び二八年）、さらに微量ながらヨウ素一二九（同一七〇〇万年）などの雑多な放射能を含むので、長期間の安全性が必要となる。

㈡ 固体廃棄物の貯蔵能力と安全審査の欠如

固体廃棄物の貯蔵能力を点検するためには次の諸点を考慮しなければならない。

（イ）地震・火災・津波等により、貯蔵中の廃棄物がそのままないし破損して外部環境にさらされ、放射能が放出されるようなことがありえないか。

（ロ）貯蔵中に生ずる腐食などによってフィルター・スラッジ、イオン交換樹脂の貯蔵タンクやドラム缶が破損し、内蔵されていた放射能が漏洩することはありえないか。
（ハ）またその際に、周辺監視区域外に放射能が流出して環境や海産物、農産物を汚染し、あるいは地下水を汚染するということがありえないか。
（ニ）ドラム缶・タンクなどの容器は、一定の耐用年数後には腐食することを予測しなければならないが、安全のために一体何年間の耐腐食性＝健全性を保障する技術仕様を要請するか。またそれらの容器が水・熱などにさらされた場合の耐性をどう規定するか、等々の問題がある。

これらの問題は本件審査において、重要な審査項目である。その検討なしには原告ら住民の生命・健康が害される可能性が大きい。したがって具体的な基準、指針によって枠組を定め、具体的な設計、施工によって安全性を保障すべきものである。

さらに被告内閣総理大臣は、原子炉系における と同様に、貯蔵中廃棄物の放射能流出事故についても、事故解析を施し、災害評価を行って、公衆の安全を保障すべきであり、このことが、原子炉系の審査との整合性という観点からも最低限必要となるのは当然である。

しかるに、右の諸点に関する設計・基準・評価などについて十分な審査を行った形跡が見られない。これらは決して、安全審査以降の詳細設計に属する問題ではなく、右のような視野の完全な欠如は、廃棄物問題を先延しにしたまま原子力発電を見切り発車させたことの具体的な現われなのである。

㈢　貯蔵庫増設の問題性（日本原電敦賀事故の教訓）

すでに述べた様に許可申請書によれば、固体廃棄物貯蔵庫の貯蔵能力として、約一五年分を貯蔵保管する能力があるとし、続いて必要がある場合には増設を考慮するとしているが、安全審査書ではこの増設についての検討がまったくみられない。

昭和五六年四月に顕在化した敦賀原発の放射能流出事故が生じた根本原因は放射性廃棄物の発生量が電力会社（日本原電）の安易な予測を大幅に上まわったことにあった。

つまり、当初フィルター・スラッジもセメント固化してドラム缶に詰める予定であったのだが、放射能レベルが高いためタンク貯蔵せざるをえなくなり、タンクの増設をし、フィルター・スラッジ移送洗浄系の制御操作が距離的に離れた新旧廃棄物建屋に分散したため、その取扱い作業が複雑化したことが原因となって、フィルター・スラッジ貯蔵タンクのオーバーフロー事故が起こったのである。

これらすべてがその場しのぎの廃棄物対策と、廃棄物軽視の「安全思想」のよってしからしめるところである。

㈣　固体廃棄物の最終処分についての無審査

安全審査書においては、「放射性固体廃棄物を最終的に処分する場合には、法令の手続を経て行うことになっている」とのみしか述べておらず、最終処分方法とその安全性についての審査はまったくなされていない。

放射性廃棄物の最終処分を含めた処理処分にかかわるすべての責任は、廃棄物のそもそもの発生者である原子力発電所にある。放射性廃棄物を蓄積するがままにまかせるならば、原告住民の生活環境に放射能汚染が生じ、災害の発生する具体的な危険性が存在することはすでに述べた通りである。

原子炉で発生する放射性廃棄物は、その有害性と長い寿命からして、ほぼ永久に生物環境から絶対的隔離が必要となる。この条件が満たされなければ発生そのものが認められないことは言うまでもない。

したがって、その発生の段階でこそ、その絶対的隔離条件が満たされるかどうかが審査されねばならないのが当然である。いったん発生を許せば消滅がありえない以上、残されるのは、何らかの処分かないしは長期保管か、そのいずれが適切な方法かを相互的に比較検討したり、選択したりの問題でしかなくなる。放射性廃棄物が如何に危険であろうと、現実に発生するものは長期保管ないし処分するしかない。これはいかにも不当かつ不合理な選択である。

換言すれば、放射性廃棄物の長期保管、処分の妥当性、安全性の問題は、とりもなおさずその発生の是非の問題につらなってくる。

仮に百歩譲って安全な長期保管、処分の見通しについて大きく意見が分かれるであろうことを考慮しても、現行の審査は、放射性廃棄物の長期保管ないし最終処分の問題が、廃棄物のそもそもの発生の是非を問うような問題には発展しないことを明瞭に検証しているならばいざしらず、何らこれを検証していない以上、この問題は原子炉等規制法二四条一項四号の審査の対象から排除することはできないものである。

(五) 結語

以上に述べたように本件安全審査書における固体廃棄物の処理・処分に関する判断内容は、原子炉等規制法二四条一項四号の要件を充足しておらず、重大かつ明白なる違法が存するといわざるをえないものである。

また原告ら住民の生活環境に放射能汚染が生ずる危険性が存するのであり、「もんじゅ」の建設及び操業は差止められなければならない。

四、「もんじゅ」における使用済燃料貯蔵設備の問題点

1　安全審査書における使用済燃料貯蔵設備の安全性に関する判断内容

安全審査書の一一一頁～一一四頁の燃料取扱い及び貯蔵設備と題する項目では、要旨次のように述べている。

使用済燃料の貯蔵容量は、炉外燃料貯蔵槽で約二五〇体（新燃料と共用）、燃料池で約一四〇〇体（新燃料と共用）となっており通常運転時に必要となる使用済燃料の適切な容量を収容できる設計である。また、貯蔵燃料の臨界を防止するために、適切な燃料集合体間距離をとることになっており、容量いっぱいの燃料を貯蔵しても実効増倍率は〇・九五以下に保たれるよう設計される。

炉外燃料貯蔵槽冷却設備は、独立な三系統の冷却系から成り、全貯蔵容量の使用済燃料を貯蔵したとしても、崩壊熱の除去及び純化が十分できるよう設計され、一系統のみの運転でも炉外燃料貯蔵槽の出口ナトリウム温度を約三〇〇℃以下に保つことができる。

燃料池水冷却浄化装置はポンプ及び冷却器の多重性を有し、全貯蔵容量の使用済燃料を貯蔵したとしても崩壊熱の除去及び浄化が十分できるよう設計され、燃料池水平均温度を五二℃以下に保つことができる。

使用済燃料の原子炉容器から炉外燃料貯蔵槽までの移送は、炉内中継機構及び燃料出入設備を用いて行われ、この間使用済燃料はナトリウム入り燃料移送ポットに入れて取扱われる。また炉外燃料貯

蔵槽から燃料池までの移送は燃料出入設備を用いてガス中で行われる。いずれの場合も冷却系は取扱い中の燃料からの崩壊熱を十分除去できる能力をもつように設計される。燃料池での貯蔵に当っては、あらかじめ燃料に付着したナトリウムの洗浄を行う計画とされる。なお、これらの取扱い作業中も燃料集合体の落下を防止する対策がとられる。

2　安全審査書における使用済燃料貯蔵設備の安全性に関する判断内容の問題点

前述した「固体廃棄物の貯蔵能力と安全審査の欠如」「貯蔵庫増設の問題性」「固体廃棄物の最終処分についての無審査」で指摘したと同様の問題点があるが、特に使用済燃料には前述した高レベルの放射能が含有されており、冷却材として使用したナトリウムと水ないし空気が接触する機会が増大し、その反応による爆発ないし急激な化学反応、さらには腐食が予測されるが、その具体的な検討がなされていない。

一九八五年七月、西ドイツのSNR－三〇〇原型炉について、ノルトライン・ウェストファーレン州政府が燃料装荷およびゼロ出力試運転認可申請を却下したのも、使用済燃料の管理方法が十分実証されていないことを理由とするものであった。

よって、本件審査書における使用済燃料貯蔵設備の安全性に関する判断内容は原子炉等規制法二四条一項四号の要件を充足しておらず、重大かつ明白なる違法が存するものである。また原告ら住民の生活環境汚染が生ずる危険性が存するのであり、「もんじゅ」の建設及び操業は差止められなければならない。

第四　克服困難な再処理技術の問題点

一、再処理とは

原子炉で消費された使用済燃料には、原子炉で核分裂の際生成されたプルトニウム、燃え残りのウラン、そして約二〇〇種にも及ぶといわれる強い放射能をもった「死の灰」と呼ばれている核分裂生成物が含まれている。再処理とは、この使用済燃料から、ウランとプルトニウムを抽出分離し、新たに軽水炉や高速増殖炉で再利用される核燃料の形に成型加工するとともに、核分裂生成物を放射性廃棄物として処理する工程をいう。核燃料サイクル、とりわけプルトニウム・リサイクルにおいては、高速増殖炉で使用する核燃料であるプルトニウムを供給する工程であるので、高速増殖炉とともに重要な位置を占めるものである。

再処理工場では、原子炉では被覆管におおわれ閉じ込められていた放射性物質を、燃料棒をせん断し、溶解して化学的処理をするのであるから、日常的に原子力発電所とは比較にならない量の放射性廃棄物を気体・液体・固体の形で排出することになる。

高速増殖炉では、軽水炉に比べてその炉心燃料燃焼度が二ないし三倍となることから、軽水炉との比較において、その使用済燃料の崩壊熱では二〜三倍、炉心燃料のプルトニウム含有量では約二〇倍、毒性を持ちベータ線を出し遺伝子にも影響を与えるトリチウムの量では数十倍、数千年以上もの半減期があり、人体組織へ重大な影響を及ぼすアルファ線を出すネプツニウム、アメリシウムなどの超ウラン元素では、その重量において七〜八倍、放射能濃度は二倍の数値を示すことになる。

したがって、後述するように本件高速増殖炉からの使用済燃料の再処理においては、軽水炉からの使用済燃料以上に技術的・安全性に関してより困難な問題に直面し、被告動燃においても、開発研究段階の域を出ない状態にある。

二、再処理の現状

1　原子力委員会の方針

わが国の原子力委員会は、昭和五七年六月三〇日、原子力開発利用長期計画を策定し、その中で再処理に関し、大要次のような方針を示している。

「使用済燃料から回収されるプルトニウム・ウランは、その利用により、ウラン資源の有効利用が図れるとともに、原子力発電に関する対外依存度を低くすることができるので、使用済燃料を再処理することにより、これを積極的に利用していくものとする。」

そして、再処理の具体的方策として、同計画は、次のように述べている。

「現在のところ、この再処理については、大部分を海外への委託によって対応しているが、再処理は、国内で行うとの原則の下に、既に稼動中の動力炉・核燃料開発事業団東海再処理工場に加えて、民間再処理工場を建設し、将来の再処理需要を満たしていくものとする。」

このように、原子力委員会は、現在実施されている海外への再処理委託（本件「もんじゅ」の使用済燃料についても海外委託の方針をとっているが、その詳細はまったく明らかでない）を、暫定的措置として位置付け、被告動燃東海再処理工場での再処理と、昭和五五年三月、電力一〇社を中心に、化学、重電、商社など合計一〇〇社が集まって設立された民間の日本原燃サービス株式会社による第二再処理工場の建設計画をその方針としているのである。

2　事故続きの東海再処理工場の実情

被告動燃の東海再処理工場は、処理能力一日当り〇・七トン、年間二一〇万トンを目標として、昭和四六年六月建設に着手され、昭和五〇年に建設を終え、その後、通水試験、化学試験、ウラン試験などの試験を経て、昭和五二年九月からは、実際の使用済燃料を用い、技術的には本格操業と変わらないホット試験を開始した。

ところが、ホット試験開始直後から、脱硝塔からのウラン溶液漏出、槽類換気系室からのオフガスの漏洩という事故、故障が続出し、昭和五三年八月二四日には、酸回収蒸発缶蒸気パイプにピンホールが発見され、そこから蒸気系に放射能が漏れて、一年間運転を停止するに至った。その後も、廃棄物処理場内からの廃液流出（昭和五四年二月九日）や、パルスフィルター用配管の目づまり、洗浄液の逆流で作業員が被曝する事故（同年七月八日）などを繰り返したが、ようやく昭和五六年一月一七日から本格操業を開始した。

しかし、その後も、溶解槽から送液配管の相次ぐ目づまり（同年一月二三日～二九日）、プルトニウム溶液の誤送（同年二月四日）、プルトニウム濃縮工程中間貯槽のプルトニウム濃度の保安規定以上の上昇（同年九月一二日）などの事故、故障が多発し、またも運転・停止を繰り返してきたが、昭和五七年四月一一日には、二基ある溶解槽（ブツ切りした燃料棒を硝酸で溶かす装置）のうちR一一溶解槽にピンホールが発生し放射能が漏洩したためその使用を断念した。そのため再処理能力が半減したが、昭和五六年二月一九日には、片肺運転を続けてきた残りのR一〇溶解槽にもピンホールが発生し放射能が漏洩したため、ついに全面的に操業停止するに至った。

被告動燃は、これらの溶解槽の補修を検討してきたが、その技術的困難さからその補修を断念し、別の溶解槽R一二を新設することを決定した。そして全面操業停止から二年を経た昭和六〇年二月一八日、新しい溶解槽R一二を使用して東海再処理工場はようやく操業再開にこぎつけたのである。

3　第二再処理工場の真の狙い

右のような東海再処理工場の実情に鑑みると、年間再処理能力八〇〇トンの大型再処理工場を建設するとの原子力委員会の計画は安全性の面からも無理という外はない。また、電力業界が高速増殖炉開発に難色を示し、高速増殖炉開発自体がまったくメドの立っていない今日、プルトニウムを生産してみても、その使途自体が存しないのである（軍事転用の可能性やプルサーマル計画等を別にすれば）。そこで、電気事業連合会（日本原燃サービス㈱）が下北半島六ヶ所村に建設を進めている第二再処理工場の真の狙いは、再処理工場そのものではなく、これに付設される使用済燃料及び返還廃棄物の貯蔵施設にあると考えられる。

このことは、再処理工場の運開予定が当初の昭和六五年から昭和七〇年に延期されたにもかかわらず、右貯蔵施設の操業だけは、昭和六六年ころからとされていることからも明らかである。電気事業連合会は、再処理工場という名で、たまり続ける使用済燃料及び返還廃棄物の貯蔵場を作ろうとしているのである。

三、再処理の問題点

1 再処理技術

再処理をめぐる安全性を検討する前提としては、当然のことながら、再処理技術が確立されていなければならない。

わが国で現在採用されている再処理方式は、原爆プルトニウムを分離するために開発されたピューレックス法とよばれ、その工程は大別して四つの工程からなる。①機械的前処理の工程では、貯蔵プールから取出した使用済燃料棒（核燃料を焼き固めたペレットをジルカロイという合金製の被覆管に詰めたもの）をせん断機で五センチメートル程度の小片にせん断し、②溶解工程で、せん断された小片を、溶解槽で硝酸を加えて溶かし（この工程で、燃料の被覆管は溶けずに残り、高レベル固体廃棄物として排出される)、③分離工程において、溶媒を用いてウラン・プルトニウム、核分裂生成物にそれぞれ分離し(この工程で、核分裂生成物は、高放射能廃液として排出される)、④精製・濃縮工程では、分離されたウラン・プルトニウムが精製・濃縮される。このように、再処理工程は、何段階にも及ぶ化学操作を必要とし、複雑なシステムとなっている。

ところで、この再処理技術について、原子力委員会は、『昭和五七年版原子力白書』の中で、「ウラン試験においては、再処理工程等に関する運転員の十分な実地訓練を積み、さらにホット試験以後についでは、実際の使用済燃料を再処理するという経験を積んでいる。また、昭和五三年一〇月の酸回収蒸発缶の故障、昭和五六年二月の酸回収精留塔の故障等種々のトラブルを経験したものの、逐次これを克服してきている。これらの経験により、再処理技術は基本的に確立している」としている。

しかし、二、2再処理工場の実情で既に指摘してきたように、ホット試験以降の東海再処理工場の実情は、事故、故障、運転停止の連続であり、再処理技術が基本的に確立しているなどとは到底言えるものではない。昭和五二年九月の「ホット試験」という名目で操業を始めてから現在まで七年余りの間に、東海再処理工場で処理された使用済燃料は一七四トンである。これは、東海再処理工場の当初計画の年間再処理能力二一〇トンから割りだしてみると、稼動率はわずか一一%という貧弱な実績を残しているにすぎない。

そもそも再処理は、①溶解過程で起こる反応が複雑で予想できない、②反応容器に予想外の腐食を生じる可能性がある等の理由から技術的に極めて困難であると指摘されているが、東海再処理工場の現状は、この指摘が正しいことを示している。

2 諸外国における再処理工場の実情—どこでもうまくいっていない再処理工場—

㈠ 核兵器製造や研究用のプルトニウム製造などを目的とする再処理施設を除いて、原発の使用済燃料を本格的に処理する商業用再処理工場は、現在世界中でどこでも満足に操業されておらず、深刻なデッド・ロックに乗りあげている。このこと自身が、再処理工場のもつ危険性の深刻さと、再処理計画の技術的・経済的困難性を何よりもよく表わしている。

㈡ アメリカでは、世界最初の純商業用再処理会社としてニュークリア・フュエル・サービス（NFS）社が設立され、ニューヨーク州の北ウェストバレーに再処理工場を建設し、一九六六年以来操業してきた。しかし、一九七一年までの五年間に、約五〇〇トンの使用済燃料を処理した後、ウェストバレー一帯に深刻な放射能汚染をもたらし操業を停止した。ゼネラル・エレクトリック（GE）社が一九六五年イリノイ州モリスに建設を開始した半乾式法の再処理工場は、工事完成後のコールドテストの結果、実用化できないと判断され、一九七四年運転を断念した。一九七一年にサウスカロライナ州のバーンウェルで建設が開始されたアライド・ガルフ（AGNS）社の再処理工場は、わが国の東海再処理工場と同じピューレックス法を採用し年間処理能力一五〇〇トンを誇るものであった。しかし施設は一九七五年にほぼ完成したものの、一九七七年のカーター政権の商業用再処理禁止声明による凍結、その後レーガン政権により凍結は解除されたものの、今後の運転開始には、さらに巨額の投資が必要なため、一九八三年一二月末ついに正式に閉鎖されることとなった。これにより、アメリカでは、商業用再処理工場は、すべて閉鎖されるに至った。

㈢ イギリスでは、英国核燃料公社（BNFL）のセラフィールド（旧名ウィンズケール）再処理工場が、一九六四年以来マグノックス型原子炉の金属燃料用工場（天然ウラン）として操業を開始し、その後、軽水炉燃料を処理できるような前処理施設を付加し、国からの委託による使用済燃料の再処理まで行い、世界の再処理センター的な役割を果たしてきた。ところが、一九七三年九月、大規模な放射能漏れ事故を起こして労働者三五名を被曝させるに至り、軽水炉使用済燃料用再処理施設は閉鎖された。

㈣　フランスでは、一九七六年からフランス核燃料公社（COGEMA）のラ・アーグ工場で、軽水炉燃料の再処理が行われているが、その稼動率は低く、後述するように事故、故障が相次いでいる。

3　**深刻な環境汚染**

一〇〇万キロワットの軽水炉原発一基が、一年間に出すいわゆる死の灰（核分裂生成物）の放射能は、三〇～四〇億キュリーといわれる。

これが、再処理工場に搬入される段階では、やや放射能が減衰するものの、それでも、使用済燃料一トン当りの放射能は一〇〇～二〇〇万キュリーに及ぶ莫大な量である。このような超高濃度の放射能を含んだ使用済燃料が大量に搬入される再処理工場は、したがって核燃料サイクルのなかでも、平常時に最も環境への放射能放出の多いところである。

再処理工程のうちでも、特に機械的前処理と溶解工程において、使用済燃料から、多量のクリプトンやキセノンなどの放射性希ガスが放出される。ここで放出される放射性希ガスは、若干の低減化装置を経て環境へ排出される。

東海再処理工場の安全審査によると、この放射性希ガス＝クリプトン八五の放出量は、年間三〇〇日稼働の条件の下で、一日で約八〇〇〇キュリー（年間二四〇万キュリー）に及ぶとされている。東海再処理工場に隣接する日本原電東海第二原子力発電所の放射性希ガスの放出管理目標値が年間で五万キュリーであることと比較すると安全審査上も実に四八倍の量の放出が前提とされていることとなる。これによる住民の被曝は、全身で年間三二ミリレムに及び、アメリカ環境保護庁の許容量（全身で年間二五ミリレム）をも超える値となっている。

また、再処理工場からは、多量の放射性液体も環境へ放出されている。東海再処理工場の安全審査によると、その放射性液体放出量は、年間三〇〇日の稼動を前提として、年間二六〇キュリーとされている。東海第二原発の放射性液体の放出管理目標値が、年間で一キュリーであること比較するとじつに約二六〇倍の量が放出されることとなる。これに加え再処理工場では、日量二〇〇キュリー（これは、軽水炉の使用済燃料を再処理した場合の数値であって、高速増殖炉の場合は、すでに述べたようにその数十倍の量に達する）に及ぶトリチウムが放射性液体として放出される。

そこで、トリチウムと水との分離が困難とされることから、人体への影響が問題となることは第二部、一〇において述べたとおりである。

4　再処理工場の重大な危険性

㈠　再処理工場では、「1再処理技術」のところで述べたように、非常に多くのかつ複雑な化学処理が行われているので、一般の化学工場に比べて事故の危険性が高い。

まず、再処理工場では、複雑な化学操作を行うため、総延長で何百キロメートルにも及ぶ配管で、何百もの反応槽やタンクを結ぶという極めて複雑なシステムとなっている。これらの配管が全て完全で瑕疵もなく、また溶接部分も全て良好ということはあり得ない。加えて再処理工場では腐食性の液体が多く、そのため年月とともに、配管や溶接部の腐食が進行し、液の漏れることは避けられない。このように再処理工場は巨大システムであるために、常に事故の危険を内包している。

また、再処理工場は、一種の化学プラントの設備でもある。そして、工程中の物質の移動は主として液体によってなされる。したがって常に化学工場特有の火災、爆発の危険性も伴っている。

さらに、再処理工場が、多量のウラン、プルトニウムなどの核分裂生成物を取扱う施設であるために、これらの放射能による労働者被曝事故などの危険性も存在する。

(二) 再処理工場での大きな事故として、いくつかのケースが想定されている。

その最も危険なものとしては、臨界事故がある。ウラン二三五やプルトニウム二三九などは、一定量(臨界量)以上集まると核分裂を起す。再処理工場では、有機溶媒の中に溶けているウラン、プルトニウムが、この臨界事故を起す危険性が強く指摘されている。アメリカのアイダホ再処理工場においては、一九五九年一〇月と一九六一年一月の二度にわたり、高濃縮ウラン溶液の誤操作により臨界事故が発生したことが報告されている。

(三) また、化学処理をした後の高レベル放射性廃液貯槽の冷却系に故障が起り、水分が蒸発し、残渣が溶融して多量の放射性物質が放出される事故も想定されている。一九八〇年四月、フランスのラ・アーグ再処理工場では、火災による停電事故が発生し、非常用電源も機能せず、冷却系統が停止し、再処理廃液貯槽内の高レベル放射性廃液が沸騰を始めるという重大事故が発生した。幸いこの事故は、シェルプールの兵器庫から移動発電機を持ち込み冷却を再開できたため溶融にまでは至らなかったものの、再処理工場では右のような重大事故の危険性が十分あることを示すこととなった。

先に指摘した、イギリスのセラフィールド（ウィンズケール）再処理工場を操業停止に追い込んだ一九七三年九月の事故は、使用済燃料の溶解の不十分さ故に生じた不溶解残渣が給液槽の底に積もり、その崩壊熱による過熱が原因となって、大量の揮発性のルテニウムが気体となって漏れ出し、操作室に充満したものである。このため操作室にいた三五名の労働者は全員被曝した。

(四) 爆発、火災事故も想定される。アメリカのオークリッジ再処理工場では、一九五九年一一月、硝酸と反応性が高いフェノール類を含む有機除染剤が蒸発缶内に残留していたため、硝酸を入れて加熱したところ、除染剤と硝酸が反応をして、爆発事故を起こしており、同じくアメリカのハンフォード再処理工場では、一九六三年一一月、プルトニウム精製工程のイオン交換樹脂塔へ重クロム塩酸溶液が流入し、樹脂が発熱し火災事故を起こしている。

一九七六年八月三〇日、アメリカ合衆国ワシントン州リッチランドの再処理施設（アトランチック・リッチフィールド・ハンフォード社）で、イオン交換樹脂の爆発事故が発生した。

この事故は、「プルトニウムを再処理した後の廃液からアメリシウムを回収する作業中に、イオン交換樹脂塔が爆発した。装置はグローブボックス内に置かれていたが、爆発でグローブボックス前面のプレキシガラスが砕け、一人の作業員の肩と顔を傷つけた。同時に放射性物質がボックス外に飛散し、八人の作業員が被曝した。さらに、負傷者を病院に運び込んだところ、この負傷者を通じて看護婦二名も汚染した」というものである。

この事故の正確な原因は明確ではないが、樹脂が硝酸との接触で化学反応を起こし、樹脂内に気泡が発生し、イオン交換塔内の圧力が上昇して樹脂筒が爆発したものと推定されている。

注目すべきことは、この事故は、作業員側の誤操作や装置の故障が認められないにも拘わらず事故が発生していることである。

㈤　ところで、再処理工場で取扱う使用済燃料には、一〇〇～二〇〇万キュリーという高レベルの放射性物質が含まれているため、一旦事故が発生すると重大な被害をもたらすことになる。

一九七六年、西ドイツ内務省の依頼を受けた原子炉安全研究所が、再処理工場の大事故の場合の影響評価を作成した。これによると、一四〇〇トンの再処理能力をもつ再処理工場が、最悪の事故を起こした場合には、大量の放射性物質が環境中に放出され、一〇〇キロメートル遠方でも住民は致死量の一〇倍から二〇〇倍にのぼる放射線被曝を受け、さらに、公衆が致死量を受けると予測される地域は、数千キロメートルから一万キロメートルの範囲まで及ぶことが推定されている。

5　高速増殖炉使用済燃料の再処理上の問題点

本件「もんじゅ」のような高速増殖炉からの使用済燃料は、すでに述べたように軽水炉で燃焼された使用済燃料と比べ燃焼度、崩壊熱、プルトニウム含有量、放射能濃度などの点において高い数値を示すため、再処理工程上、これまで指摘してきた軽水炉使用済燃料の再処理以上に、次のような、技術上、安全上の問題が生ずることが指摘されており、その現状は未だ実験室段階といわざるをえないものである。

①崩壊熱が高いため、貯蔵プールでの冷却期間を長くとったり、除熱の必要性が増す。貯蔵プールで、使用済燃料が崩壊熱によって温度の自己上昇をはじめて融解し、放射能が放出する危険は、軽水炉の場合に比べ数段高い。

②機械的前処理工程の問題としては、被覆材がステンレススチールであることや形状が軽水炉の場合と異なることによって、機械的せん断では金属鋸の寿命が短いこと、燃料棒の照射損傷による変形などによって、燃料集合体から燃焼棒の引抜きが容易に行えないことがある。

③溶解工程の問題では、燃焼度が高いため、溶解過程で不溶解の微粒子や未溶解燃料が残り、プルトニウムの回収率に重大な影響を及ぼすばかりでなく、配管の目づまり事故の原因ともなる。また、燃焼度が高いことから、燃料要素の照射損傷変化が著しく、冷却材ナトリウムが燃料要素内に混入し、使用済燃料に残留している可能性が生じる。もしそうであるとすると、溶解液の硝酸とナトリウムが激しく化学反応を起こし、爆発や火災事故をまねくことになる。

④プルトニウムの含有量が多いことから、核分裂反応が連鎖的に起こり、多量の放射性物質を放出させる臨界事故の起こる危険性が高い。

⑤放射能濃度が高いことから、再処理工場での作業は、より高い放射線下のプロセス作業となり、労働者の平常時被曝がより深刻な問題となる。

四、結論

1　以上に述べてきたように、現在までのところ、従来の軽水炉型原子力発電所から排出される使用済燃料の再処理・処分方法さえ、その技術的困難性、人体・環境に対する放射能汚染の安全対策面等から、全くといってよいほどその見通しが立っておらず、ましてや、本件高速増殖炉からの使用済燃料の再処理に至っては、研究段階の域を出ない状態である。

2　ところで、原子炉等規制法二三条八号は、原子炉の設置の許可を受けようとする者は「使用済燃料の処分の方法」についての事項まで記載した設置についての許可申請書を提出して、被告総理大臣の許可を受けなければならないことになっている。この「使用済燃料の処分の方法」の規定は、同法第一条の「核原料物質、核燃料物質及び原子炉の利用が平和の目的に限られ、これらの利用が計画的に行われることを確保し、あわせてこれらによる災害を防止して公共の安全をはかる」という立法目的から考えると、使用済燃料の原子力施設内での一時的な貯蔵方法にとどまらず、再処理工場でのウラン・プルトニウムの分離・抽出方法、放射性廃棄物の最終処分方法、さらには使用済燃料を原子力発電所から再処理工場そして廃棄物の最終保管場所まで輸送するその手段、方法等のプルトニウム・リサイクル全体を含むことは当然である。

3　しかるに、本件許可処分においては、本件高速増殖炉がプルトニウムの再利用をめざして建設されようとしているにもかかわらず、軽水炉及び高速炉の使用済燃料の再処理の方法及びその安全性並びに使用済燃料の輸送方法及びその安全性の審査が全くなされていない。このことは、原子炉等規制法第二四条一項二号が、原子力発電所の設置許可にあたって、その許可すべき基準として、「原子力の開発及び利用の計画的遂行に支障が生じないこと」を掲げ、個々の原子力発電所設置許可にあたっても、当該原子力発電所から排出される使用済燃料が安全に貯蔵もしくは再処理されるのか否かの点まで審査すべきことを要求していることに明らかに違反する。

4 よって、「もんじゅ」からの使用済燃料の再処理の方法及びその安全性並びに使用済燃料の輸送及びその安全性について、審査がなされていない被告総理大臣の本件許可処分は、原子炉等規制法第二四条一項二号に違反し、無効である。また、「もんじゅ」からの使用済燃料の再処理・処分の問題を棚上げしたままでの、炉建設及び運転は、きわめて人体・環境に危険な影響を与える放射能をもった使用済燃料をこの地上に際限なく蓄積させ続けることになる。もしこの操業が開始されれば、「もんじゅ」周辺に居住する原告らの生命・身体・健康に与える危険性はきわめて大きいと言わざるを得ないのであるから、被告動燃による「もんじゅ」の建設、運転は事前に差止められなければならないのである。

第五　高速増殖炉の非経済性

一、高速増殖炉計画は経済的に破綻している

1　日本において、高速増殖炉開発が計画されるに至った経緯は前述（第一部、第二、一）のとおりであるが、その際の経済的意味づけは、高速増殖炉は、その開発の暁には、既存の電力源に比べてはるかに「安い電力」を供給できるということであった。

現在においても、各年の原子力白書等に見られるように、高速増殖炉の開発は、安価かつ安定した「純国産エネルギー」をもたらすという理由で正当化されているのである。

2　原型炉「もんじゅ」が右高速増殖炉開発計画の中で、実験炉「常陽」に続く新たな開発段階として計画されたものであることは前述（第一部、第二、五）のとおりである。

ゆえに、「もんじゅ」建設の意義は、大型高速増殖炉開発、それによる電力供給体制の整備、使用済燃料再処理を含む核燃料サイクルの確立など、国内における高速増殖炉実用化計画と不可分のものであ

る。

3　ところが、昭和五〇年代ころ、諸外国が高速増殖炉開発を模索し、日本でも計画が進行する過程で、高速増殖炉については、安全面における危険を理論上、実際上、解決できない上、高速増殖炉による発電コストはむしろ非常に高価であり、その実用化は採算の見通しが立たず、経済面において困難であることが判明するに至った。

そのため、前述（第一部、第四）のように、かつて同種の計画を有していた各国は次々とその計画を放棄ないし凍結しており、今や、高速増殖炉開発について何らかの現実的計画を有しているのはフランスと日本のみという状態であり、高速増殖炉による発電という発想は、世界的に見ても「時代遅れ」とみなされるに至っている。

4

㈠　また、高速増殖炉の実用化のためには、そのプルトニウム・核燃料サイクルを維持する必要上、多数の軽水炉の新規建設、運転を継続しなければならないところ、諸外国においては、原子力発電計画自体の推進を、その環境破壊的性格、当初に考えられたような経済性を有しないこと、技術的問題点が多すぎること、電力需要の伸び悩みなどの理由により、見直しているのが現状である。

㈡　アメリカ合衆国においては、前述（第一部、第四、二）のように、原子炉の新規受注がストップし、キャンセルが相次いでいる状態であり、そのため、国内の原子力産業は重大な苦況に直面しており、すでに新規求人においても優秀な学生を得ることが困難であると伝えられる。

ちなみに、一九八〇年代半ばころに完成を予定されている国内の原子力発電所の発電コストについては、石炭火力発電より六五パーセント高く、石油火力発電より二五パーセント高いとの試算がなされている。

(三) フランスにおいては、一九八三年五月に、電力需要量との関係から一九九一年まで原子力発電所の建設は全く不必要である旨の経済計画庁の長期エネルギー計画諮問作業部会の報告がなされ、原子炉建設計画はすでに大幅に削減されている。

(四) 西ドイツにおいても、一九七五年以来、原子炉の国内発注は全くない状態である。

(五) イギリスにおいても、一九七四年以来、原子炉の新規発注は全くなされていない。

(六) スウェーデンにおいては、新規の原子炉建設については一九八〇年の国民投票により無期限のモラトリアムとすることが決定されており、今後の原子力発電開発の計画は皆無である。

(七) 中国においても、国家計画委員会経済研究所の楊海群氏が「世界経済」一九八四年九期号に発表した論文中で、原子力発電の非経済性が実証されている以上、原子炉の新規発注を控えるべきであると指摘している。

(八) 以上のように、高速増殖炉実用化の前提となる総合的な「原子力体制」が非現実的であることは各国が共通して認識するところであるが、ましてや、立地条件が限られ、核エネルギーに対する国民的コンセンサスもない日本国内において、このような政策を今後推進することは、更に困難であると考えられる。

5　また、高速増殖炉実用化に不可欠な諸技術のうち、使用済み燃料の再処理、廃炉の解体、高レベル放射性廃棄物の処理など多数の点については、その実用化方法が未確立であり、これは安全面に大きな問題を残すとともに、今後、コストの無制限な増大を必然的に招くものである。

6　以上は、高速増殖炉が事故を起さずに稼動を続けた場合の問題であり、その場合でも、労働者の被曝や、環境中への多少の放射能漏出は不可避であって、その損害賠償、補償の必要性が高速増殖炉の経済性を更に悪化させることは容易に予測されるのである。

一旦事故が生じた場合には、その社会的損害額は天文学的数値に上りうるのであり、経済的な面においても原子力開発そのものが不可能となることは明らかである。

7　現在、高速増殖炉開発は、巨額の国費の投入と全面的な政策的援護によって進められているのであるが、高速増殖炉発電の非経済性を度外視して開発を進めるならば、過重な税負担の重圧と電気料金の高騰によって、国民経済を沈滞させ、電力供給体制を不安定なものとすることは必至である。

8　また、第一部第四で前述したアメリカのCRBR炉のように、相当の費用を投入した後に、発電コスト上の理由ないしは安全上の理由によって高速増殖炉の開発が中止された場合、「もんじゅ」建設などに費された巨額な費用を回収できなくなるのみならず、関連企業における大量の失業の発生など、関連産業等に深刻な混乱を惹起することにより、社会不安を引起こすことは明白である。

9　以上のように、高速増殖炉の開発が安価で安定した電力をもたらすという意義づけは、過去の希望的観測の残存物にすぎなくなっているのであって、「もんじゅ」の建設も、その存在意義をすでに失った計画であり、その建設にはいかなる公共性も正当性も存しないものである。

二、高速増殖炉の建設費用

1　はじめに

高速増殖炉を用いる発電施設の建設費用は、石炭、石油火力発電所はもとより、莫大な費用を要すると言われる従来型の軽水炉発電施設に比べても格段に多額であり、その費用は、同規模の軽水炉発電施設の数倍に昇ると言われる（四、2において詳述）。

2　建設費高騰の必然性

(一)　これは高速増殖炉そのものの性質により、次のような理由で低減することはできない。

(二)　冷却材等としてナトリウムを用いること

①純粋のナトリウム自体が軽水等に比して高価である。

冷却材等として用いるナトリウム中の酸素濃度が一〇PPM以上になるとこの酸素により金属が腐蝕されるので、常に純粋のナトリウムを使用する必要がある。

②高温ナトリウムは酸素、水素、水などと激しく反応するので、この反応を防止するため、熱輸送系

などのナトリウム配管には特殊な設計と材料の選択をなす必要がある。

具体的には、ステンレス鋼などの金属材料を用い、第一ナトリウム系と第二ナトリウム系を設けて、放射性となったナトリウムと高温水蒸気を直接接触させないようにする他、一次系ではアルゴンガス、格納容器では窒素ガスを充填して、空気との接触を遮断する。

なお、ナトリウム系の配管については、第一部、第一、二で前述したとおり、一次系の三要素、(原子炉、一次系ナトリウムポンプ、中間熱交換器)を独立させて接続するループ型と、全て原子炉格納容器に納めてしまうタンク型があり、ループ型の方が配管全長が長く、構造が複雑なため、高価である(配管破断の可能性も大きくなる)が、タンク型は、比較的安価であるものの、放射性ナトリウムが集中しているため、保守・修理の面で機器への接近性が悪く、耐震構造面でも弱い。

「もんじゅ」ではループ型が採用されている。

㈢　燃料としてプルトニウムを用いること

①炉心燃料であるプルトニウム混合燃料のコスト自体が、軽水炉燃料に比して四~五倍も高価である(三で詳述)。

②使用済燃料は、第三部、第三、二で前述したとおり、長期炉内滞留、高燃焼度のため、多量の放射性核分裂生成物を含み、高い崩壊熱レベルを持っている。

このため、軽水炉施設と異なり、ナトリウムによる冷却装置を備えた使用済燃料貯蔵施設が必要であり、建設費を押し上げる一因となっている。

3　見積り不可能な建設費

(一)　右のような高速増殖炉の特性から、建設費が軽減できないこと、高速増殖炉建設上、技術的に未解決な問題が多数あることなどのために、高速増殖炉の建設費は、当初の見積り額よりも格段に高額になる傾向がある。

第一部、第四で前述したように、クリンチリバー高速増殖炉の当初の建設費見積り額が七億ドルであったのに対し、現在は八五億ドルに上り、高速増殖炉の開発推進が見合わされていること、西ドイツのSNR－三〇〇の建設費が建設許可当初見積り額四億マルクから六五億マルクに上昇し、建設・運転のメドが立っていないことはその例である。

(二)　「もんじゅ」についても、昭和五四年当時の建設費見積り額四〇〇〇億円が、早くも昭和六〇年には五九〇〇億円にふくらんでおり、最終的にどの程度の額になるかは予測も困難な状態である（四、2で詳述）。

4　コスト低減策は安全軽視を招く

(一)　右のように、高速増殖炉の建設費はそれ自体破格の高額であり、完成した高速増殖炉が完全に高水準の稼働率を保ち、資源価格の上でも最適水準を保つという不可能な条件を前提としたとしても、他の電力源に対し、経済的に対抗不可能である（四、3で詳述）。

また、高速増殖炉開発にまつわるその他の費用（開発費、研究費、生産体制整備費、核燃料サイクルにかかわる諸費用など）は更に莫大であり、これらを算入すれば、高速増殖炉による発電は到底採算不能と言わなければならない。

前述のように、諸外国が次々と高速増殖炉開発を見合わせているのは、安全面に対する不安とともに、この点に原因がある。

㈡　国内でも、高速増殖炉発電についての採算見通しが立たないことから、電力業界などを中心に、高速増殖炉開発への不安を表明する声が強い。

そのため、原子炉規模の見通しをも含む建設費低減の方策が技術的に模索されている段階である。

㈢　しかし、高速増殖炉の建設費引下げ策は、その多くが安全性を犠牲にしてコストの引下げをはかる方向のものとならざるを得ないのが現状である。

たとえば、昭和六〇年二月、「もんじゅ」の設計につき被告動燃から被告総理大臣に対し、設置変更許可申請がなされており、その中に①一次ナトリウム系アルゴンガス循環設備の変更、②ナトリウム漏洩事故に備えたコンクリート冷却設備の除去、③使用済燃料冷却槽装置の単純化、④二次ナトリウム系ポンプ容量の縮小、が含まれている。

このうち、①については、一次ナトリウム系に充填されているアルゴンガス中に燃料系から漏洩・蓄積されてくるクリプトンやキセノンなどの希ガス放射能を除去する装置を省略するというものであって、これにより、これらの希ガス放射能が廃ガス系より環境中に放出される危険及び事故時に大量に周辺に放出される危険は格段に高くなることになる。
②ないし④についても、事故時のセーフガード装置を省略し、あるいは、そのための設備上の余裕を切り詰めるなどの変更であって、コストを下げるために安全面を軽視ないし無視するものである。

㈣　右のように、採算不能なほど高額な建設費問題を抱えながら高速増殖炉開発を継続することは、コストのために安全性への考慮をなおざりにすることにつながるものであって、将来にわたり、高速増殖炉の安全性への不安を一層増大させるものである。

三、核燃料サイクル等にかかわる費用

1　はじめに

前述（第三部、第二）のように、高速増殖炉の運転のためには、従来型の軽水炉と全く異なる燃料生産、輸送、再処理等の核燃料サイクルを要し、このサイクルの各段階において、安全性の問題とともに経済的コスト増大の問題を生じる。

2　炉心燃料の製造コスト

㈠　炉心燃料の製造コストが、軽水炉に比して四～五倍に昇ることは前述の通りである。

炉心燃料（狭義の炉心及びブランケット燃料）には、劣化ウラン（ウラニウム二三八など）及びプルトニウムの各酸化物の混合燃料を用いる。

㈡　プルトニウムについては、高速増殖炉自体の産出に期待するのは前述（第三部、第二、二）のように当分不可能な状態なので、軽水炉の使用済燃料を再処理することによって供給することが、当面、唯一の方法である。

現在、再処理については英仏の再処理工場に委託されているが、その委託費はトン当り一億六〇〇〇万円と言われ、更に諸経費の支払いが必要とされている。

また、東海村の再処理施設の再処理実績は、第三部、第四、二で前述したとおり、現在までの七年間に一七四トンにすぎず、その間、多数の事故を発生させており、到底、実用に耐えるものではない。

被告動燃への再処理委託費は、トン当り一億三五〇〇万円とされているが、実際には再処理コストはこの何倍にも昇り、値上げは必至とされている。

青森県六ケ所村に第二再処理工場の建設が計画されているものの、再処理工場は極めて危険性が高く、また、これを建設しても、再処理コスト上の採算が取れるかは疑わしく、更に核燃料サイクルコストに右再処理工場の設備費を上乗せするのみの結果になると考えられる。ちなみに、再処理技術は、使用済燃料溶解槽の腐蝕問題など、技術的に未解決の問題点が多く、再処理工場の稼働率は世界的に見ても三〇パーセントを下回っている（日本の現状については、第三部、第四で前述）。

㈢　また、右再処理過程においても、高速増殖炉燃料混合過程においても、危険性の高いプルトニウムを扱うため、この面からもコストの上昇が避けられない。たとえば、

①プルトニウムが放射性の高い物質であるため、燃料ピンに封入するまで放射線遮蔽を備えた密封構造の装置により遠隔操作しなければならない。

②プルトニウム水溶液は理想状態でも五一〇グラムで臨界に達するため、厳重な臨界管理が必要である。

③核拡散防止のため、国際原子力機関による厳重な物量管理が要求され、燃料製造の各段階について、

プルトニウムの管理量を厳密にチェックする手続が必要となる。

3　高速増殖炉使用済燃料の再処理コスト

㈠　高速増殖炉自体を運転することによって生じる使用済燃料の再処理については、右と比較しても更に問題が大きい。

この再処理により、プルトニウムを取出す技術は、まだ実験室段階であり、実用化の見通しが立たないため、これにかかる費用も算出不可能な状態である。

㈡　理論的、実験的には、2、㈡、㈢で述べた再処理にまつわる問題点の他、次のような困難な点があるとされており、たとえ、実現したとしても、軽水炉の場合に比してはるかにコストが増大すると考えられている。

①高速増殖炉の使用済燃料は燃焼度が高く、放射線濃度も高い上、さまざまな放射性物質を含むため、それらの放射線レベルに応じた耐放射線材料を選択しなければならない。

②燃焼度の関係から、再処理過程で用いる硝酸溶液に溶解し難い核物質が多種多量含まれるため、取扱いが困難であり、溶解槽の事故が起りやすく、その保守費も多額に昇る。

③ステンレス製のラッパ管に収納されている燃料ピンを取出すため、ラッパ管をレーザービームなどで破壊しなければならない。

4　放射性廃棄物の処理・処分コスト

放射性廃棄物の処理についても、前述（第三部、第三）のようにプルトニウムをはじめ、毒性の強い放射性物質を大量に含む廃棄物を高速増殖炉が排出するため、極めて問題が大きい。

現在、高レベル放射性廃棄物については、コンクリート固化、プラスチック固化などにより保存することが検討されているものの、未だに研究段階であり、実用化についての費用は算出困難である。

また、周知のように、放射性廃棄物の最終処理は、現在の科学水準では不可能とも言われている。

右のように廃棄物処理技術が未確立な現状で高速増殖炉開発を進めた場合、将来的に巨額のコスト支出が見込まれるにもかかわらず、右費用については、高速増殖炉による発電コストの見通しの際にも算入されないのが一般であり、高速増殖炉が「安い電力」であるという神話の一端をなしている。

5　廃炉費用

㈠　昭和六〇年に発表した資源エネルギー庁の検討結果によれば、廃炉施設は、三～一〇年間、密閉管理し、化学薬品によって放射能除染した後、順次解体撤去するという方針が述べられている。

もっとも、高速増殖炉については未だに廃炉処理をなした実績が世界的にもなく、その技術は全く未開発な状態であり、費用についても算出困難である。

㈡　ちなみに、アメリカの軽水炉シッピングポート発電所の廃炉計画では、廃炉処理のために一九八四～八八年の四年間を要し、その費用はコストを押えるため原子炉圧力容器の一体撤去などの最新技術を用いるにもかかわらず、七九七〇万ドルと見積られており、これは、貨幣価値の変動はあるにせよ、建設時費用（一億四一〇〇万ドル）の実に二分の一を超えている。

高速増殖炉の場合、残留放射性物質の多くが毒性が強く、寿命（半減期）が長い物質である上、冷却系にも放射性となったナトリウム等を残すなど、軽水炉と比べてはるかに廃炉に伴う技術的困難性が大きく、費用も巨額であると考えられる。

㈢ 右廃炉費用についても、高速増殖炉の「発電コスト」に一般に算入されていない。

6 輸送コスト

㈠ 核サイクルの各段階における放射性物質輸送は高速増殖炉運転に不可欠であるが、このため更に費用が増大する。

㈡ プルトニウムを含む、燃料、使用済燃料などの輸送については、前述のように核拡散防止の観点から、厳密な物量管理が必要である。

㈢ 現在は、再処理委託のため、右の物質を海上輸送しているが、その費用は、トン当り六〇〇〇万円以上かかっている。

核盗難のおそれや沈没事故の可能性を減らすため、将来については海外輸送は空輸によることが検討されているが、これにより、更に費用が増加すると予想される。

㈣ プルトニウム等、放射性の強い核物質の輸送のため、特殊な密閉容器（キャニスター）を使用しなければならず、これが輸送費用を更に押し上げている。

右のように、将来については、放射性物質を航空機輸送することが考えられているが、その場合、キャニスターは航空機墜落の衝撃に耐える強度を持つ構造であることが要請される。

そのような容器は現在開発されていないばかりか、今後とも開発される見通しを考えることは困難である。

(五) プルトニウム等、放射性物質輸送は、陸上、海上を問わず、付近住民にはなはだしい恐怖を与えるのみならず、沿道警備、交通規制などによって費される社会的費用の額も無視できない。

四、経済的諸環境と高速増殖炉の非経済性

1 電力需要の低迷

(一) わが国のエネルギー需要は、第一次、石油ショック以前には、年率一二パーセントを超すような、高い伸び率を示してきたが、それ以降、非常に低迷した動きを示しており、特に第二次石油ショック後、減少傾向を示している。

電力需要も、石油ショック以前は一〇パーセントを超す伸び率であったが、それ以後スローダウンしており、昭和五五年に五〇九九億、五六年に五一二八億、五七年に五一一七億キロワット時と、横ばいの動きを続けている。右以来、若干、伸び率は上向いたが、これは人口増加、景気の回復等に伴う自然増であって、石油ショック以前の成長率とは根本的に異なるものである。

(二) 右のエネルギー・電力需要低迷は、石油ショック以来、わが国の産業構造・体質が本質的に変化したことにその原因がある。

①各産業が、エネルギー節約、資源節約型に体質改善を進めている。

たとえば、エネルギー多消費型工業であった鉄鋼業、素材型化学工業、セメント業などでは徹底した省エネルギー対策を実施してきた。

また、乗用車、船舶などの製造業においては、使用鋼材の薄型化、高級鋼化を進めており、そのため、鋼材使用量を大幅に切り詰め、技術集約の方向にウェイトを置くようになってきている。

②右の結果、産業界全体の中で、鉄鋼などの素材、エネルギー消費産業の生産レベルが低下し、全体として、エネルギー寡消費型産業構造がわが国産業の特徴となろうとしている。

特に、電解技術を中心とするアルミニウム生産工業のように、電力多消費型工業は、石油ショックによる電力料金の上昇によって国際競争力を失い、生産ベースそのものが最低水準にまで縮小してしまっている。

そのため、このエネルギー寡消費型産業構造は、将来にわたっても一定不変なものと予測される。

③また、わが国の産業は、コンピューター、通信機器などに代表される情報産業化、ソフト産業化を急速に強めているが、これらの部門は、主に技術集約・労働集約型のものであり、エネルギー消費の水準は極めて低い。

たとえば、コンピューター用の電力消費は昭和五五年において全電力需要の二・五パーセントを占めるにすぎず、コンピューターが急激に普及した後の昭和六五年ころにおいても四パーセント前後にしかならないと推定されている。

㈢ 右のような事情から、わが国の電力需要は、将来に向かっても、飛躍的な増大を期待しえない。

昭和五八年一一月の電気事業審議会需給部会報告でさえ、産業用電力需要の伸び率を、昭和六五年までは年率二・一パーセント、それ以降でも二・五パーセント前後と見込んでいるのである。

(四) これにより、高度経済成長期に発案された高速増殖炉実用化計画は、極めて不合理なものとなってきている。

前述（第五、二）のように巨額な建設費を要する高速増殖炉は、これをフル運転して大量の電力を供給することにより、初めて経済的に意味があると考えられてきたにもかかわらず、生産する電力を消費するだけの需要が見込まれない状況に立ち至っているのである。

(五) これに加えて、電力需要の季節的、時間的変動の問題が生じる。

エネルギー多消費型の基礎工業の電力需要の減少と、電力需要の多種多様な分化に伴い、全体的な電力需要の変動は極めて著しく、季節的には夏冬のピークと春秋の低下との差、時間的には日中のピークと夜間の低下との差は年ごとに増大する傾向がある。

高速増殖炉を含む、原子力発電の場合、出力調整をして発電量を下げることは容易ではなく、たとえできたとしても、運転率を下げることは炉心を損傷することにつながり、極めて危険であるから、原子力発電の電力供給は、電力需要の最低水準によって画されるベース電源に限る他はないが、このベースが年々狭まっていく現状においては、原子力発電の果しうる役割はますます小さくなるものと考えられる。

(六) ちなみに、火力発電についても、原子力発電ほどではないが、やはり出力調整が困難であり、水力発電については、比較的容易である。

そこで、原子力発電による発電量が、右ベース電源を超えた場合、超えた部分の電力によって揚水を行い、その揚水によってピーク時に発電を行う揚水発電所の建設が考えられている。

しかし、水力発電施設の建設費は一般に高額であるし、右揚水発電所の運転に伴うエネルギー・ロスは無視し得ないと考えられているので、右のような施設を付着した場合には、原子力発電、特に高速増殖炉による発電の採算は、更に困難になると考えられる。

2 ウラニウム価格の低迷と軽水炉コストとの対比

(一) 高速増殖炉と軽水炉の経済性と比較する場合、ウラニウム価格が安くなるほど高速増殖炉が不利となると言われる。高速増殖炉は軽水炉よりも必然的に建設費が多額である(二で前述)が、軽水炉の使用済燃料を再処理して得たプルトニウムを燃料の一部として用いる構造となっている。軽水炉で用いる濃縮ウラン燃料製造にも多額の費用を要し、高速増殖炉で用いるプルトニウム燃料抽出のための再処理や混合燃料の製造(プルトニウムと劣化ウランの酸化物を用いる)にも莫大な費用を要する(三、2で前述)のであるが、ウラニウム価格が高騰している際には、原料ウラニウムを多量に要する軽水炉の方が不利だとされるのである。

(二) 昭和五九年一一月の日本開発銀行調査試算によれば、天然ウラン価格がポンド当り二四〇ドルの時には、高速増殖炉の建設費が同規模軽水炉の建設費の一・三倍であっても両者の経済性は等しくなる。また、天然ウラン価格がポンド当り一〇〇ドルであれば、高速増殖炉の建設費は軽水炉の一・一倍が限度であり、これよりも建設費が割高であれば、高速増殖炉が経済性で劣るとされる。

ただし、右の試算は、使用済燃料の貯蔵費や輸送費を高速増殖炉と軽水炉で等しいものとし、また廃炉費用を算入しない前提に立ち、これら全てにつき高速増殖炉が割高（三で前述）とすれば、右の前提に立っても高速増殖炉が軽水炉に比して不利であることになる。

㈢　しかるに、昭和五二年にはポンド当り四〇ドルを超えた天然ウラン価格は、昭和五五年から暴落を始め、昭和五八年には一五ドルを切り、その後も二〇ドル前後を低迷している。

現在、多くの試算は天然ウラン価格をポンド当り四〇ドルと前提しているが、これは天然ウランの価格高騰期に長期供給契約を結んだ場合の価格であり、実勢を表していない。

前述（一、4）のように、諸外国が原子力開発を手控え、ウラン埋蔵量の見通しも修正されているのであるから、ウラニウム価格は将来に向かってますます下落すると考えられ、高速増殖炉開発の条件は悪化する一方である。

㈣　一方、高速増殖炉の建設費を軽水炉の一・一倍以下に押さえるのは、技術的に無理だとされている。原子力メーカーは、とりあえず、軽水炉の一・五倍を目標に研究を進めていると言われるが、コスト低減のための諸方策のうち、冷却ナトリウム系配管をループ型からタンク型に変換する（二、2、㈡参照）ことは、地震の多いわが国では耐震構造上危険であり、原子炉規模を引上げることはベース電源（1、㈤）の幅の制約から経済的に難があるなど、いずれも困難な状態である。

また、新聞報道によれば、被告動燃は、高速増殖炉建設費を軽水炉の二倍を努力目標に設計研究を進めており、「電力業界の求めている一・五倍以下というのは難しい」と担当者が発言したと伝えられる。

「もんじゅ」に関しても、昭和五七年から五八年ころ、原子炉メーカーは、建設に必要な資材量を軽水炉の八倍程度と見積り、建設費見積り額として約一兆円を計上したところ、被告動燃が金利負担をするなどの条件で交渉がなされ、現在の見積り額五九〇〇億円となった経緯がある。

㈤　このため、機器発注に期待をかけている原子力施設関係メーカーと、高速増殖炉による「高い電力」に不安を示す電力業界の間に意見の相違があり、高速増殖炉開発体制の中に足並みの乱れが生じている。

3　**原子力発電は石油、石炭火力発電に対抗できない**

㈠　資源エネルギー庁の試算によると、現在、電力キロワット時の単価は、石油火力発電の場合、一七円、石炭火力発電の場合、一四円、原子力発電の場合、一三円とされている。

しかし、右の試算には、廃炉費用、高レベル放射性廃棄物の処理費用は含まれておらず、これらをキロワット時あたり一円三〇銭（一割）と見込んだ場合、原子力発電単価は一四円三〇銭となり、石炭火力発電を上回ることになる。

原子力発電コストの大部分は、莫大な建設費であるため、建設費コストが軽水炉よりはるかに多額である高速増殖炉の場合（三、5で前述）、発電単価は、石炭、石油火力発電をはるかに超え、キロワット時あたり二一円とされる水力発電を上回る可能性がある。

㈡　原子力発電推進は、石油、石炭などの火力発電資源の枯渇及び価格の高騰の見通しの中で計画されたものである。

しかし、わが国を初め（1で前述）、諸外国での電力需要の減少が影響して、石油、石炭資源はむしろ大幅にだぶつくことが判明した。

第二次石油ショック以後、石油、石炭価格は低下を始め、現在も低落を続けている。

石油、石炭火力発電と原子力発電は、電力需要変動に対応することが難しく、ベース電源供給に使用せざるを得ない（1、㈤で前述）点で、競合する電力源である。右の事情のため、原子力発電、特に高速増殖炉による発電が火力発電に対抗することは将来にわたり、ますます困難となっている。

4　原子力発電は石油、石炭を浪費する

また、原子力発電は少なくとも、石炭、石油など再生のできない化石エネルギーを節約する点で勝っているという点が開発計画の根拠とされてきた。

しかし、原子力発電のためのウラン鉱石採掘から燃料加工、プラント建設、その保全、核物質輸送、使用済燃料の再処理、廃棄物処理などに要するエネルギーの総計によれば、原子力発電の石油資源節約の効果は大きいものでなく、条件次第では、むしろ石油火力発電よりも大量に石油を浪費するものである。

右の事情は、すでに一九七〇年ころ、イギリスの科学者により指摘されており、これを重要視したアメリカ政府や当時の科学技術庁も研究機関に計算を委託している。

科学技術庁の委託による計算結果は、原子力発電の設備利用率が常に七〇パーセントを上回り、低レベル放射性廃棄物は海洋投棄するなど、今日では非現実的となったさまざまな前提を用いて、ようやく原子力発電が火力発電より石油節約的であるとするものである。

今日では、右のような前提がなり立たないものであることは明らかである上、高速増殖炉は軽水炉よりも核燃料サイクルが複雑である（三で前述）など、軽水炉よりも更に石油浪費的であって、エネルギー

収支の上からも経済性は立証されていない。

5　原子力発電は石油を代替できない（C重油ネック問題）

前述（3）のように、原子力発電は石炭、石油火力発電と競合的であり、石油、石炭火力発電の果していたベース電源に置き代えられるものと位置づけられてきた。

ところが、わが国は、石油に関しては、原油輸入の方針を取っており、ガソリン、ナフサなど石油製品の輸入は認められておらず、重油など石油製品の輸出も、昭和五〇年一二月以来、原則として行われていない。

そのため、原油からガソリン、ナフサ、灯油などを除いた残り（いわゆるC重油）が大量に産出されることになるが、このC重油の主な使途は国内の火力発電である。

現在、すでにC重油は大量に滞留し、いわゆるC重油ネック問題を起しているところ、原子力発電によって石油火力発電を置き換えるならば、右の問題はますます深刻化し、わが国の石油業界に重大な危機をもたらすことになる。

前述（4）のように、原子力発電は石油浪費的であるが、その場合の石油はガソリンなどの動力源であって、C重油問題を深刻化することはあっても、解決するものではない。

わが国の原油輸入主義は、ガソリンや灯油などの安定供給のためであって、簡単に放棄しうるものではなく、今後、輸入石油の重質化、ガソリン、ナフサなどの需要増加によってますますC重油の滞留がはなはだしくなる見通しであることを考え合わせるならば、高速増殖炉開発によって、石油火力発電を置き換える方針は何ら合理性がないといわざるを得ない。

五、高速増殖炉運転に伴う諸問題

1　稼働率の低さ

(一)　原子力発電の建設コストは、一般に非常に高額であるところから、完成した施設の稼働率（設備利用率）を極度に高めなければ採算が取れないという特徴を有し、稼働率は八〇パーセント以上であることが望ましいとされている。

ところが、わが国の軽水炉の運転実績を見ても、右の稼働率八〇パーセントには遠く及ばず、事故やそのための運転停止、設備検査がひんぱんに行われたことから、稼働率は低迷してきたのであって、昭和五八年にようやく七〇パーセントに達したにすぎない。又、稼働率を高めるための定期検査の手抜きによって、事故が相次ぐようになっている。

例えば、昭和六〇年二月一八日、高浜二号炉の蒸気発生器細管の損傷により炉停止をした事故、同年五月一三日、敦賀一号炉で非常用復水器の蒸気配管の格納容器貫通部付近の漏洩から原子炉が手動停止した事故、同年六月二五日、調整運転中の女川原発で主蒸気隔離弁が全閉し、原子炉がスクラムとなる事故が続々発生している。このように、経済性を重視し安全を犠牲にした原子炉運転強行は、周辺住民に重大な危険をもたらす重大事故寸前の状況といっても過言ではない。

(二)　高速増殖炉の場合、前述（二及び四、2）したように、軽水炉よりはるかに建設コストが高額であることから、高い稼働率を維持することは至上命令と言える。
㈢ 高速増殖炉については、前述（第一部、第二）のように、国内では稼働実績がなく、稼働率の高さは実証される段階ではない。フランスの原型炉「フェニックス」については、前述（第一部、第四、二）のように、稼働率は、商業ベースに乗せることは問題外であるほどの低さである。
㈣ 高速増殖炉については、技術的に未解決の問題が多い上、後述（第四部）のように、特有の危険性を有するのであって、安全確認のため、稼働後の停止、施設検査はひんぱんかつ厳格に行うことが要請される。このため、稼働率は当然低下することが予想される。
軽水炉についても、昭和五〇年代半ばころまで右と類似の事情があり、稼働率は年平均約四〇～五〇パーセントからゼロまでという低迷状態を続けていた。
高速増殖炉については、運転実績を積み重ねたとしても、ナトリウムによる配管腐蝕や、放射性物質の蓄積など、施設の老朽化に伴う問題が新たに出現すると考えられ、稼働率の上昇は期待できない。
㈤ また、長期にわたる電力需要の低迷（四、1で前述）から、電力供給設備が過剰になった場合、発電施設を遊休させておく必要が生じるが、これにより、稼働率は当然低下する。

2 **事故による非経済性の増大**

㈠ 高速増殖炉において事故やトラブルが生じた場合、その施設の運転を中止して施設を検査する必要があるのは当然であり、実用化段階に入っていれば、他の同型炉についても同様の処置が必要となる。

これによる稼働率の低下は右と同様である。

(二) 右に加えて、事故被害が生じる場合には、その被害の巨大さと悲惨さは軽水炉とは比較にならない規模に至る。

「もんじゅ」の事故災害評価については後述(第五部、第六)のとおりであるが、一般に、高速増殖炉の事故は、ナトリウム反応爆発によって拡大される傾向がある上、放出される放射性物質はプルトニウムを初め、毒性、放射性が強く、その放射性が容易に低減しない物質が多いため環境に与える影響は極めて大きい。

多数の人命被害、広大な土地の住民移住と除染、国民全体の恐怖と不安感、産業各領域における混乱など、波及被害は測り知れないものがあり、被害額も国家予算規模に昇るものである。

3 プルトニウム増殖の虚構性

(一) 高速増殖炉は、その運転に従い、核燃料物質(主にプルトニウム)の消費量以上に新たな核燃料物質を生み出すというメリットがあるとされてきた。

しかし、前述(第三部、第二、二)のように、右核燃料物質増殖の効果は極めて緩慢なものであり、その経済的意義は言うに足りないものである。

(二) 右増殖速度は高速増殖炉の稼働率に比例するものであるが、稼働率が低い(一で前述)場合には、倍増時間(ダブリング・タイム)は予定されたものよりはるかに長くなり、高速増殖炉を建設する意義は全くなくなる。

(三) 高速増殖炉の使用済燃料の再処理技術が未だに開発されていないことは前述（第四）のとおりである。

これは、核分裂性物質が多少「増殖」したとしても、これを取出して使用することができないことを意味する。

(四) 右の事情から、高速増殖炉の意義を、主に軽水炉の排出するプルトニウムを利用しうる原子炉という点に求めようという考え方がありうる。第二、二で述べたＩＡＥＡシンポジウムにおける西独のＷ・マルス氏らの「高速炉は増殖を行う必要はない」との発表も、このような考え方に基づくものである。

しかし、従来の軽水炉においても、ウラニウムからプルトニウムへの転換があるのはもちろん、プルトニウムの核分裂反応によるエネルギー放出も行われているのであって、条件により、軽水炉出力の四分の一から三分の一はプルトニウムの核分裂によっていると言われる。

莫大な費用と高い危険性を無視してまで高速増殖炉を開発する意義はここでも疑問視される。

(五) 前述（第一部、第四。第三部、第五、一、２及び四）のように、諸外国の原発開発状況、国内での電力需要低迷等により高速増殖炉等のプルトニウム燃料需要増は当分見込めない状況である。

高速増殖炉によるプルトニウム増殖効果は、右のように、経済的にはほとんど意味がないほどの量であるが、保管、取扱いともに困難なプルトニウムを「増殖」するという発想そのものが、すでに意味を失っていると言える。

六、高速増殖炉開発計画の問題性

1　国家予算支出に支えられる高速増殖炉開発

㈠　高速増殖炉の開発は、巨額の国家予算支出によって進められてきた。

たとえば、「もんじゅ」建設費見積り五九〇〇億円のうち、一〇九〇億円（軽水炉建設相当といわれる）が電力会社、二九〇億円が原子力機器メーカーの拠出に頼ることになっているが、残余の四五二〇億円は政府が支出する予定になっている。

商業的には採算の見通しが立たない高速増殖炉の開発が今日まで進められてきた理由は、右のような国の全面的な経済支援体制にある。

㈡　右の予算支出のうち、電源特会多様化勘定などは、販売された電力量に対して課税される電源開発促進税でまかなわれている。

これにより、既存の火力発電などによる電力の価格に高速増殖炉開発費用が上積みされることになり、一般に「高い電力」をもたらしている。

㈢　電力料金が高いため、産業界は一層エネルギー寡消費型へと構造変化を強め、電力需要がますます低迷する（四、1で前述）という現象を起しており、高速増殖炉開発の条件は急速に悪化している。

電力需要の低迷のため、右税収入も伸びず、国の予算支出も窮地に立っているといわれる。

2　電力料金を押し上げる高速増殖炉開発

(一)　高速増殖炉の開発は、今後、電力会社が事業主体となって施設建設、運転を担当し、国（動燃事業団）が研究主体となるという方針が立てられている。

(二)　現行の電気料金決定は、いわゆるレートベース方式であり、固定資産、核燃料、建設中資産、運転資本などを基本とするいわゆるレートベースに適正利潤（八パーセント）を上乗せしたものを元に電力単価を出すというものである。この方式では、発電コストが高額であることは、利潤の低下を意味せず、むしろ、レートベースを増大させることにより、利潤をもふくらませることになる。

(三)　それにもかかわらず電力業界は、自らが事業主体となって高速増殖炉開発を進めることに難色を示しているといわれる。

高速増殖炉の非経済性が広く認識されていることがその理由であり、電気料金の値上げを続行することによって、電力離れを更に促進し、「第二の国鉄」となることを懸念しているとされるのである。

七、結語

以上のように、高速増殖炉開発を継続することには、経済的、社会的メリットが皆無なのであり、開発の一環である「もんじゅ」の建設についても同様である。

したがって、右建設には何らの公共性が認められないのみならず、原子力基本法、原子炉等規制法、原子力損害賠償法等は、このような原子炉の建設を予定しているものとは考えられないのである。

第六　「もんじゅ」建設強行は基本的人権を侵害するプルトニウム社会をもたらす

一、プルトニウムはなぜ社会の管理強化を生み出すのか

プルトニウムが原子力爆弾の材料であり、猛毒物質であるため、社会の管理強化を生み出す。

1　プルトニウムは原子力爆弾の材料である

㈠　プルトニウムは、長崎の原爆に用いられた物質であり、核兵器物質の主役の座についている。

その理由は、第一に、プルトニウム二三九の「臨界量」は五～一〇キログラムであり、プルトニウムの質量数二三九の同位体はウラン二三五よりも少量で核分裂を起こすからである。

第二に、プルトニウムが天然ウランの九九・三％を占め、核燃料とならないウラン二三八からつくられ、かつプルトニウム二三九の半減期が二万年以上と長く、比較的安定しているからである。

第三に、プルトニウムが容易に分離濃縮できるからである。ウラン二三五は、ウラン二三八と化学的性質が同じなので、濃縮は非常に難しいのに対し、プルトニウムは性質が異なるので化学的に分離する

ことが可能である。

これらの利点のため、プルトニウムはただちにマンハッタン計画にとり入れられ、発見後わずか数年で核爆弾となって長崎に投下されたのである。

このようにプルトニウムによって核爆弾を作ることは容易であるが、一〇キログラム程度のプルトニウムで簡単な爆弾を作ったとしても、その威力はTNT火薬の数千トン分にも相当するものとなる。

(二) そして、再処理工場で抽出されたプルトニウムは、簡単に原爆用に転用されるのである。一九七四年の五月、インドがプルトニウム爆弾の核実験に成功したが、この実験で、カナダから導入されたCIRUS炉で作られたプルトニウムが、小さな再処理施設を用いて抽出されて用いられたのはこの一例である。

(三) このような再処理工場で抽出されたプルトニウムが簡単に原爆用に転用されるという警告に対して、原子力産業界は、「原子力産業からのプルトニウムは原爆材料にならない」と反論している。その理由は、今後、原子力発電では、経済性をあげようとしてウランの燃焼度を上げる、したがって、生成するプルトニウムの中には、プルトニウム二三九にまざってプルトニウム二四〇が増えてくる。プルトニウム二四〇は核分裂性ではないから、原爆材料にはならなくなる、というのである。

しかし、核分裂性でないプルトニウム二四〇が増えるといっても、二〇~二五%程度混入してくるにすぎないし、原爆の性能を犠牲にすれば、この程度で十分原爆に使うことができる。

そもそもプルトニウムや再処理、原子力技術一般も、もともと原爆製造計画から出発したものであり、平和利用技術は軍事技術の基礎の上に開発されたものであるから、「軍事利用」を「平和利用」へと向けるには、大変な努力がいるが、その逆はきわめて容易である。

(四) ところで、プルトニウムは、再処理工場で取出される。そして、再処理工場でプルトニウムを取出すのは、高速増殖炉の燃料とするためとされている。

したがって、高速増殖炉を建設することは、原爆材料であるプルトニウムを多量に作り出すことにつながるわけである。

このように、プルトニウムが核兵器の生産と密接不可分である以上、核不拡散のため、あるいは軍事機密を守るためとして、国家が非民主的で極端な管理を行うことが十分考えられる。

したがって、いま高速増殖炉の建設を許すか否かは、国民の権利を侵害する管理社会になることを許すかどうかの選択となる。

2 プルトニウムの猛毒性

プルトニウムは、この世のなかで最も毒性の強い元素といわれるほどの猛毒元素である。

プルトニウムは、アルファ線を放出する。アルファ線は、体内を一ミリの何十分の一も走るととまってしまう飛距離の短い放射線であるため、放射性物質が体外にあるときにはその被曝による影響はほとんどない。

しかし、プルトニウムが体内に入ると、逆にその周囲の狭い範囲に強い被曝を与え、ガンなどの原因となることは第二部で前述したとおりである。

特にプルトニウムは、その酸化物が細かい粒子となって飛び散りやすいため、空気中を浮遊し、肺に入りとりこまれることがある。

プルトニウムの致死量は一グラムの数万分の一といわれ、一〇〇万分の一グラム、さらにそれよりずっと少量のプルトニウムがラットや犬にガンを発生させることが実験によって知られている。

このように、プルトニウムが猛毒物質であることから、紛失や盗難、事故が起こらないよう十分注意することが要求される。そしてこのことは、必然的に管理を強化することにつながるのである。

3 「もんじゅ」の建設は管理社会を招く

(一) 一九八二年六月に出された原子力委員会の長期計画によれば、今世紀末から二一世紀初めにかけて、日本の原子力発電が本格的にプルトニウムを利用する「プルトニウムの時代」に入っていく構想が明らかにされている。そして、八二年から一〇年間は、五兆四〇〇〇億円という巨大な投資を通じて「プルトニウムの時代」に備えた開発を行っていく時代であるとされているのである。
(二) この「プルトニウムの時代」の中心は、いうまでもなく再処理工場と高速増殖炉である。
(三) そして、高速増殖炉におけるプルトニウム利用のためには、核燃料サイクルの確立を必要とする。
しかし、核燃料サイクルに沿って単体抽出されたプルトニウムが何トンと生産流通するようになれば、核拡散の流れは、技術的にはもはやとどめることが不可能である。

プルトニウムが原子力爆弾の材料であり、猛毒物質であることから、国家が政治的、社会的手段を通じて核拡散を防止し、軍事機密を守ろうとすればプルトニウムに対する厳重な管理を必要とする。また、そのことを口実として国家が国民の生活全般にわたって管理を強化することが考えられる。

(四)「プルトニウムの時代」とは、社会のエネルギーの少なからぬ部分をプルトニウムに依存したような社会であり、このような社会は核管理社会とならざるをえない。

もんじゅの建設は、このような社会、時代への突入を意味しているのである。

二、核管理社会を狙う原発推進勢力

1 管理強化の狙い

このような状況に対応して日本政府や原子力産業界は、積極的な管理（核物質防護）強化策を打ち出している。政府機関がおそれるのは、日本の核技術が核武装をねらう他の国に利用されることと、核ジャックなどの行為でプルトニウムが他の国や国内の一定グループに奪われることだという。政治権力をもつものが、自らの存在を脅かされるような行為に対して恐れをもつのは当然であろう。

しかし、原子力発電所にもぐり込んだところで簡単にプルトニウムをもち出せるわけではなく、また、プルトニウムを仮に入手できたとしても、特殊な技術も施設もない素人が自ら放射能による危害を受けずに手製原爆を無事作ることは極めて困難である。

とすれば、プルトニウムという物質の本質的な危険性はあるとしても、ことさらに「核ジャック」が強調されるのは、むしろそうした口実のもとに、電力会社内の労務管理を強化し、また、発電所建設に対する反対運動への市民社会の警戒心を醸成し、反対運動を孤立化させる狙いがあるからである。

2　労働者の管理

㈠　なぜ、労務管理を強化する必要があるのか

一九七九年七月一八日から二〇日にかけて開かれた関西電力労組の定時総会において、高浜原子力発電所職場の組合員から、「原発職場ではミスが絶対に許されないことが心の負担になり、運転員の六〇パーセントが現在の職場を離れたがっている」との報告がなされた。

一九七九年四月四日付電気新聞の「焦点」欄も、「若い社員が原発勤務と聞いて、両親と水盃で別れてきた」とかの例をあげていうとおり、「社員教育を徹底的にやり、現場要員の技量アップを行っても、反原発の人々を『社内』から絶滅することは無理だろう」と書いている。

このことに見られるように、原発推進派にとって本当に恐ろしいのは「核ジャック」などではなく、原発を推進すること自体が必然的にうみ出さざるをえない労働者の動揺なのである。

その動揺を抑え込むために、労使協調的な労働組合をも活用した人事管理と、厳重な警備体制による威圧感と、「過激派」という仮想敵を与えての思想教育とがフル動員され、労働者同士の相互スパイ網のフルイにかけて落とされた者には、徹底した差別と排除が用意される。

㈡　このような労務管理の具体例として、採用前、採用後において個人のプライバシーに関わる調査を頻繁に行うことがある。

保安警備コンサルタントと岩崎通信機が共同で作成したパンフレット「原子力発電設備の核物質的防護システムについての提案」（七八年八月）は、「保安警備の効果をより高めるために、法の許可する範囲で、従業員（警備員を含む）や下請作業員など施設に出入りする者に対して調査を実施し、スクリー

ニングをしておく必要がある。従業員調査には、採用にあたっての採用前調査と、現在雇用中の従業員に対する従業員調査の二種類がある。いずれの場合も、家庭状況・交友関係・性格・勤務状況などについて調査を実施するが、その結果、不正行為や不法行為・不当ストライキなどを行うおそれのある徴候を見出した場合は、不採用あるいは配置転換などによって事前に防護の処置をとる」と述べている。

㈢　このような労働者管理の苛烈さをあらわすものにカレン・シルクウッドが死亡した事件がある。

一九七四年一一月一三日の夜、オクラホマ州カーマギー社の女性技術者カレン・シルクウッドは、ハイウェーで「交通事故」を起こし、死亡した。彼女は、プルトニウム燃料の溶接の欠陥やデータ捏造の事実を証明する資料などを携えて内部告発のため新聞記者らに会いに行く途上で事故に遭ったのだ。彼女の車から、その資料は消えていた。全米石油化学原子力労組（OCAW）が派遣した専門家の調査では、後から別の車で追突されたと結論された。つまり、何者かによって彼女は殺された可能性が強いのである。

事故の直前には、彼女のアパートの部屋、冷蔵庫内の食品などがプルトニウムで汚染され、彼女自身の体内からもプルトニウムが検出された。これらは、故意によるものと思われる汚染であった。一九八四年一月一一日、遺族が起こしていたこの汚染の賠償を求めた裁判で最高裁は、カーマギー社に対し懲罰的賠償一〇〇〇万ドル、人的損害賠償五〇万ドル、資産への損害賠償五〇〇〇ドルを命ずる判決を下した。この判決によってカーマギー社のプルトニウム管理上の手落ちがはっきりした。

彼女の死因については、判決ではっきりした結論が出たわけではない。

しかし、彼女の死後、組合やNOW（全米婦人連盟）、カレンの両親などの努力によって次のような恐るべきことがわかった。

まず、カレンは、会社側に行動をすべて見張られていた。自宅には盗聴装置がつけられ、電話もすべて盗聴されていた。組合のミーティングの翌朝には、工場の幹部会で、きのうこれこれの事が話し合われていた、と報告されていたという。

さらに、工場の保安主任は、以前、オクラホマ州警察の諜報部を作った人物だった。オクラホマ州では、本人の許可なくして盗聴をしてはいけないことになっていたが、州警察の諜報部には最新型の盗聴器具が備わっていた。しかも、諜報部員は、フロリダ州の学校で盗聴技術を学んでおり、彼女以外の者に対しても不法な盗聴行為をしていた。

これら一連の事件は、核管理社会の陰湿さと非人間性の象徴ともいえる事件である。

さらに、事件後カーマギー社は、施設をいったん閉鎖、「機密保護のための防衛策」と称する従業員の総点検を行い、うそ発見機を使った私生活調査を行ったのである。テストを拒否したり、テストで不合格となった者は、解雇あるいは配転を強いられた。

このように、原子力産業においては、情報と人間の管理が徹底して行われているのである。

3　住民管理

㈠　地域住民は、憲法九二条が規定する住民自治の原則から、原子力開発の是非を問う意思決定の主体であるべきにもかかわらず、現状は、管理の客体となってしまっている。

㈡　まず、住民に対する管理として徹底的な情報収集と警備活動がある。

たとえば、田原総一朗著『原子力戦争』（筑摩書房）は、福島原子力発電所の地元における東京電力社員の地域住民への徹底した情報収集活動を、「東電の原発地帯はＴＣＩＡ（Ｔとは東京電力の頭文字）の厳戒態勢」と表現している。

また、一九七七年九月七日付の日本経済新聞は、警察庁が、原子力関連の諸施設などに「事前チェック制による見学者の規制」を申し入れたことを報じた。施設側ではチェック機能がないため、「警察側が通報を受け、過激派であるかないか、『問題人物』であるかなどについて協力を約したものとみられる」。ということは、すなわち、警察側ではすでにそれだけ情報が蓄積されていること、迅速な情報収集・処理能力があることを宣言したものといえる。

一九七九年一〇月二日付の福井新聞によれば、警察庁の山本鎮彦長官が一日、福井県警本部で記者会見し、次のように述べている。「核ジャックなど直接的な犯罪の可能性も否定できないが、国際的な警備が必要だ。当然、武装警備となり、五四年度はその内容を含めて予算要求している。現状では、外勤パトロールを強化し、原発管理者と連絡を密接に行う。反対運動に対しては、情報収集に全力を挙げており、行動がエスカレートすれば直接対処しなければならない。」

このように事故や核ジャックの対策を口実に原子力発電所警備がますます強化されつつあるが、実は、反対運動をこそ敵視しているのである。

そして、八〇年三月二四日には、福井県敦賀市の県警自動車警察隊嶺南分駐隊が、八人から一五人に倍増となった。翌二五日付の福井新聞で、県警本部の絹谷警備課長は、この増員は、核燃料輸送など原発周辺の警備という仕事も含まれている旨述べており、また、「将来は特別警ら隊を作ることもありうる」

と語っている。

㈢　住民に対する管理として次に問題となるのは、核燃料輸送における異常な厳戒体制である。たとえば、一九八四年一一月一五日午前二時二五分、フランスで再処理されたプルトニウム一八九キロを積んだ晴新丸が東京港に入港してきた場合も、次のような厳戒体制が敷かれた。「湾内には、海上保安庁の巡視艇、警視庁の警備艇合わせて二八隻が集結。空にはサーチライトを光らせたヘリコプター四機。岸壁には警視庁機動隊三〇〇人が出動。陸・海・空から厳重な警戒体制が敷かれた。さらに一三号埠頭に通じる国道では厳しい検問が行われ、一般人の東京湾立ち入りは一切禁止された」（NHK『サラリーマンライフ』一九八五年六月号）。しかも、「三、核管理社会の特色」で後述するように、一切が秘密とされ、港の管理事務所や地方公共団体は何ら報告を受けていなかったのである。

㈣　同様に、意思決定の主体たるべき住民が管理の客体となってしまっているものに、公開ヒアリングがある。

これまで公開ヒアリングは、全国で合計一四回開かれているが（通産省が主催する第一次が六回、そして原子力安全委員会の第二次が八回）、島根原子力発電所二号炉の安全審査にかかわる公開ヒアリングを除いて、原子力発電所の立地に反対する反対派の参加は、一度として実現したことはないのである。それだけでなく、たとえば柏崎原発二、五号炉増設のための「第一次公開ヒアリング」（一九八〇年一二月四日）において、八千余人の反対派が柏崎市武道館を取り巻き、徹夜で阻止を図ったが、通産省は前夜から陳述人らを会場内にもぐり込ませ、機動隊の暴力を借り多くの負傷者を出してまで、ヒアリングを強行したのである。ここにおいて住民は、原発推進派にとって排除や管理の客体とされてしまっているのである。

また、唯一反対派の参加のあった島根における公開ヒアリング（原子力安全委員会主催）も二日間だけで、しかも一人の陳述時間は一〇分程度と短く、資料を入手できたのは期日の三日前にすぎなかった。また、反対派住民の厳しい追及に通産省側は何ら答えることができず、生産的な討論がなされたわけではない。

以上のように、日本においては、公開ヒアリングが一方的に行われており、米・独両国において、住民参加が法的に裏付けられ、かつ公聴会が長期にわたって論議を尽くして行われているのと著しい対照をなしており、住民参加は全く行われていないといってよい。

三、核管理社会の特色

1　情報の非公開

核管理社会の最大の特色は、秘密主義（非公開）ということである。

㈠　まず、資料が次第に非公開となっていることが挙げられる。ウラン濃縮工場やプルトニウム転換工場の実態については、基本的なデータさえも公開されなくなっており、それらの施設の設置許可申請書などの安全審査の資料もすでに公開されなくなっているのである。施設や審査の密室化が進んでいる。

㈡　次に、原子力基本法の「公開の原則」の見直しがある。たとえば、七九年九月二九日付の朝日新聞が報じたように、日本原子力産業会議は、原子力基本法の「公開の原則」の見直しと、公開に一定の制限をつける方向で法改正や新しい法的制度の創設の検討を始めている。公開が「核乗っ取り」や核拡散の危険を懸念させる場合には、むしろ一定の非公開制度を敷くことが「平和利用」の趣旨に沿うことを理由としている。

しかし、「自主・民主・公開」の原子力三原則は、原子力「平和利用」を保障するために掲げられたものである。したがって、「平和利用」のために「非公開」を主張することは、立法趣旨に明らかに反するのである。

そして、国家が一切の情報を管理し、公開の制限を行うことは、国家が核武装化することを国民がチェックする機能を大幅に損うことになる。このことは、「平和利用」を規定した同法二条に反している。また、情報公開の制限が行われることは、国民の手による安全性のチェックの機能も大幅に損われることを意味する。このことは、「安全の確保を旨として」と規定している同法二条に反する。

㈢ 次に、秘密主義で問題となる第三の点は、放射性物質等の輸送経路の非公開である。

核燃料物質等の運搬の届出等に関する総理府令二条は、届出書を発送地を管轄する都道府県公安委員会（以下「公安委員会」という）に提出しなければならないと定め、同三条は、二条の届出を受理した公安委員会は、当該届出に係る運搬が他の公安委員会の管轄にわたるときは、他の公安委員会に核燃料物質等の運搬の日時及び経過などを通知しなければならない旨定めるのみである。

ゆえに、運搬に関する出発地、通過、到着地や事故などについては、公安委員会しか知らず、地方公共団体そのものには何ら知らされないのである。

その結果、たとえば、京都市の消防局長は、一九八一年一一月一九日、核燃料輸送に伴う事故対策を問う住民からの公開質問状に対し、「これまで何度も府公安委員会に情報の照会をしたが返事がない。このため、いつどんな核燃料が市内を通るかまったくわからない」と回答している。これでは、消防署が万一の事故に際し、市民の安全を守ることは全く不可能というしかない。

このことは、前述した一九八四年一一月一五日に東京港に戻ってきた晴新丸の場合も同様であった。東京都には、一切何ら知らされず、港の管理事務所は、港内の他の船舶などへの広報も、防災対策も実施する術がなかったのである。東京都は、被告動燃に電話をして、ようやく船が入港してくるという事実を知ることができたのである。しかもこの場合、詳しい到着日時や輸送経路などは知らされず、電話による問い合わせを行っても何ら知らされなかったのも同然であった。晴新丸の場合は、フランスから日本へ至るすべての輸送スケジュールなども、一切極秘事項とされた。

以上のような徹底した秘密主義が貫かれているため、住民は自らの身の安全についての情報を全く与えられず、一切を何者かに委ねなくてはならないのである。核燃料輸送における警備体制と徹底した秘密主義は、「核から国民をではなく、国民から核を守ろう」とするものである。また、危険な核輸送に対し、市民の反対の声が高まることを恐れているのである。

このことは、一九八四年八月、ベルギー沖で起こったウランを積んだフランスの貨物船モンルイ号の沈没事故において特に顕著になった。フランス当局及びモンルイ号を所有する海運会社ジェネラル・マリティーム社は、モンルイ号の積荷を医薬品と発表し、通常の海難事故として処理しようとしたのである。グリンピースと呼ばれる、環境保護を目的とする国際組織が「核燃料」記載の積荷リストを入手してはじめて真相を明らかにすることができたのである。

2　核テロリズムに名をかりた反原発運動の抑圧

次に、核管理社会の第二の特色として、核テロリズム防止に名をかりた反原発運動の抑圧ということがある。

(一)　まず、市民が原子力に関することを知ろうとしたり、反対を唱えること自体を不穏な空気としてチェックすることがある。

たとえば、栗本英雄大阪府警本部捜査第二課長は、「核物質防護をめぐる諸問題」（警察学論集八三年九月号）において、「〝核ジャック〟等に関連する国際動向及び国内動向に重大な関心を払い、テロリスト等の企図を萌芽的段階において早期に把握し、不法事案の未然防止に努めることが極めて重要である」と述べている。この「萌芽的段階」というのが何をさすか不明確であり、行動の事前抑圧となることが考えられる。そして、原子力に関することを知ること自体を不穏な空気としてチェックする危険性が高い。

このことは、個人の内心に警察権力が介入してくることを意味し、また、客観主義的・自由主義的刑法理論と全く相容れないものである。

(二)　次に問題となった事案として、核燃料輸送の監視行動を読売新聞が二度「核ジャック」を企む「過激派」と報道したことがある。

これは、島根原発への核燃料輸送に際し、名神高速沿線住民へのビラ配布と乗用車を使っての監視行動を、読売新聞大阪版の一九七九年一一月一三日夕刊と一四日朝刊は、「乗っとり図る過激派／狙われた？『狼』判決の直後」と大見出しのトップ記事を載せた。これについては、後に訂正記事が掲載された。しかし、一九八二年二月二四日夕刊においても再び監視行動を「核ジャック」扱いした記事が載った。これについても訂正記事が出されている。

㈢　また、核テロリズム攻撃やアカ攻撃によって、反原発運動の弾圧に根拠を与えようとする動きすらある。

たとえば、七九年末から八〇年初めにかけて、警視庁の「自警」や茨城県警の「警友」など全国の警察本部の部内誌において、福田信之筑波大副学長（のち学長）は、原発反対運動の狙いは「工業先進国の産業を崩壊させて経済社会的混乱をひき起こし、共産革命を達成させることにある」と述べており、不当なアカ攻撃を行っている。

3　**警察権限の飛躍的強化**

㈠　次に挙げられる問題点として、反原発運動の抑圧につながる警察権限の飛躍的強化ということがある。

前述の栗本英雄氏は、同論文において、「〝核ジャック〟等のテロ行為を将来にわたって真に抑止していくため」には「政府、事業者による核物質防護制度の確立」が必要であり、「警察の果たすべき役割は大きく、任務は重いものと考える」と述べている。そのためには、「原子力施設及び核物質の輸送等に関する警戒活動の強化と緊急時の対応能力の向上を図ることが肝要である。すでに、当面の治安情勢を勘案し、その体制を強化するため、警察官の増員と装備資器材の整備を行っている」と述べている。

㈡　そして、警察権限について、「現行法では、核物質の輸送を除き、警察法、警職法、刑訴法等に基づく職権行使しか行えないが、我が国における核物質防護制度を真に確立するためには、新たに核物質防護にかかる行政権及び即時強制権等の警察権限の新設についても検討を要する。具体的には、核物質の輸送のみならず原子力施設に関しても同種の権限を新設する必要がある」とまでいっている。しかし、「核物質防護にかかる行政権及び即時強制」を認めることは、警察権限の飛躍的強化となり、濫用の恐れが強く、反原発運動の弾圧を唯一の目的としているものと断ぜざるをえないのである。

4　情報操作の危険性

(一)　核管理社会の第三の特色として、情報操作がある。

栗本英雄氏の同論文は、「原子力の安全確保対策の推進と的確な広報活動」という項目を挙げて論じているが、このことは情報操作の危険性につながるものである。

(二)　現在においても、圧倒的物量による推進PR（PA・パブリックアクセプタンス）活動がなされている。

特色は、第一に、短絡的なコピーを使い、視覚にまず訴えていることである。「たった今、電気がとまったら」「あなた　タイヘン！」といった脅し文句が使われ、「無関心？　無関係？」というコピーを使ったポスターにおいては、男女の抱擁の写真が使われた。エネルギー問題、環境問題、原子力に依存する生活がどのようなものであるかについての誠実な議論は見られないのである。

第二の特色として、建設予定地の住民を「敵」として都市の住民に包囲させ、原発反対の住民運動を地域エゴと決めつけ、おしつぶす方法がとられていることである。「環境問題などもあって、発電所の新増設がなかなか難しくなっています」と訴える広告は、都市の住民に対し、建設予定地の住民を敵視することを求めているとさえいえる。

㈢　そして、推進PRだけでなく、建設予定地の住民のなかに分け入り、情報操作によって住民相互の人間関係、住民運動を分断し破壊していくCR（コミュニティ・リレーションズ）という手法もPAの一環としてなされているのである。

㈣　このように市民は、本当に必要な情報は秘密主義により知ることができず、情報操作の単なる客体と位置づけられているのである。

四、憲法に違反するプルトニウム社会

1　憲法上の問題点

㈠　プルトニウム社会は基本的人権を侵害する。

(1)　思想・信条の自由（一九条）の侵害

プルトニウム管理を口実とした管理強化社会においては、二、及び三、2で述べたように、個人の行動以前の思想・信条が問題とされる。そうだとすると、大多数の個人の思想・信条を不断にチェックすることにつながる。このことは、憲法一九条の思想・信条の自由の侵害となる。

(2)　プライバシー権（一三条）の侵害

国家は、軍事機密であるプルトニウムに関する情報が国民に知られないよう徹底した秘密主義を貫く。

そして、プルトニウム社会を強固に維持するため情報操作を行い、国民を管理しようとする。

そのためには、前述したカレン・シルクウッド事件に見られるように秘密に近づこうとする者をそれ以前に把握し、統制する必要がある。そして、情報操作のためには、客体である国民をできるだけ細かく分析する必要性が存する。

したがって、プルトニウム社会にあっては、国家は、必然的に個人一人ひとりのプライバシーまで把握しようとするのである。このようなプルトニウム社会への道を開く「もんじゅ」建設は、プライバシー権（一三条）の侵害である。

(3) 人格権（一三条）の侵害

プルトニウム社会に突入することをいったん選択すると、プルトニウムを管理するため、長期にわたり極度の管理社会となり、他の社会の選択が不可能となる。このことは、個人の人格のいかんにかかわりなく個人が管理の客体として、一定の社会のもとで生存することが強制され、個人の自己決定権が奪われていることを意味する。プルトニウム社会においては、個人の人格の自由な発展は阻害される。したがって、「もんじゅ」建設は個人の人格権を保障した憲法一三条に反する。

(二) プルトニウム社会は民主主義を否定する。

(1) プルトニウム社会の選択にあたり、民主主義（前文・一条・四三条）が無視されているし、また、プルトニウム社会は、民主主義と相容れないものである。すなわち、プルトニウム社会を選択するか否かは、国民生活全般に長期にわたる重大かつ深刻な影響を与える事項であるから、その選択にあたって少なくとも国民の徹底的な討議を経ることが不可欠である。

(2) それでは、プルトニウム社会への突入を意味する「もんじゅ」建設にあたり、民主的意思決定がなされたか。答は否である。前述のように（第一部、第二、三）十分なヒアリングや住民による徹底的な討議は一切なされていない。

(3) また、プルトニウム社会を選択するか否かは、全国民に極めて重大な影響を与えるものであるから、「もんじゅ」の建設を許すか否かは、本来なら主権者たる国民の代表機関である国会においてこれを決すべきである。しかるに、「もんじゅ」の建設は、一部の専門家の審査を経て総理大臣の許可によってなされたにすぎず、およそ民主的意思決定はなされていない。このことは、憲法に定める民主主義（前文・一条・四三条）に反する。

(4) また、国民を主体としてではなく、徹底して管理の客体ととらえるプルトニウム社会（二参照）は、そもそも国民を主権者＝政治の主体と考える民主主義の理念（前文・一条・四三条）に真向から違反するのである。

以上のとおり、「もんじゅ」の建設は憲法に定める民主主義の原則に違反する。

㈢ プルトニウム社会は平和主義を否定する。

核管理社会においては、情報や核物質を操る権限が非常に寡占化されているため、むしろ国家が核武装することは容易になるのである。

そして、プルトニウムの「軍事利用」と「平和利用」は、密接不可分のものであるから、プルトニウム社会になれば、いつでも核武装することができる。核武装への歯止めは存在しないのである。

このようなプルトニウム社会への道を開く「もんじゅ」建設は、平和主義（前文・九条）を定めた憲法に違反する。

2　原子力基本法上の問題点

原子力基本法は、自主、民主、公開の三原則に立ち、また平和条項を有している（二条）。

㈠「民主」原則に反する

憲法上の問題点の民主主義に反するという部分が基本的に妥当する。

㈡「公開」原則に反する

核管理社会の特色である秘密主義（三・1参照）は、原子力基本法に定める公開原則に反する。たとえば、核輸送に関する法令のうちで、核燃料物質等の運搬の届出等に関する総理府令が地方公共団体への通知を規定していないことは、公開原則に反するものである。

㈢　平和条項に反する

憲法上の問題点の平和主義に反するという部分が基本的に妥当する。

3　結論

以上のとおり、「もんじゅ」の建設は、基本的人権を侵害し、民主主義、平和主義に反するものであり、憲法、原子力基本法に違反する。

表5　放射性廃棄物区分の目安（μCi/ml＝Ci/m³）

	固　体	液　体	気　体
高レベル	$>10^3$	$>10^3$	$>10^{-3}$
中レベル	$10^3\sim1$	$10^3\sim10^{-3}$	$10^{-3}\sim10^{-6}$
低レベル	<1	$<10^{-3}$	$<10^{-6}$
（極低レベル）	$<10^{-3}$？		

「許容濃度」　ストロンチウム^{90}　水中　4×10^{-6}　空中　4×10^{-10}

プルトニウム^{239}　5×10^{-5}　6×10^{-13}

（出典：「放射性廃棄物」原子力資料情報室，1985.5）

表6　原子力発電設備容量の見直しに伴う核燃料サイクル関連諸量の変化

	原子力発電設備容量 (A)	(B)	ウラン精鉱需要量 (A)	(B)	濃縮役務需要量 (A)	(B)	使用済燃料発生量 (A)	(B)	低レベル放射性廃棄物発生量 (A)	(B)
1985年度	2500	2450	8	7	4000	3100	570	680	5	3
			(88)	(85)	(32500)	(32200)	(3400)	(3250)	(51)	(47)
1990年度	4600	3400	15	8	8000	6200	1030	800	5	3
			(132)	(123)	(67800)	(59300)	(7500)	(6950)	(80)	(61)
1995年度	—	4800	—	13	—	7700	—	1300	—	4
			(—)	(177)	(—)	(93400)	(—)	(12400)	(—)	(79)
2000年度	9000	6200	23	26	12000	9500	2300	1600	4	5
			(329)	(250)	(171300)	(137000)	(25000)	(19600)	(120)	(103)
単　位	万kW		千stU_3O_8		トンSWU		トンU		万本(200ℓドラム缶換算)	

注1　表中の上段は単年度の需要量または発生量を示し，下段(　)内は累積の需要量または発生量を示す。
注2　低レベル放射性廃棄物の発生量については，原子力発電所からの発生量を示す。
注3　（A）は1982年6月試算，（B）は今回試算。

（出典：「自主的核燃料サイクルの確立に向けて」総合エネルギー調査会，1984）

表7　低レベル放射性廃棄物発生量

（出典：「放射性廃棄物」原子力資料情報室，1985.5）

施設名			1983年度発生量		1983年度焼却量	1983年度末保管量	
			ドラム缶(本)	その他(本相当)	ドラム缶(本)	ドラム缶(本)	その他(本相当)
原子力発電所	GCR+BWR	東海第一・第二	3, 832	2, 096	0	23, 653	4, 032
		敦賀	2, 744	844	4, 152	26, 491	4, 584
		女川	152	0	0	152	0
		福島第一	24, 091	0	0	186, 247	150
		福島第二	2, 291	0	0	3, 455	0
		浜岡	863	0	1, 680	32, 190	1, 100
		島根	1, 964	145	0	20, 966	858
	PWR	美浜	916	448	0	18, 163	3, 852
		高浜	2, 748	151	0	22, 668	1, 846
		大飯	620	185	0	12, 855	1, 175
		伊方	1, 150	123	902	7, 240	1, 145
		玄海	2, 023	181	765	12, 517	983
		川内	74	8	6	68	8
	小計		43, 468	4, 181	4, 499	366, 665	19, 733
日本原子力研究所						66, 100	
動力炉・核燃料開発事業団						49, 700	
核燃料加工工場						15, 100	
日本アイソトープ協会						23, 500	
総計						521, 100	

表8　廃棄物発生量の試算（110万kW・BWR）

高レベル	100トン
中レベル	1000トン
低レベル[a]（うち極低レベル）	3万5000トン（2万トン）
低レベル[b]（鋼材・コンクリート）	60万トン

（出典：「放射性廃棄物」原子力資料情報室，1985.5）

表9　原子炉で生成する超ウラン元素（100万kW原子炉の場合）

	軽水炉		高速増殖炉	
	重量(kg)	キュリー数（100万）	重量(kg)	キュリー数（100万）
ネプツニウム	15.8	517	7.9	1170
プルトニウム	254	3.4	2020	15
アメリシウム	3.3	2.2	17.1	3.4
キュリウム	1.2	1.2	0.9	1.2
	274	523	2046	1190

（出典：『プルトニウムの恐怖』高木仁三郎，岩波新書）

表10　高速炉使用済燃料の特徴

	高速炉	軽水炉
燃焼度〔MWD/MTHM〕		
炉心燃料：最大	50000～100000	25000～35000
：平均	30000～60000	
軸方向ブランケット	2000～2500	
半径方向ブランケット	1000～3000	
崩壊度〔kW/MTHM，半年冷却〕		
炉心燃料	30～60	20～30
炉心＋ブランケット	15～30	
プルトニウム含有量〔kgPu/MTHM〕		
炉心燃料	120～180	10
炉心＋ブランケット	50～100	
核分裂生成物含有量〔kgFP/MTHM〕		
炉心燃料	50～100	30
炉心＋ブランケット	25～50	
放射能濃度〔Ci/MTHM，半年冷却〕		
炉心燃料	5×10^6～10^7	4×10^6
炉心＋ブランケット	3×10^6～5×10^6	

（出典：『核燃料サイクル工学』鈴木篤之・清瀬量平共著，日刊工業新聞社，1981）

表11　もんじゅ固体廃棄物の年間推定発生量

種　　別	年間推定発生量
(1) 蒸発濃縮廃液固化物 (2) 使用済樹脂固化物	ドラム缶 約 340本
(3) 雑固体廃棄物	ドラム缶 約 400本
(4) 使用済活性炭	ドラム缶 約2本
(5) 使用済排気用フィルタ	約 140㎥
(6) 使用済制御棒集合体等 使用済制御棒集合体 中性子しゃへい体 その他*	 約38本 約30本 発生量不定

*放射化された損耗部品等であり，定常的に発生するものではない。

（出典：「もんじゅ」設置許可申請書添付書類９）

図11　高レベル廃棄物の熱出力変化

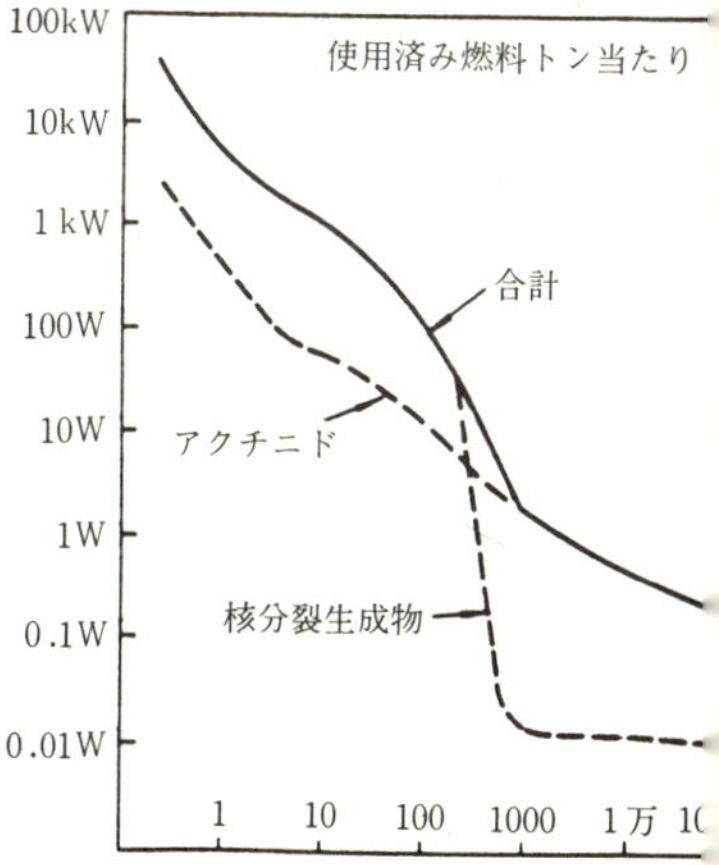

（出典：「放射性廃棄物」原子力資料情報室）

図10　高レベル廃棄物の毒性変化

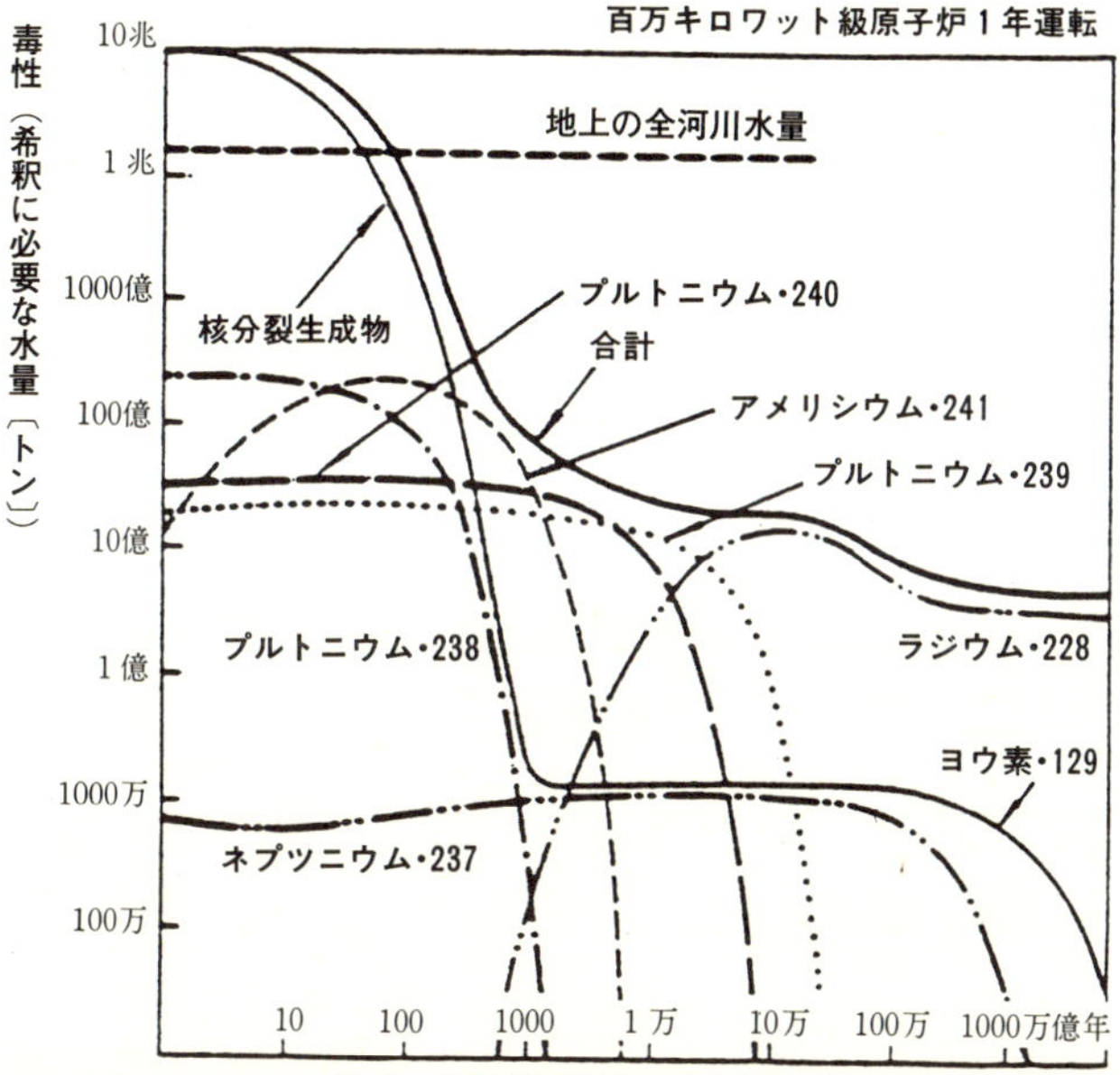

（出典：「放射性廃棄物」原子力資料情報室，1985.5）

図12　炉心シュラウドの残存放射能

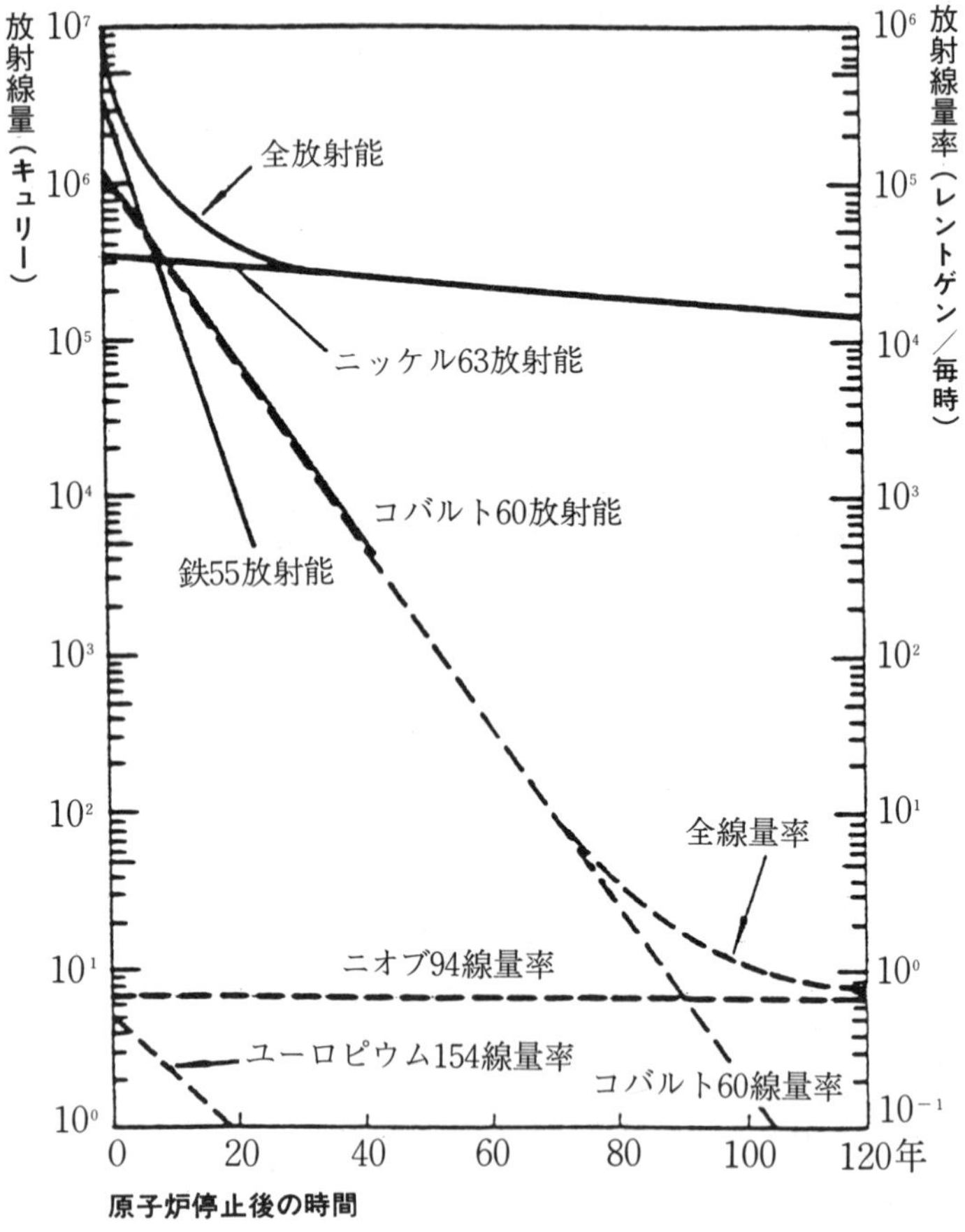

（出典：「NUREG / CR—0672報告」）

第四部　炉工学的安全性の欠如と重大事故の危険性

第一　炉工学的安全性の欠如

第一部、第一、三で述べたように、「もんじゅ」は高い出力密度を持つうえに、動特性は極めて不安定であり、しかも冷却材として液体ナトリウムを使用しているので、炉工学的に見てもその安全性は欠如している。以下、燃料体、冷却材、炉心の動特性、中性子照射、原子炉停止系の決定的不備、緊急炉心冷却装置の欠如の順にその危険性を検討する。

一、燃料体の健全性の欠如と危険性

1　はじめに

炉心におけるプルトニウムやウランの核分裂により発生する熱を取り出して電気に変えるのが、高速増殖炉の目的であるから、燃料体は最も重要な部分である。そこで、まず、燃料体がどのように構成されているのか述べ、安全設計審査基準と比較し、「もんじゅ」がその基準を満たしておらず、極めて高い危険性を有していることを掲げる。

2 燃料体の構成

㈠ ペレット

高速増殖炉は、核分裂性のプルトニウム二三九及びウラン二三五等を燃やし、ウラン二三八をプルトニウム二三九に変換させる原子炉であるから、燃料材料としては次の二種類を使用する。第一は、核分裂性プルトニウムを重量比で約一八％含んだプルトニウム及び劣化ウランの混合酸化物であり、第二は劣化ウランの二酸化ウランである。ここで劣化ウランとは、核燃料として有効成分であるウラン二三五の同位体存在比が天然のもの（〇・七一一重量％）よりも少なくなったウランをいい、その中のウラン二三八が中性子を吸収してプルトニウム二三九になるのである。これらの酸化物はいずれも強い圧力のもとで圧縮され、つづいて焼結によりセラミック状の円柱形のペレットとして用いられる。前者をプルトニウム・ウラン混合酸化物ペレットといい、炉心燃料ペレットともいう。後者を二酸化ウランペレットといい、ブランケット燃料ペレットともいう。

㈡ 燃料要素

炉心燃料要素（燃料ピンという）は、直径約五・四ミリメートル、長さ約八ミリメートルのプルトニウム・ウラン混合酸化物ペレットを軸方向に積み重ね、その上下に直径約五・四ミリメートル、長さ約一〇ミリメートルの二酸化ウランペレットを置いたものをステンレス鋼製被覆管に挿入し、ヘリウムガスを封入して、密封構造としたものである。被覆管の外径は約六・五ミリメートル、厚さ約〇・四七ミリメートルであって、燃料要素全長は約二・八メートルである。

ブランケット燃料要素は、直径約一〇・四ミリメートル、長さ約一六ミリメートルの二酸化ウランペレットを軸方向に積み重ねたものをステンレス鋼製被覆管に挿入し、ヘリウムガスを封入して、密封構造としたものである。被覆管の外径は約一二ミリメートル、厚さ約〇・五ミリメートルであって、燃料要素全長は約二・八メートルである。

㈢　燃料集合体

炉心燃料集合体は、一六九本の炉心燃料要素を正三角形配列に保持してその下端部を支持固定し、断面六角形のラッパ管に収納したものである。隣接する燃料要素間の間隔は、約七・九ミリメートルであり、燃料要素にスパイラル状に巻付けたステンレス鋼製ワイヤスペーサで保持する。ラッパ管はステンレス鋼製であり、燃料要素冷却のための流路を確保するとともに、燃料要素を保護するとされる。隣接する集合体の間隔を保持するために、ラッパ管にはスペーサパッドが取り付けられている。集合体の対辺距離（六角内辺）は約一〇五ミリメートル、全長は約四・二メートルである。

ブランケット燃料集合体は、六一本のブランケット燃料要素を正三角形配列に保持してその下端部を支持固定して、断面六角形のラッパ管に収納したものである。隣接する燃料要素間の間隔は、約一三ミリメートルであり、燃料要素にスパイラル状に巻付けたステンレス鋼製ワイヤスペーサで保持する。ラッパ管はステンレス鋼製であり、燃料要素冷却のための流路を確保するとともに、燃料要素を保護するとされる。隣接する集合体の間隔を保持するために、ラッパ管にはスペーサパッドが取り付けられている。集合体の対辺距離（六角内辺）は約一〇五ミリメートル、全長は約四・二メートルである。

㈣　炉心

炉心は、まず一番内側に一〇八本の内側炉心燃料集合体と一九本の制御棒集合体とが蜂の巣状に六角形に並び、その周囲を九〇本の外側炉心燃料集合体が取り囲み、さらにその周囲を一七二本のブランケット燃料集合体が取り囲み、一番外側を中性子遮蔽体等が取り囲むという構造をなしている。

出力を平坦化するために、内側炉心燃料集合体と外側炉心燃料集合体とでプルトニウム富化度、つまりプルトニウム・ウラン混合酸化物ペレット中の核分裂性プルトニウムの割合を変えている。プルトニウム富化度は、内側炉心では約一五重量％、外側炉心では約二〇重量％である。

初装荷燃料装荷量は、炉心燃料領域で約五・九トンと多く、これらが、有効高さ約〇・九三メートル、等価直径約一・八メートルの狭い領域に詰め込まれているのである。そして、その上部には、約〇・三メートル、下部には約〇・三五メートル、周囲を厚さ約〇・三メートルのブランケットがとりまいている。

3　燃料体の健全性の欠如について

(一)　基本的問題点

高速増殖炉は、本来「燃えない」ウラン二三八を「燃える」プルトニウム二三九に積極的に転換することを目的とする原子炉である。増殖をさせるには、一回の核分裂あたりの中性子の発生量を多くさせ、過剰の中性子を発生させるとともに、そのうちでウラン二三八に吸収されてプルトニウムを発生させる中性子の割合を増やす必要がある。一回の核分裂あたりの中性子の発生を大きくするには、エネルギーの低い熱中性子ではなく、高速の中性子を利用して核分裂を行わせることになるが、もともと高速中性子の核分裂の確率は熱中性子と比較して小さいので、核分裂性の燃料を多量に炉心につめこんでやらないと臨界を維持できず、したがって原子炉としては成り立たなくなる。そのため高速増殖炉では、炉心の出力密度が軽水炉などよりはるかに高くなる。

仮に、一〇〇万キロワットの電気出力を有する軽水炉と高速増殖炉とを比較すると、次のようになる。炉心一リットルあたりの出力密度は、軽水炉で三五ないし九〇キロワットであるのに対し、高速増殖炉では、二五〇ないし五〇〇キロワットと六、七倍となっているのである。

また、燃料一トンあたりから取り出される全エネルギー量は、軽水炉では、二万五〇〇〇ないし三万メガワット日であるのに対し、高速増殖炉では、多くて一〇万メガワット日、平均八万メガワット日と、三ないし四倍の大きさである。

ここに安全上多くの問題が存在する。

㈡　安全設計審査基準

高速増殖炉に対し、原子力安全委員会が行う調査・審議は、同委員会が昭和五四年一月二六日をもって決定（昭和五七年四月五日付改正）した「原子力安全委員会が行う原子力施設に係る安全審査等について」に示されている基本方針に従い、また同委員会が昭和五五年一一月二八日付で決定し、昭和五六年七月二〇日付をもって原子炉安全基準専門部へ指示した「高速増殖炉の安全性の評価の考え方について」（以下「高速増殖炉の考え方について」という）に照らし、総合的に行うものとされている。

「高速増殖炉の考え方について」においては、燃料に関しては、「燃料要素は、高温ナトリウム中で使用され、かつ、燃焼度が高いため、燃料被覆管の内圧によるクリープ効果及びスエリング効果を考慮した設計が必要であること。核的熱的特性については、燃料集合体の変形を考慮し、また、流路閉塞を防止する設計が必要であること」とされている。

この「高速増殖炉の考え方について」においては、「発電用軽水型原子炉施設に関する安全設計審査指針について」も参考にすべきであると述べられているが、その「指針」においては、「指針一四　燃料設計」として、次の二点が記載されているにすぎない。

一　燃料集合体は、原子炉内における使用期間中を通じ、他の炉心構造物との関係を含め、その健全性を失うことがなく、炉心の性能を十分に発揮できる設計であること

二　燃料集合体は、運送及び取り扱い中に、燃料棒の変形等による過度の寸法変化を生じない設計であること

この基準は、はたして基準というに値するか大いに疑問であるといわざるを得ないほど抽象的かつ不明瞭であるが、安全基準はこれらしかない。そこで、一応これらを安全基準とみても、本件原子炉に使用される燃料体は以下述べるように右基準を充足していない。

㈢　燃料ペレットの健全性の欠如

第一に、燃料ペレットのスエリングが問題となる。

プルトニウムやウランは、中性子を吸収して核分裂を起こすと核分裂生成物（ＦＰ）となるが、その中にはクリプトンやキセノン等のようにガス状のものがある。それらの影響でペレットが膨張することをスエリングという。ペレットがスエリングを起こすと、ペレットを取り囲んでいる被覆管と機械的相互作用を起こし、被覆管の応力腐蝕割れの一因となる。

第二に、燃料最高温度が問題となる。

プルトニウム・ウラン混合酸化物の溶融点は、三〇%の二酸化プルトニウム混合酸化物の場合には、未照射燃料に対しては約二七四〇度Cであるが、燃焼開始後では溶融点は低下する。しかし、どの程度低下するかは未知の点が多い。それに対して、燃料最高温度は、定格出力時で約二三五〇度C、過出力時では約二六〇〇度Cとなって、溶融点までの温度差は極めて小さい。そのため後述するように、何等かの原因で冷却材の流れが減少して燃料温度が溶融点を越えると、燃料が溶融して、流れ落ち（燃料スランピングという）、後述する再臨界を起こす危険性を強く持っている。

第三に、核分裂生成物（FP）ガスの放出が問題となる。

核分裂によって燃料内に発生したFPガスのうち不活性ガスであるクリプトン及びキセノンは、燃料母材であるプルトニウムやウランと反応せずに、気泡の状態で燃料の結晶粒内に存在している。しかしながら、燃料の温度が高まると、燃料母材内での拡散が活発になるために、ガス粒子あるいはガス気泡は互いに成長合体して燃料母材外に放出される。燃料外へ放出されたFPガスは、燃料要素内のガス圧を高め、被覆管の外径増加をもたらすだけでなく、燃料ー被覆管ギャップ内のガスの熱伝導率の低下を生ぜしめ、燃料温度の上昇をもたらす。高速増殖炉においては、燃料が高温・高燃焼度で使用されるため、軽水炉とくらべてFPガスのインベントリー（在庫量）は格段に大きくなり、危険性はより大きい。

㈣　被覆管の健全性の欠如

運転の継続に伴って、被覆管は中性子照射を受け、かつ種々の温度条件に曝されるので、その健全性は極めて大きな問題となる。

高速増殖炉の炉心では、軽水炉と比較して中性子線の存在量がはるかに高くなる。仮に原子炉を一年間運転し続けると、一平方センチメートルの断面を通り抜ける中性子の数は五〇ミリグラムにも達する。当然炉心の構造材の結晶はそれだけの数の中性子で揺すられる。その結果被覆管はスエリングを起こし、燃料要素の外径は増加し、長さも増大する。

また被覆管は、厚さ約〇・四七ミリメートルにすぎないものであるが、その外側の温度は冷却材の温度（五五〇度C）に保たれるのに対して、その内側は最高二三〇〇度Cという高温に達するから、燃料棒を取り巻く熱的条件は苛酷であり、危険性は大きい。

㈤　炉心燃料要素（燃料ピン）の健全性の欠如

炉心では、冷却材であるナトリウムが下から上へ流れており、しかも定格出力時にあっては、原子炉容器入口における温度と圧力がそれぞれ約三九七度C、約八kg／cm²Gであるのに対して、原子炉容器出口における温度と圧力はそれぞれ約五二九度C、約一kg／cm²Gと、入口と出口では、温度は約一三二度C、圧力は約七kg／cm²Gも異なっている。

一つの燃料集合体内部でも、ラッパ管に接する周辺部分と内側とでは流路面積の相違によって相当の温度差がつき、炉心燃料要素の熱彎曲が発生し、さらに冷却材の流動圧がその彎曲に複雑な影響を及ぼす。炉心燃料要素に彎曲が生じると、炉心燃料要素は互いに接触するようになり、冷却材の流路が局所的に閉塞され、冷却材の局所的な温度上昇が起こり、燃料の局所溶融の恐れが出てくる。また、炉心燃料要素はラッパ管にも接触して反力を受けるが、その力は照射が進むにつれてより増加し、損傷の危険が大きくなる。

燃料が溶融すると、冷却材と相互作用を起こし、炉心燃料要素の破損が他の炉心燃料要素に伝播する恐れも極めて大きい。

㈥　燃料集合体の健全性の欠如

燃料集合体は、運転継続中に、炉心全域における温度分布や中性子の量の違い等から、集団で彎曲する。高速増殖炉では、冷却材の流量調節を行ってはいるが、軽水炉とくらべて温度上昇が格段に大きく、炉心に温度勾配が生じるのは免れない。そのために炉心燃料体は通常上部が炉心半径方向外向きに集団彎曲する。つまり、チューリップの花が開くように上部が開くのである。燃料集合体がゆらゆら動くと出力の制御が困難となるので、燃料集合体が動くのを防止する目的で、樽のたがを締めるように、炉心の周囲を拘束する。拘束すると、炉心集合体は、その中心付近で内側にのめりこむ形となり、後述するような正の反応度が投入される。

燃料集合体の炉内彎曲は、このような集団彎曲の外にも、燃料要素、スペーサ、燃料支持構造物、ラッパ管等、製作時における微妙な差異が原因となって生じる局所的な彎曲もある。

これらの集団的あるいは局所的な彎曲が、拘束機構との兼ね合いによって燃料集合体を突然ぐにゃりと曲げ、急激に正の反応度を投入するおそれも極めて強い。現実に、アメリカでは、この種の事故が起こったのである。

4　結論

以上述べたように、燃料体は、高温ナトリウム中で使用され、かつ燃焼度が高いものであるが、後述するようにナトリウム工学は未だ確立したものではなく、多くの未知の危険性を含んでいる。現象自体が未知である以上、当然対策は立てられていないのであり、「高速増殖炉の考え方について」等の要件を満たす安全な設計となっているとは、とても言えない。

二、冷却材―ナトリウムの危険性

1 はじめに

高速増殖炉の冷却材としては、安価なうえに高温で効率のよい熱媒体であり、しかも、中性子減速効果の少ない物質ということで、液体ナトリウムが用いられる。「もんじゅ」では、冷却材のナトリウムは、一次系と二次系に分れている。一次系ナトリウムは、原子炉容器入口で約三九七度Cであるが、燃焼する燃料の間を通って加熱され、原子炉容器出口で約五二九度Cとなり、炉心で発生した熱を熱交換器に導き、ここで二次系のナトリウムとの間で熱交換を行う。熱を受け取った二次系のナトリウムは、さらに蒸気発生器を通じて水と熱交換を行い、蒸気を発生させる。この蒸気がタービンを回し、発電を行う。

しかし、使用されるナトリウムの量は、極めて多い。そのうえ、ナトリウムは以下に述べるように活性の大きな物質であり取扱いが困難であって、これまで大量の取扱い経験がほとんど無い、いわば未知の分野であって、内包する危険性は大きいものといわざるを得ない。

2 安全設計審査基準について

「高速増殖炉の考え方について」においては、冷却材としてナトリウムを用いることに関する安全設計として次のように述べられている。

(一) ナトリウムについて

原子炉冷却材として使用されるナトリウムは、沸点が高く、そのため低圧でサブクール度が大きい冷却系の設計が可能であり、熱伝達性が優れているが、ナトリウムが化学的に活性であるため、ナトリウム火災対策及びナトリウム液面上のカバーガスの不活性化等を考慮した設計が必要であること、また、ナトリウムと材料の共存性（腐蝕や質量移行）について配慮し、ナトリウムの凝固、ナトリウムの不透明性、及びナトリウムの放射化に関する配慮が必要であること。

(二) ナトリウムボイドについて

ナトリウムボイド反応度の影響を考慮して、ナトリウムの沸騰とカバーガス巻き込みの抑制を図ることが必要であること。

(三) 高温構造について

高温ナトリウム下で使用する機器の設計にあたっては、構造材料のクリープ特性に対する考慮が必要であること。また、オーステナイト系ステンレス鋼が使用される場合には、オーステナイト系ステンレス鋼の熱膨張率がフェライト系鋼等他の材料に比べて大きく、また、その熱容量が小さいので構造材料の温度変化及び変化率も大きく、したがって、定常的及び過渡的熱応力の対策が必要であること。

ここでは、高温ナトリウムを冷却材として使用することに対する問題点が一応は指摘されている。しかし、後述するように、大量の取扱い経験がほとんどないナトリウムに関して、右基準を充足しているとは全くいいえない。

3　一次冷却系

㈠　一次冷却系とは

一次冷却系は、炉心で加熱された一次冷却材を循環し、一次主冷却系中間熱交換器で二次冷却系と熱交換させる機能を有している。燃料を燃焼させて得た熱量をとりだす機関であり、非常に重要な設備である。

このナトリウムは、強い放射能を帯びており、外部に漏洩されると、作業員への被曝はもちろんのこと、周辺住民に対し重大な影響を与える。以下、この一次冷却系の構造を論じ、その後に二次冷却系とあわせて、前記基準を充足していないことをみていくこととする。

㈡　主要設備

(1)　原子炉容器

原子炉容器は、円筒たて型容器であり、その内径は、約七・一メートルで、全高約一七・八メートル、胴部肉厚は約五〇ミリメートル、主要材料はステンレス鋼である。胴部下部には、三個の一次冷却材入口ノズルが、胴部上部には、三個の一次冷却材出口ノズルが取り付けられている。原子炉容器内のナトリウム液位は、通常運転時には所定の範囲に維持されている。

ナトリウム液面を不活性ガスの一種であるアルゴンガスで覆っているのは、後述するようにナトリウムは極めて活性が強く、空気とも反応して燃えだすので、空気との接触を絶つためであるとされる。

(2)　遮蔽プラグ

遮蔽プラグは、最大径約九・五メートルの固定プラグ、最大径約五・九メートル、厚さ約二・八メートルの回転プラグ等のステンレス鋼炭素鋼製のプラグであり、炉心からの放射線と熱の遮蔽を行うとともに、燃料交換時には回転プラグの回転と燃料交換装置の回転とにより、燃料交換装置グリッパを炉心並びに炉内ラックの任意の位置及び炉内中継装置の位置に移動させる機能を有しているとされる。

(3) 一次主冷却系循環ポンプ

ナトリウムを循環させるための循環ポンプを各一次主冷却系ループにそれぞれ一基ずつ設ける。次に述べる一次主冷却系中間熱交換器からポンプに流れてきたナトリウムは、加圧され、ノズルより流出し配管に戻る。

ナトリウムの粘性は、軽水（三一五度C）の約二倍であるので、同一出力の原子炉においては、冷却材を回転させるためのポンプの動力は、高速増殖炉の方が大きい。つまり、ポンプにかなりの負担がかかるということである。

(4) 一次主冷却系中間熱交換器

一次主冷却系中間熱交換器は、一次冷却材の熱を二次冷却材に与えるためのたて型無液面平行向流型の熱交換器である。一次冷却材は、胴部側面の一次側ナトリウム入口ノズルから流入し、伝熱管の間を降下し、下部に設けられている一次側ナトリウム出口ノズルから流出する。二次冷却材は、上部中央二次側ナトリウム入口ノズルから下降管を通って下部プレナムに入り、直管型伝熱管内を上昇し、上部プレナムを通って上端の二次側ナトリウム出口ノズルから流出する。

(5) 一次主冷却系配管

一次主冷却系配管は、原子炉容器、一次主冷却系中間熱交換器及び一次主冷却系循環ポンプ相互を連絡し、循環回路を形成している。原子炉容器から一次主冷却系循環ポンプまでの配管の外径は約〇・八一メートル、肉厚は約一一ミリメートルであり、一次主冷却系循環ポンプから原子炉容器までの配管の外径は約〇・六一メートル、肉厚は約九・五ミリメートルである。温度上昇部分でのナトリウムの流速は毎秒約四メートルである。

(6) ガードベッセル

ガードベッセルは、一次主冷却系配管からナトリウムが漏洩した場合、炉心崩壊熱除去に必要な最低ナトリウム液位を確保するという目的で、原子炉容器、一次主冷却系循環ポンプ、一次主冷却系中間熱交換器に設けられるものであるとされる。しかし、ナトリウムが沸騰して原子炉容器から漏洩した場合には、ガードベッセルだけではナトリウムを保持できないのであり、安全保護装置としては極めて不備である。

(7) 予熱・保温設備

ナトリウムは、後述するように融点が約九八度Cであって、それ以下では凍結してしまうので、凍結防止のため、ナトリウムを収納する機器、配管の外面に電気ヒーター及び保温材を設置する。水を冷却材とする軽水炉では考えられないような余分な装置であって、取扱いの困難なナトリウムを冷却材として使用することから生ずるものである。

4 二次冷却系

(一) 二次冷却系とは

二次冷却系とは、一次主冷却系中間熱交換器で加熱された二次冷却材を循環し、蒸気発生器伝熱管内で水・蒸気と熱交換する機関である。

蒸気発生器は、軽水炉においても故障が多く、後述するナトリウム・水反応による蒸気発生器破損の可能性は極めて大きい。

ここでは、二次冷却系の主要機器について述べ、基準を充足していないことをみる。

㈡　主要設備

(1)　二次主冷却系循環ポンプ

一次主冷却系中間熱交換器で加熱された二次冷却材であるナトリウムを加熱器の胴側に入れて、管側の蒸気を加熱し、さらに蒸気発生器の胴側に入れて、管側の水・蒸気を加熱するように循環させる装置である。

(2)　蒸気発生器

蒸気発生器は、ナトリウムの熱を水・蒸気に伝える部分であり、高速増殖炉においては、大きな問題をはらんだ機器の一つである。

蒸気発生器は、ヘリカルコイル型伝熱管を内蔵した熱交換器である。加熱体であるナトリウムは、上部胴体のナトリウム入口ノズルから導入され、伝熱管の間を下降し、下端のナトリウム出口ノズルから流出する。被加熱体である水は、給水入口ノズルから導入された後、下降管内を降下し、その後方向を変えヘリカルコイル型伝熱管内を上昇しながら加熱され、蒸気となって蒸気出口ノズルに達する。ところで蒸気発生器は、各ループ毎に一基、合計三基備えられる。胴部は、低合金鋼（クロムモリブデン鋼）

でつくられ、外径約三メートル、全高約一三メートルである。伝熱管は、低合金鋼でつくられ、その外径は約三一・八ミリメートル、肉厚約三・八ミリメートルで、その本数は約一五〇本である。

ナトリウム側は、定格出力時の温度は、入口で約四六九度C、出口で約三二五度Cであり、最高使用圧力は五kg／cm²Gであるのに対し、水・蒸気側は、定格出力時の温度は、給水入口で約二四〇度C、蒸気出口で約三六九度Cであり、最高使用圧力は一六五kg／cm²Gと、その圧力はナトリウム側の三三倍である。水・蒸気側の圧力の高さや、伝熱管の肉厚の薄さ、ナトリウムの腐蝕作用等により後述する伝熱管破損の危険性は極めて大きく、破損すれば、後述するナトリウム・水反応によって蒸気発生器自体が破損し、環境中にナトリウム、カセイソーダ、酸化ナトリウム等が爆発的に放出される可能性はおおきい。

(3) 加熱器

加熱器の基本構造は、蒸気発生器とほぼ同じであるが、胴体及び伝熱管の材料はステンレス鋼であり、伝熱管の肉厚は約三・五ミリメートルである。加熱器の場合は、被加熱体は蒸気発生器から出てきた蒸気である。加熱器内に導入された蒸気は、二次ナトリウムによって更に加熱され、過熱蒸気になってタービンに送られる。ナトリウム側は、定格出力時の温度は、入口で約五〇五度C、出口で約四六九度Cであり、最高使用圧力は五kg／cm²Gであるのに対し、蒸気側は、定格出力時の温度は、入口で約三六七度C、出口で約四八七度Cであり、最高使用圧力は一五四kg／cm²Gと、その圧力はナトリウム側の三一倍である。この危険性は、蒸気発生器と同じである。

5　ナトリウムの危険性

(一)　ナトリウム・水反応

従来の軽水炉の運転経験から、一般に蒸気発生器は寿命中に数回の水リークが発生するものと考えられている。しかし、ナトリウムを冷却材とする高速増殖炉にあっては、この結果ナトリウム・水反応が発生し、隣接の伝熱管を次々に破損させる恐れがある。

ナトリウム・水反応は、科学的には次のように説明される。三三〇度C以下では

$$2Na + 2H_2O \longrightarrow 2NaOH + H_2$$

の反応によりカセイソーダと水素を生成し、三三〇度C以上では、

$$2Na + 2NaOH \longrightarrow 2Na_2O + H_2$$

の反応により酸化ナトリウムを生成する。これらの反応は爆発的反応であり、高い圧力を発生すると同時に、構造材を腐蝕させる性質を有するカセイソーダや酸化ナトリウムを発生する。

伝熱管からの微小な水の漏洩が発生した場合（小リークという）には、ジェット状の反応領域を形成し、その圧力によって周囲の伝熱管を損傷させる。発生圧力が、隣接する伝熱管を機械的に損傷するほどではなくても、噴き出した水、あるいは蒸気を隣接伝熱管の表面に吹き付けて腐蝕させると同時に、カセイソーダや酸化ナトリウムが更にその腐蝕を強めてしまう。応力腐蝕は、通常二種類にわけられ、一つは、塩素イオンや溶存酸素等に関連したいわゆるクロライド応力腐蝕であり、他は、カセイソーダ等のアルカリ液によるアルカリ腐蝕である。ナトリウム・水反応によってカセイソーダが発生すると、後者が格段に大きくなる。これによって破損が伝播する危険は顕著である。大リークの場合は、大量の

水素ガスが短時間のうちに発生するので、蒸気発生器本体及び二次冷却系全体に大きな応力をかけることになる。

伝熱管は、液体ナトリウムの流れの中に浸され、しかも、肉厚約三・八ミリメートルを隔ててその内部を高温・高圧の水、あるいは蒸気が流れているため、材料の環境条件としては極めて厳しい。そこで、一本が破損ないし減耗している場合には、他の多くの伝熱管も破損寸前の状況にあると考えられる。

破損の原因としては、機器が多数の溶接箇所を持っていること（軽水炉等での蒸気発生器の破損の多くはここに発生している）、蒸気流による減肉、化学的腐蝕、機械的摩耗、熱応力や流力振動による疲労などが考えられているが、軽水炉には無い新たな問題としては、後述する脱炭による強度劣化、質量移行による強度劣化が存在する。実際には、これらが競合して破損の原因となる。

たしかに高速増殖炉の設計においては、毎秒数グラムないし数キログラムの水の漏洩により発生する爆発力に対しては、他の伝熱管が健全であるように努力されており、想定破損本数は高々四本である。

ところが、内径約二四・二ミリメートルの伝熱管がギロチン破断して一三〇kg／cm²Gの圧力の水がナトリウム中に噴出すると、その水の噴出量は破断した両端から毎秒約四〇キログラム程度と見積ることができる。四本のギロチン破断では、毎秒約一六〇キログラムとなる。これら毎秒数十キログラムを上回る水の噴出は、現在の安全設計の対象とはされていない。現在の安全設計の対象とされていないものとしては、さらに、前述した反応生成物であるカセイソーダ（水酸化ナトリウム）や酸化ナトリウムの悪影響（アルカリ腐蝕）がある。これらを考慮すると、伝熱管は全数破断し、ナトリウム・水反応によって爆発的反応が進行し、蒸気発生器は損壊し、室内、あるいは環境へカセイソーダ、酸化ナトリウム、ナトリウム蒸気等が放出される危険性は非常に大きいが、設計上は全く考慮されていないのである。

㈡　ナトリウムの燃焼

一次系のナトリウム又は二次系のナトリウムが配管破断事故を起こして漏洩すると、空気と接触して燃焼し、時には爆発的反応を生じる。例えば、縦、横、高さが一〇メートルの学校の教室程度の部屋に一〇トンの高温ナトリウム（五〇〇度C）が漏洩すると、ナトリウムの燃焼により室温は数時間内に四〇〇度Cに達する。当然壁もボロボロになり、厚さ一メートルの壁は崩壊し、計測ケーブルは全て使用不能になるだけでなく、ケーブルの燃焼は次々と他の系統に広がる恐れがある。電気系統は火災に極めて弱く、一〇〇度C以上の高温では、大多数の電気系統は機能しなくなる。しかも、ナトリウム漏洩による火災では、水を使用することは厳禁である。ところで、一〇トンものナトリウムの漏洩は、決してありえないことではない。一次系には数千トンのナトリウムがあり、二次系にも同様の程度のナトリウムがあることを考えれば、一〇トンというのは僅か一%にすぎない。この程度の漏洩は、軽水炉では日常茶飯事である。

㈢　ナトリウムの放射化

高速増殖炉の冷却材であるナトリウムは、中性子によってナトリウム二三と、ナトリウム二二に放射化される。原子炉の運転中は、ナトリウム二四がナトリウム一グラム当り約三万マイクロキュリー、ナトリウム二二が約二マイクロキュリーであるから、大型の高速増殖炉ではナトリウム二四の生成量は二〇〇〇から三〇〇〇キュリーにも達する。これらにより一次系の配管や機器の表面放射能は一時間当り一〇万レムにも達する。運転を停止すれば、ナトリウム二四は半減期が短いので急速に減少し、一月もたつと無視できる程度になるが、ナトリウム二二は半減期が長いのでほとんど減少せず、半年たっても一次系の配管や機器の表面では一時間当り一〇レム程度の放射能が残り、そのためにナトリウムの事後処理を極めて困難にしている。

(四) ナトリウムによる機器の腐蝕作用等

ステンレス鋼は、高速増殖炉の一次・二次ナトリウム冷却系の機器・配管に使用される主要な構造材である。高速増殖炉の稼働寿命は二〇年から三〇年と考えられているから、その構造材は、高温ナトリウム環境下で長時間の健全性が要求され、しかも十分な信頼性が保たれなくてはならない。ナトリウム浸漬時間、ナトリウム温度、ナトリウム中酸素濃度、ナトリウム流速等ナトリウム側要因と鋼材の腐蝕及び機械的性質との関係が重大な問題となる。

(1) 腐蝕・質量移行

現在種々の実験が行われており、液体ナトリウム中の質量移行反応が無視できない問題となっている。これは、ナトリウム温度上昇側では、重量減少すなわち腐蝕が認められ、温度降下側では、重量増加つまり腐蝕生成物の沈着が認められるという現象である。腐蝕の初期においては、クロム、ニッケル、マンガン等の合金元素が表面からナトリウム中に選択的に溶出し、腐蝕の後期においては、主たる元素である鉄が全面均一に腐蝕していくと考えられている。

この量は、ナトリウム中の酸素濃度が大きければ大きいほど多くなるので、ナトリウム中の酸素濃度をいかに減少させるかが大きな問題となっている。

(2) 脱炭による強度低下

また、鋼中の炭素が次第にナトリウム中に溶解し、この脱炭反応によって、一般に引っ張り強度、降伏点は下がる。中性子照射による強度低下とあいまって懸念されている。

(3) クリープ特性

クリープとは、一定応力のもとで、物体の塑性変形が時間とともに次第に増加する現象をいう。材料は、高温にさらされるとクリープ特性が顕著になるが、その程度は温度が高ければ高いほど大きい。そして、クリープ破断に至る時間は、温度とともに急激に低下する。また、高温のナトリウム中に長時間浸漬された鋼は、クリープ破断寿命を縮めることが知られている。

しかし実験では、ナトリウム浸漬時間もせいぜい数年程度であって、二、三〇年も運転した場合の構造材の腐蝕については何の知見も得られていない。また、放射化したナトリウムや、他の反応生成物の放射能による影響は調べられていない。

(4) 疲れ

低サイクルの繰り返し応力を加えると、材料は疲れにより破壊に至る。ナトリウムに浸漬したものは、未浸漬のものより寿命が短く、また炭素不純物は寿命が短いことが知られている。

(5) クリープ疲れ

疲れ現象を与える歪みの保持時間を長くすると、クリープが相乗され、寿命が著しく短くなることが知られている。

(6) 自己融着

同一の材料がナトリウム中に接触して置かれると、互いに溶けあい、付着する現象である。炉心において、隣接する燃料集合体のラッパ管の接触面、燃料要素のスペースワイヤ同士等で自己融着が起こり、冷却材が流れにくくなって、燃料溶融が起こる可能性は否定できない。

以上を総合すれば、様々な原因が競合した冷却系機器の破損の可能性は大きく、ナトリウム漏洩はおろか配管破断事故が起こる可能性も否定できない。

㈤　ナトリウムの凝固

ナトリウムは九八度C以下で凝固するため、巨大で複雑な形状をしている機器にあっては、局部的にナトリウムが凝固して回転部分が固まり、無理に回そうとすれば破損する恐れがある。

また、ナトリウムの上部をガスが覆っている場合にガス層の低温部分に局部的にナトリウム化合物の形態となって凝固し、機器回転部の固着、メッシュの目づまり等を引起こす。

㈥　不透明による作業の困難化

ナトリウムは固体では銀白色であり、液体でも不透明である。しかも、空気と触れれば前述したように激しく反応するので空気とは接触させられない。そこで、ナトリウムを保有した機器の蓋を開けることはできず、完全な手さぐり状態で作業することを強いられる。目視が効かないということは、軽水炉の水にはなかった新しい問題であり、設計を困難にしている。

㈦　突発的沸騰による反応度の急激な挿入

ナトリウムは、軽水（三一五度C）に比べて比熱は約五分の一であるが、熱伝導率は一〇〇倍以上である。一グラムのナトリウムが液体から気体になるのに要する潜熱は軽水（三一五度C）の約三倍であるが、系の圧力が低いためナトリウム蒸気密度は非常に小さく（蒸気の体積は非常に大きく）、かつ液側からの熱伝導率も良好なため、ナトリウム蒸気塊の成長速度は極めて大きくなる。また、沸点以上に加熱したナトリウムが何等かの原因で突発的に沸騰するおそれも大きい。ナトリウムが沸騰すると、冷却性能が低下するばかりか、後述するボイド反応度が急激に挿入され、運転制御上非常に重要な問題が生じるが、ナトリウム沸騰のメカニズムは複雑で未解明な部分が多く、とても安全とは言いがたい状況にある。

6　結論

以上のように、冷却材としてナトリウムを用いることによって生じる危険性は、極めて大きいものである。したがって、前述した基準が充足されているとは言いがたく、原子炉等規制法二四条一項四号の要件を充足していないことも明らかである。

三、炉心の動特性

1　はじめに

原子炉は、本来、臨界、つまり発生する中性子と核分裂や吸収、漏れだしなどによって失われる中性子の数とが釣り合って定常的な状態で熱を発生し、電気を発生する機械である。しかし、実際には、原子炉の起動・停止も含めて、さまざまな乱れによって、中性子の数、ひいては原子炉の熱出力電気出力に変化が生じ、定常状態からはずれる。このような過渡的状態での原子炉の振るまいを原子炉の動特性という。原子炉を安全に運転するには、この動特性に注意し、過渡的な応答を適宜制御しなければならないが、高速増殖炉においては、次に述べる「正の反応度係数」「即発臨界」「再臨界」など、軽水炉と比べて不安定な炉心特性が存在し、制御が著しく困難で、暴走の可能性を強く持っているのである。

2　安全設計審査基準について

「高速増殖炉の考え方について」においては、この動特性に関しては次のように定められている。

「(一)　炉心

液体金属冷却高速増殖炉（ＬＭＦＢＲ）の炉心は、高速中性子を利用し、増殖を目的としたものであって、炉心の中性子束密度、出力密度、及び燃料燃焼度が高く、また、このため材料の受ける放射線照射量が大きいことを考慮した設計が必要であること。

反応度の観点からは、炉心の余剰反応度及び燃焼に伴う反応度変化は小さいが、ナトリウムボイド反応度が炉心中心領域で正となりうることを配慮した設計が必要であること

(二)　ナトリウムボイド

ナトリウムボイド反応度の影響を考慮して、ナトリウムの沸騰とカバーガス巻き込みの抑制を図ることが必要であること。」

「発電用軽水型原子炉施設に関する安全設計審査指針について」においては、高速増殖炉と異なり、この動特性に関しては、次のように定められている。

「指針一五　原子炉の固有な特性
原子炉の炉心及びそれに関連する原子炉冷却系は、すべての運転範囲で急速な固有の負の反応度フィードバック特性を有する設計であること。」
高速増殖炉においては、冷却材にナトリウムを使用する他なく、それによって正の反応度フィードバック特性を有することを、審査基準自身認めてはいるが、「もんじゅ」が「ナトリウムボイド反応度が炉心中心領域で正となりうることに配慮」した設計であるのか否か、以下に検討する。

3　反応度、反応度係数について

㈠　増倍率、実効増倍率、臨界、臨界超過、臨界未満とは
まず、増倍率を、「ある世代で起こった核分裂の数を一世代前で起こった核分裂の数で割ったもの」と定義する。

現実の原子炉では、減速や拡散の過程において中性子が漏れていくから、それを考慮して増倍率を定義する。それを実効増倍率という。

実効増倍率が一より大きいときは、核分裂は世代とともに増倍し、連鎖反応は発散する。この場合、臨界超過の状態という。

反対に、一より小さければ、連鎖反応は小さくなり、ついには停止してしまう。これを臨界未満という。

したがって、連鎖反応を一定の割合で起こし続けるには、実効増倍率を一にしなければならない。こ

のとき原子炉は臨界状態にあるという。

㈡　反応度、反応度係数とは

原子炉が臨界からずれたとき、そのずれを表わす尺度として、「反応度」を次のように定義する。

反応度＝（実効増倍率マイナス一）／（実効増倍率）

つまり、実効増倍率の一からのずれを実効増倍率で割ったものであり、臨界状態からどの程度ずれているかを示すものである。

ところで、原子炉の温度が上昇したり、冷却材中にナトリウムボイドが発生する等、炉心の状態が変化すると、その結果、原子炉の反応度が変化する。原子炉の状態の変化と反応度変化との関係を示す量として、状態量の単位の変化に対する反応度の変化の割合を反応度係数という。たとえば、温度上昇一度Cあたりの反応度の変化を「反応度の温度係数」というのである。

安全性の見地からは、反応度の温度係数は負である必要がある。つまり、何等かの原因で出力が増大し、温度上昇が起こったとき、温度係数が負であれば、フィードバックがかかって反応度を減少させる方向に作用し、原子炉出力が減少して定常状態にもどる。しかし、逆に反応度の温度係数が正であれば、温度の上昇とともに出力は増大し、制御が著しく困難になり、暴走につながるものである。

たいていの原子炉にあっては、中性子の吸収材である制御棒を炉心に出し入れすることによって、実効増倍率ひいては反応度の変化をもたらす。制御棒を動かして原子炉を起動あるいは停止させたりする場合が最も代表的である。しかし、稼働中の原子炉においては、臨界状態をもたらしている炉心の大きさ、形状、燃料棒の配置等が、反応度が最も大きい状態であるように設計されていることが望ましい。

つまり、それから少しでもずれたときに、反応度がマイナスとなり、ずれを引き戻す方向に働くような設計になっていることが望ましいのである。

通常の軽水炉では、その設計は可能である。それが、「発電用軽水型原子炉施設に関する安全設計審査指針について」に述べられていることがらである。

しかし、高速増殖炉では、そのように設計できていない。以下に、どこに問題が存在するか、詳述する。

㈢ ボイド反応度

ボイドとは、真空・空間の意味である。炉心内で冷却材として使用されているナトリウムが沸騰し、泡を生じると、その気泡をナトリウムボイドという。原子炉においては、熱出力、圧力、冷却材の流量・温度などが変化すると、それに伴って炉心内の気泡量が変化する。気泡量が増加すると、炉心から漏れ出る中性子の量が増加するので、反応は少しは減少する。しかし、それ以上に液体のナトリウムが無くなった分だけ減速効果が低下して、反応を増加させる。このように、気泡量の変化に伴う反応度の変化率をボイド係数という。

ボイド係数は、原子炉の安定性や安全性に関係した重要な量であり、冷却材の種類、燃料体の種類、冷却材対燃料体積比、炉心の大きさ、炉心内気泡量等により大きく変わるが、運転状態では、適度にマイナスの値をとるように設計しなくてはならない。

軽水炉では、ボイド係数はマイナスの値をとる。つまり、軽水炉では、核分裂で生まれた高速中性子を減速させて熱中性子とし、その熱エネルギー領域で核分裂を起こさせて連鎖反応を維持させる。熱中性子の方が、高速中性子よりも、核分裂の確率が一〇〇倍ほど大きいからである。軽水炉では、冷却材の水（軽水）は、冷却材であるとともに中性子の減速材となっている。そこで、軽水に気泡が発生すると、中性子の減速効果が落ち、熱中性子が減少し、核分裂が減る。ボイド係数はマイナスの値を持つ。核分裂が減れば、出力も減り温度も下がり、原子炉は再び安定な状態に戻る。

ところが高速増殖炉では、その名のとおり、高速中性子を使用して核分裂を起こさせるので、ナトリウム中に気泡が発生すれば中性子は減速されず、かえって核分裂の確率を増加させるのである。ここに高速増殖炉の制御の困難性が存する。

正のボイド係数を押えるために、ひと頃は、炉心の形状を極端に変形して中性子が漏洩しやすい形にしておき、ナトリウム沸騰が生じた際には中性子をいち早く漏洩させて、炉心におけるボイド反応度を低下させる案が提唱されていた。パンケーキ型（偏平型）、アニュラー型（ドーナツ型）、モジュラー型（複合炉心型）等がそれである。要するに、体積に比較して表面積を大きくし、中性子を容易に漏れさせる工夫である。しかし、これらの工夫は、経済上成り立ちにくいという理由で排除された。

安全性の面からは、正のボイド反応度に対する対策は必要である。燃料内に酸化ベリリウム等の減速材を添加することによって、後述するドップラー係数の増大を図る試みもあったが、結局は、経済的に見合わないとの理由で排除された。

「もんじゅ」においては、炉心燃料領域形状は円筒型であって、有効高さは約〇・九三メートル、等価直径は約一・八メートルである。このような大型の炉心においては、ボイド反応度係数は正になり、制御は極めて困難だが、その詳しい知見はなお得られていない。

㈣　ドップラー係数

核燃料の温度が上昇すると、たとえばウラン二三八の中性子に対する共鳴吸収の有効幅が増し、このため共鳴を免れる確率が減少して反応度が小さくなる現象をドップラー効果といい、温度一度Cあたりの反応度をドップラー係数という。これは負の温度係数を持つ。

㈤　構造物の膨張や変形、燃料集合体の変形による効果

温度上昇の結果、構造物が膨張・変形、あるいは燃料集合体の変形が生じるが、この結果が反応度にいかに影響するかも重要である。これらの現象による反応度へのフィードバックは、通常、原子炉の反応度上昇に伴い、即発的には作用しないが、高速増殖炉の事故時の動特性に大きな影響を持つ場合がある。しかし、構造が大型になり、かつ複雑化してくると、これらの値がどの程度になるかは、まだ判明していない。

㈥　その他の効果

その他、燃料の膨張による効果等が考えられている。

反応度係数は、これらの総和であり、極めて複雑な様相を呈している。稼働実績がほとんど存在しない高速増殖炉のこれらの振るまいは、未知の分野であり、原子炉等規制法二四条一項四号に定められた「災害の防止上支障がない」との要件は到底満たしていないのである。

4　即発臨界

ところで、原子炉内の中性子には、即発中性子と遅発中性子の二種類がある。即発中性子とは、核分

裂の際すぐに発生する中性子のことであり、遅発中性子とは、核分裂生成物が生成した後でその原子核の崩壊によって発生する中性子のことである。即発中性子の原子炉内の寿命は、通常の軽水炉においては、一万分の一秒程度と極めて短く、即発中性子だけだと原子炉の制御は困難である。しかし、僅かな割合ではあるが、原子炉内には遅発中性子があり、その寿命は〇・何秒から数十秒の長さを有するので、その制御は可能となる。遅発中性子の存在が、外乱に対する変化の激しさ等を緩和し、制御を容易にするのである。

ところが、高速増殖炉では、即発中性子の寿命は一〇〇万分の一秒以下と、軽水炉と比較してはるかに小さく、また遅発中性子の割合もはるかに小さい。そのため外乱があった場合の中性子の変化、つまり熱出力電気出力の変化は極めて激しい。運転中の高速増殖炉の炉心に何らかの原因で過剰な反応が加わり、余分な即発中性子が増加すると核分裂は急増し、たとえば一秒という短時間の間に中性子の数がねずみ算式に増加し、即発臨界に達し、臨界超過となり、さらには原子炉が暴走する恐れは十分にある。後述する出力暴走事故はこの現われであり、軽水炉事故にはない、恐るべき危険性を与えるものである。

5　再臨界

高速増殖炉においては、更に再臨界の問題がある。高速増殖炉の原料はプルトニウムの含有量が多いため、一部の燃料が事故で溶融して塊となったときなど、原子炉を停止させても、この塊が再び臨界となり、暴走する可能性をさけがたく持っている。後述する再臨界事故がこれである。

要するに、高速増殖炉は、本質的に軽水炉に比べて不安定な炉心特性を有する原子炉であり、暴走の可能性を強く持っているのである。

四、中性子照射による機器の脆化

高速増殖炉の炉心では、軽水炉と比較して中性子線の存在量がはるかに高くなる。仮に原子炉を一年間運転し続けると、一平方センチメートルの断面を通り抜ける中性子の数は五〇ミリグラムにも達する。当然炉心の構造材の結晶はそれだけの数の中性子で揺すられることとなり、結晶材がそれだけの中性子照射に耐えられるかは極めて重要な問題となる。

最も厳しい条件に曝されるのが、燃料被覆材のステンレス鋼である。ステンレス鋼は中性子照射の効果によって一般に膨れるが、これによって上下を固定された燃料集合体の管は内側に曲げられることになる。その結果炉心の燃料密度は増加し、反応度は増す。

特に、燃料棒は外径六・五ミリメートルにすぎないものであるが、その外側の温度は冷却材の温度(五五〇度C)に保たれるのに対して、中心部は最高二三〇〇度Cという高温に達するから、燃料棒を取り巻く熱的条件は苛酷であり、危険性は大きい。詳細は既述したとおりである。

五、原子炉停止系の決定的不備

1　原子炉停止系とは

原子炉が臨界状態に達した後、なんらかの原因で臨界状態を越えてしまった場合に、原子炉に負の反応度を挿入して、原子炉を臨界未満にして、しかもその状態を維持するための機能を備えるように設計された設備を、原子炉停止系という。

炉心の変形、燃料溶融等といった原子炉にとっては危機的状況を安全保護系が正しく検出した場合には、直ちに、スクラム信号が出されて、原子炉を臨界未満にするよう、制御棒が自動的に落とされて、出力は低下させられ、ついには停止させられる。この制御棒が挿入されずに途中で引っかかってしまったりすると、原子炉は臨界超過状態が進行し、ついには原子炉溶融に至るので、原子炉停止系は、極めて重要な設備である。

2　安全設計審査基準について

「高速増殖炉の考え方について」においては、原子炉停止系に関しては次のように定められている。

「原子炉停止系は制御棒により構成されるが、相互に独立な複数の系統により、原子炉を確実に停止できるよう信頼性の高い設計が必要であること」

原子炉停止系が、右基準を充足すべきことは、最低の条件である。もし、右基準を充足していなければ、原子炉等規制法二四条一項四号にいう「災害の防止上支障が無いものであること」という条件を満たしていないことになるからである。

そこで、以下に右基準が充足されているのか否か検討する。

3　原子炉停止系は、制御棒のみである

制御棒は、調整棒と後備炉停止棒とに分けられ、調整棒は、更に微調整棒と粗調整棒とに分けられる。通常の起動・停止は、調整棒によって行い、原子炉の緊急停止は、調整棒と後備炉停止棒とで行うことになっている。

㈠　調整棒

調整棒は、中性子吸収材をステンレス鋼製被覆管に納めた制御棒要素を一九本まとめて保護管に入れたものである。

図5に示すように、微調整棒は三本、粗調整棒は一〇本である。

調整棒駆動機構は、炉心上部機構上面に据付られ、通常運転時には、駆動モーターの回転により、調整棒の引抜き・挿入を行い、緊急時には、保持用マグネットが消磁して、調整棒を落下させることになっている。

㈡　後備炉停止棒

後備炉停止棒は、調整棒と同様、中性子吸収材を被覆管に包んだ制御棒要素一九本を、保護管に入れたものである。全部で六本備えられている。

後備炉停止棒は、通常運転時には、全引抜きの状態であるが、緊急時には、保持用マグネットを消磁して、落下される。

4　独立二系統といえないこと

調整棒と後備炉停止棒は、たしかに駆動機構が異なっており、一応は独立の二系統といえないこともない。しかしいずれも、蜂の巣状に並んだ炉心燃料集合体の中に挿入される点では、差異が存在しない。駆動機構自体が、共通の原因で故障する可能性は大きい。また、燃料集合体の変形・溶融等により、調整棒が引っかかって挿入されない場合には、後備炉停止棒は、燃料集合体の隙間に挿入されるものであるから、調整棒と同様に、途中で引っかかって挿入されない恐れは、十分にある。こうなると、原子炉は停止されず、いわゆるスクラム失敗の状態になってしまう。これでは、独立の二系統の停止系とは、とても言えないことになる。軽水炉においては、制御棒の外に、ボロン注入による原子炉停止機構のような、著しく機構の異なる安全機能を有している。

「もんじゅ」においては、類似した調整棒と後備炉停止棒の二系統しか備えられていない。これは、「スクラム」という原子炉の本質的な安全保護系について、複数の原因が重なった事象・失敗に対する対策が、極めて不備であることを意味する。著しく機構の異なる二ないし三系統の停止系を備えていない本件原子炉は、「災害の防止上支障がないものであること」という要件を備えていないことになる。

六、緊急炉心冷却装置の欠如

1　「もんじゅ」では、軽水炉で考えられているような、配管の完全破断によって、炉心から冷却材が喪失するという一次冷却材喪失事故は、考慮されていない。

万一、一次冷却材喪失事故が起こったとすると、この場合には、炉心の冷却が緊急かつ適切に行われなくてはならない。そうでないと、燃料温度は急激に上昇し、燃料は溶融して原子炉の底に落下し、再臨界を起こし、原子炉は溶融し、炉心内に蓄積されている大量の放射能を環境中に放出し、深刻な人的・物的な損害を広い範囲にもたらすことになる。

2 安全設計審査指針について

「高速増殖炉の考え方について」においては、「原子炉冷却材バウンダリは、冷却材の漏洩またはバウンダリの破損の発生する可能性が極めて小さくなるよう考慮された設計であるとともに、冷却材の漏洩があった場合、その漏洩を速やかに、かつ確実に検出できる設計が必要であること。原子炉カバーガス等のバウンダリは、原子炉カバーガスの漏洩またはバウンダリの破損の発生する可能性が十分小さくなるように考慮された設計が必要であること」とされている。

ここで、原子炉冷却材バウンダリとは、事故時等には、原子炉から放射能が放散しないようにする障壁を形成するものであるとされる。

では、決して配管の破断事故は有りえないといえるのだろうか。この点に関しては、第四、安全審査における事故評価の誤りの項で検討するように、一次冷却系配管完全破断の確率は軽水炉と比較して低いとはいえないことがわかる。とすれば、事故に備えて緊急炉心冷却装置はなければならない装置である。「もんじゅ」に、一次冷却材配管破断事故が発生した場合に恐るべき災害をもたらす炉心溶融事故を未然に防止するために設けられるべき緊急炉心冷却装置が存在しないことは、原子炉等規制法二四条一項四号に言う「災害の防止上支障がないこと」なる要件を充足していないことになる。

これは、本件許可処分の無効をもたらすものである。そのうえ、操業を開始した場合の危険性は極めて大きいのであるから、操業は事前に差止められなければならないのである。

第二　高速増殖炉の事故論

一、はじめに

世界各地の高速増殖炉で発生した事故は表12のとおりであるが、これを見るかぎり、科学の粋を集積した高速増殖炉も事故発生を防止しえない未完成な科学技術といえるばかりか、高速増殖炉の安全性を確認するうえで決して看過することのできない重大事故が世界各地の増殖炉において多数発生していることを指摘しうる。

右表のうち代表的な事故を四点ほどあげて詳論する。

二、EBR－Iの炉心溶融事故（アメリカ）

1　炉の概要

EBR－I炉はアメリカ、アイダホ州においてアメリカ原子力委員会によって計画推進され、一九五一年八月に臨界となった実験炉である。

熱出力は一二〇〇KW、電気出力は一五〇KWであり、冷却材として金属ナトリウムを使用しており、世界で初めて実用に供しうる程度の発電を行い、多くの実証と実験を重ねた。

2　事故の概要

一九五五年一一月二九日、当時原子炉の反応度の異常の原因をつきとめるために冷却材流速の影響を区別し、燃料温度上昇による原子炉反応度変化を測定する目的で、短時間冷却材流量を止め炉心内の自然循環のみの場合の反応度係数を測定する実験が実行されていた。

この際、原子炉安全系を外して出力上昇を行った時、出力が上がりすぎたので緊急停止用の制御棒を指示したところ、技師が誤って調整用制御棒を用いたため、炉心温度が急上昇して一一〇〇度C以上に達した。そして、ステンレス鋼の被覆管のウラン二三五が溶けて原子炉容器の底に落下して炉心に流入してくるナトリウムとリンがこの溶融ウランをコップ状に固化し、このコップの中にさらに大量のウランが流れ込み全体の炉心ウランの四〇～五〇パーセントが溶けて炉心破壊したところでようやく制御棒が作動して事態の進行が止った。

3　事故の影響

炉心ウランの溶融によって炉内が放射性を帯びたため、約二年間の除染及び炉内修理改造を余儀なくされ、運転が再開されたのは一九五八年初頭のこととなった。

4　事故の原因

この事故は、前記のように技師が制御棒のボタンを押しまちがえた人為的ミスにより発生したものである。

5　事故の評価

この事故は、人為的ミスから高速増殖炉が暴走して核爆発をひき起こす可能性があることを証明した。人為的ミスは、どのように努力しても完全に発生させないと保証することはできないものである。

三、エンリコ・フェルミ実験炉の燃料溶融事故（アメリカ）

1　炉の概要

エンリコ・フェルミ実験炉はアメリカ、ミシガン州ニューポートにおいてデトロイト・エジソン会社によって一九五六年に建設され、一九六三年に臨界を迎えた。

熱出力は二〇万ＫＷ、電気出力は六万六〇〇〇ＫＷであり、液体ナトリウム冷却である。

2　事故の概要

一九六六年一〇月五日、第一蒸気発生器とサブアセンブリーのナトリウム出口温度測定をしていたところ、原子炉容器下部のナトリウム整流板（ジルコニウム製）がはずれて、冷却材ノズルの流路閉鎖が起こり、高濃縮ウラン燃料の一部が溶融した。

3　事故の影響

この事故により管理当局は、人口二〇〇万人のデトロイト市とその周辺の住民に対し退避勧告を出すことを検討していた。実際全ての地方警察署と防災当局に警報が発せられたという。

会社側は、このフェルミ一号炉の再開を計画していたが、一九七二年八月、原子力エネルギー委員会が運転中止命令を出し、この発電所は永久に閉鎖された。

4　事故の原因

事故は、前記のようにジルコニウム製のナトリウム整流板がはずれて冷却材ノズルの流路が閉ざされたために燃料の溶融が発生したというものである。

5　事故の評価

右事故で注目されるのは、燃料が溶けた効果で密度が落ち、反応度が低下したため溶融は直ちに検出されず、反応度低下に惑わされた運転員をして低下した出力を持ち直すため制御棒を引き抜くという作業をさせたことであった。この事故で漏れ出た放射能が警報を鳴らし続け、一〇分以上経過してからようやく原子炉が停止されたのであるが、たまたま低出力運転であったため大惨事には至らなかった。

高速増殖炉におけるこのような事故は各燃料被覆管、冷却材間の激しい化学反応を発生させ、化学爆発を経て本物の核爆発に至る可能性を表わしている。

四、フェニックス原型炉の蒸気発生器の事故（フランス）

1　炉の概要

フェニックスはフランスの高速増殖原型炉であり、一九六八年に建設され一九七三年八月に臨界を迎えている。

電気出力は二五万KWであり、営業運転を一九七四年七月から行っている。

2　事故の概要

営業運転を開始した直後の一九七四年九月と一九七五年三月に二次系熱交換器にナトリウム漏洩が起き、炉を停止し故障ループを隔離しナトリウムを排出して修理を行った。その間、他のループを用いて三分の二の出力で運転しながら一九七八年まで修理改造を行った。

最近では、一九八二年四月二九日、二次冷却系のナトリウムが三次冷却の水に漏洩し、水素が発生したため炉が停止した。またその翌日三〇日、停止中の炉で二次系のナトリウムが空気中に漏れて火災が発生し、この二つの事故のためにフェニックスは二ヶ月間停止した。その後三基の蒸気発生器のうち二基で運転し、一二月にようやく修理を終えて定格出力に戻した矢先である同年一二月に第一蒸気発生器、八三年二月に第三蒸気発生器の再熱器（配管）にナトリウム漏洩が発生、同年三月二〇日には第一蒸気発生器の加熱器にも漏洩が発生した。四回目の故障のあと加熱器の当初のモデルは全て交換を余儀なくされた。一九七四年からの設備利用率は五八・四パーセントであり、その経済性に疑問が残る。

五、BN―三五〇の事故（ソビエト）

右原子炉は、ソビエトの熱出力一〇〇万KW（電気出力一五万KW、他に二〇万KW相当分は脱塩水製造）の原子炉であり、一九七二年初臨界を迎えた。

運転開始以来事故が続き、一九七三年五月及び九月、一九七五年二月と三回にわたり蒸気発生器に漏洩を起こしている。

これらの事故は、蒸気発生器六基のうち三基に水漏れが発生したものであり、このうち一回の事故では約一〇〇キログラムの水が流出して、冷却材の液体ナトリウムと激しい化学反応を発生させた。ソビエト政府はこの重大な事故の詳細を明らかにしていないが、火災が起こり白煙が立ちのぼったとアメリカの人工衛星による観測結果が伝えているることから、火災が起こり何らかの爆発が発生したことはほぼ確実とみられている。

第三　高速増殖炉以外の炉の事故論

一、高速増殖炉以外の炉の事故を検討する意味

原子力発電は、原子炉内の核分裂反応で発生する熱を利用して蒸気を作り、この蒸気でタービンを回して発電する。その意味で、原理的には高速増殖炉も軽水炉も全く同様といっていい。

ところで、軽水炉は高速増殖炉に比べて使用する核燃料の量も少なく、その制御も高速増殖炉に比し簡単であると考えられている。

しかし、このような軽水炉にあっても、後に見るように、過去において多くの重大事故が発生しており、それらの事故の個々の原因を検討すると、制御しやすいはずの軽水炉においてさえ事故発生が不可避であることが判明する。そして、それらの事故原因が軽水炉に特有のものではなく、高速増殖炉を含むすべての原子力発電に原理的構造的に共通するものであり、したがって、過去における軽水炉等の事故とその及ぼした影響などを見ることによって「もんじゅ」の持つ事故発生の危険性を十分に知ることができる。以下では、これら軽水炉等の事故例を検討する。

二、NRX炉・炉心溶融事故（カナダ一九五二年一二月一二日）

1 NRX炉の概要

NRX炉は一九四七年、カナダのオンタリオ州チョークリバーに、カナダ政府の原子力研究センターによって建設された。

出力は四万KW。燃料には天然ウランを使用し、減速材として重水、冷却材として軽水を用いる試験研究炉で、当時、世界で最も優れた性能をもつ原子炉といわれていた。

2 事故の概要

㈠ 事故が発生した一九五二年一二月一二日当時、原子炉は低出力運転中で、新しい燃料棒と長時間燃焼させた後の燃料棒との核分裂連鎖反応を続ける能力の相違を調べる実験を行っていた。

右同日一五時ころ、制御室には計画部長、物理研究員、保健物理学者、運転責任者、運転員ら一〇数名が集まり、実験準備を完了していた。

㈡ 実験を開始しようとしたとき、原子炉の地下にいた運転助手が、誤って四つのバルブを開栓したため三本の制御棒が上昇し、これが事故のきっかけになった。右のバルブは空気圧を安定に保って制御棒の上昇を防ぐ機能を果しており、この機能が失われれば原子炉は制御されずに出力暴走を起こすことになる。

バルブの開栓に気づいた運転責任者は、地下に降りてバルブを締め、これにより一定程度制御棒が下降したが、途中でつかえが生じ完全には下降しなかった。そこで運転責任者は、制御室の運転員に電話で、「ボタン四番と三番を押せ」と命じるつもりで、誤って「ボタン四番と一番を押せ」と命じ、運転員はこの命令の操作を実行した。

㈢ 同日一五時七分、誤って押されたボタン一番によって制御棒が引抜かれ、原子炉は臨界を超過した。この間、原子炉の出力は二秒毎に倍の割合で上昇し、ボタンの誤操作から二〇秒後には一万KWを超過した。

㈣ 運転員が原子炉を制御できずに狼狽している時、制御室にいた物理学者が、減速材の重水を放出して核分裂を止める以外に方法はないとの判断で、重水放出弁を開き、重水放出の三〇秒後に出力は低下し、ゼロになった。

㈤ しかし、原子炉からは放射性物質を含む冷却材の軽水が噴出して原子炉建屋内の空気汚染が始まり、また、大気中の放射能測定器が振り切れる事態となった。このため、緊急外出禁止の警報が発令された。更に、ボタン一番の誤操作から四分後には、四トンもある原子炉容器の巨大な蓋が爆発音とともに浮き上がり、容器上部からは軽水が噴出し、放射線警報装置が鳴り、スチーム・ファン付近の放射能測定器は、致死量の放射能を検出した。

㈥ 同日一五時四五分、建物の内外を問わず、原子力施設全域からの退去命令が出され、最少不可欠の運転要員のみが事態を傍観する中で、事故発生から数時間後、原子炉の状態はようやく安定に向かった。

3　事故の影響

(一)　ボタン一番の誤操作の後、運転員が手動で制御棒を下降させようとして失敗した時点で、出力は二万KWを超えていたものと推定された。そして、出力が一・七万KWを超えたあたりで燃料棒のいくつかで沸騰が起こり、前記のように軽水が噴出し、その一〇～一五秒後には、出力は六万～九万KWに達したものと推定された。この結果、燃料棒が溶融して被覆管が破損し、原子炉内部には水素爆発を起こした形跡も認められた。

(二)　溶融・破損した燃料棒から放出される約一〇万キュリーの放射能は、四〇〇〇キロリットルの冷却材の軽水に含まれて原子炉建屋の地下に溢れ、これらの水の処理、施設の汚染除去及び修復のために一四ケ月の歳月と一五〇万ドルの費用が費された。

4　事故の原因

事故の直接的な原因は、前記のとおり、運転員の弁の誤操作にある。しかし、この誤操作による事故発生を回避するための機構が機能しなかったことも大きな原因となった。機構的欠陥のために制御棒が完全に下降しなかったり、本来はインターロックによって上昇しないはずの制御棒が上昇するなどの事態が、事故拡大の大きな原因となった。

5　事故の評価

この事故は、一つの事故が発生するとそれが次の事故に発展し、更にまた次の事故を生み出すという原子炉事故の特徴を明らかにした。人為的なミスがもたらす結果も同様であり、しかも人為的ミスは、誰もこれを起こさないと保証することはできない。そして、ミスの発生を予測し、そのミスが事故に結びつかないようにする装置（例えば前記のインターロック）自体が機能しない場合のありうることもこの事故は明らかにした。

三、SL－1炉・臨界暴走事故（アメリカ一九六一年一月三日）

1 SL－1炉の概要

SL－1炉は、アメリカ陸軍のレーダー基地に対する電力と熱の供給源として、一九五八年にアイダホ州の国立原子炉試験場に建設された。

原子炉型式は、高濃縮ウラン（ウラン二三五を九一％含む）を燃料とする沸騰水型軽水炉で、三〇〇KWの熱出力と二〇〇KWの電力、電力換算四〇〇KWの暖房用熱源がとり出せるよう設計されていた。

2 事故の概要

㈠ 原子炉は、一九六〇年一二月二七日から三〇日まで定期点検、測定器類の校正、プラントの回収などが実施され、一九六三年一月三日早朝から点検補修の最終作業が実施され、翌四日から運転再開の予定だった。

(二) 一九六一年一月三日午後四時から、三名の運転員が同一二時までの夜間勤務につき(昼間の勤務要員は約六〇名)、これら運転員に対しては、原子炉の水位を復元させ、制御棒を組み立ててプラグを取り付けること、及び翌朝からの運転再開に備え、制御棒駆動モーターを接続することなどが命じられていた。

同日午後五時三〇分から九時までの運転日誌には最後の記入事項として、「汚染水タンクの水位記録計が指示目盛りに達するまで炉水をポンプで移送」などの記載があり、事故発生当時、三名の運転員は制御棒駆動機構を元に戻す作業に従事していたものと推測される。

(三) 同日午後九時一分、中央施設の通報室や消防署の火災報知器が原子炉での火災発生を報じた。SL－1炉のある原子炉試験場は二三〇〇平方キロに及ぶ広大な敷地を持ち、試験場の従業員らは約六〇キロメートル離れたアイダホフォールズに居住し、事故の起きた夜間には原子炉周辺には夜勤者など少数の関係者しかいなかった。

(四) 火災発生を知って臨場した消防士は、原子炉の制御室に電話を入れたが応答はなく、同九時一二分に原子炉の補助建屋に接近したところ、放射線の線量が毎時一・五レムに達していることを計測した。原子炉制御室に通じる階段の扉まで進出した消防士は、①制御室内に人影はなく、火災や煙もないこと、②制御パネルの光が全て消えていること、③階段の入口の線量が毎時二〇〇から三〇〇ミリレムであることなどを確認した。

同一〇時五〇分、原子炉建屋に進入した救助隊は、同所で三名の運転員の死亡(但し、一名は発見当時はまだ生存していた)を発見したが、その時の原子炉の真上での線量は、致死量の二倍の毎時一〇〇〇レム以上と推定された。

㈤　消防士らが現場に臨場した時、原子炉は既に停止しており、炉心は臨界未満の状態であることが確認されたが、事故は中性子爆発を伴ったものと推定され、原子炉容器に接続されている蒸気配管、給水配管などは全て破断しており、これらから、全重量一三トンの原子炉が爆発によって一メートル余り飛び上がったことが認められた。

3　事故の影響

㈠　前記のとおり、この事故により三名の運転員全員が死亡したが、内一名の身体は、原子炉の制御棒によって鼠径部から肩に貫かれ、死体が原子炉建屋の天井にひっかかるという惨状を呈した。そして、この死体の収容には、建屋内の高い放射能線量のため、事故発生から六日を要した。また、死者の身体、装身具からはイットリウム九一、コバルト五八、クロム五一などの核分裂生成物が検出され、この事故が原子炉の臨界暴走によるものであることを裏づけるとともに、死体の有する大量の放射線のため、事故当時露出していた手や頭は死体から切断されて放射性廃棄物とともに埋めなければならなかった。

㈡　原子炉建屋が破壊を免れ、また燃料ウランが燃焼に至らなかったため、大気中への放射能の漏出は少量に止ったが、建屋内の放射能線量は容易に低下せず、事故後の数ヶ月間、作業員は建屋内で六〇秒以上作業することを認められなかった。この事故による損害は、四三五万ドルと算定されている。

4　事故の原因

運転員全員が死亡したため、原因の詳細は明らかではない。ただ、SL－1炉は中央の制御棒を一本引抜くだけで臨界にすることが可能であり、事故当時はこの制御棒の駆動機構がはずされ、手で引抜く作業に従事していたものと思われるので、制御棒が急に引抜かれて反応度が急上昇し、炉内の水が沸騰して蒸気泡が発生し、これが更に制御棒を押し上げる結果となり、遂に爆発に至ったものと推定されている。

5　事故の評価

この事故は、一本の制御棒で臨界に達するような原子炉の設計及び補修・点検が十分な指導や監督も行われずに手動で実施されていることなど、原子炉の設計や維持、管理における構造的欠陥を明らかにした。原子炉が人のいない広大な敷地内に建設されていたこと、建屋が辛うじて維持されたことなどの幸運な条件がなければ、周辺に壊滅的な被害をもたらしたことが確実である。当時、アメリカ原子力委員会は事故原因について、「運転員の一人が恋愛問題から自殺を図り、制御棒を故意に引き抜いた」と結論したが（一九七九年三月六日に公表された事故調査報告書）、死者に事故原因を転嫁したものというべきである。

四、ウィンズケール炉・環境汚染事故（イギリス一九五七年一〇月一〇日）

1ウィンズケール炉の概要

ウィンズケール炉は、イギリスのカンバーランド州シェラフィールドに、イギリス原子力公社によって建設され、一九五〇年七月に臨界に達したプルトニウム生産炉である。

原子炉型式は黒鉛減速空気冷却炉で、燃料には天然ウランが使用されていた。

2 **事故の概要**

(一) ウィンズケール炉では、一九五七年一〇月七日午後からウィグナー・エネルギー(減速材の黒鉛が高速中性子で照射されたとき、格子状の原子配列にひずみが生じてエネルギーが蓄積されるもの)の放出作業が予定されていた。この作業はウィグナー・エネルギーの過剰蓄積による危険を避けるため、黒鉛を加熱して放出させるものである。同日未明、原子炉を停止させ、ウィグナー放出のために冷却用の送風機が止められた。冷却用の送風を停止することにより減速材の黒鉛に蓄積されたエネルギーが徐々に放出されるものと予想された。

(二) 同日午後七時から、ウィグナー放出を促進させるため原子炉を局部的に臨界超過の状態にして加熱し、翌八日朝、一旦加熱は停止された。しかし、黒鉛の温度が低下の傾向を示したので、同日午前一一時五分、再び加熱のため原子炉は臨界超過にされた。この時燃料ウランの温度の急激な上昇が生じたため、これを低下させるため制御棒が挿入された。しかし、黒鉛の温度が上昇し、燃料ウランの温度を示す熱電対が、ウィグナー放出作業時の燃料ウランの正確な温度を示さなかったため、原子炉の状態を把握することは困難になった。この状態は九日まで続いたが、後日の調査では、八日の再加熱の時点で、燃料ウラン(棒)の何本かが既に破損し、九日には加熱した燃料ウランが他の燃料棒を破損させ、かつ燃焼させていたことが判明した。

(三) 一〇月一〇日午前五時四〇分、排気用の煙突頂上で高い放射線量が検出され、一旦は低下したものの、同日午前八時一〇分には再び放射線量が上昇し、放射能が大気中に放出されつつあること、つまり燃料ウランが破損していることが明らかになった。

同日午前一一時から午後二時の三時間に原子炉の煙突から〇・八キロメートル離れた保健物理管理建屋で通常の一〇倍を超える放射線量が検出された。また、同日午後、原子炉から風下の一・六キロメートルの地点では通常の四〇〇倍を超える線量が測定された。

(四) 一〇日午後に原子炉の内部を視察したところ、燃料ウランが赤熱して燃えていることが現認されたため、これを手作業で除去しようと試みたが、燃料棒が変形していたため除去できず、結局、原子炉に水を注入することが決定された。一一日から一二日にかけて水が注入され、一二日午後になってようやく原子炉の温度は低下した。

(五) この間、ヨウ素一三一、セシウム一三七などの核分裂生成物が大気中に放出され続けたが、周辺住民には放射能の放出量は大量ではなく、危険性もない旨の広報活動が行われ、一一日になってようやく原子炉施設の責任者から警察署長に対して非常警戒態勢が要請された。

3　事故の影響

(一) ウィンズケール炉の周辺は農場地帯で、その農場でとれる牛乳にヨウ素一三一による顕著な放射能汚染が認められた。一〇月一二日に、原子炉周辺三キロメートル以内の一二の酪農場で採乳が禁止され、一四日午前にはその数は九〇、同日午後には一五〇と激増し、一五日になると総面積五一八平方キロメートルに及ぶ禁止区域が設定され、これが一一月二三日まで続いた。また、肉牛や豚を屠殺した場合には、ヨウ素一三一の蓄積の可能性がある甲状腺を除去するようにとの警告が出された。

(二) この事故による主な核分裂生成物の放出量は、ヨウ素一三一……二万キュリー、セシウム一三七……六〇〇キュリー、ストロンチウム八九……八〇キュリー、ストロンチウム九〇……九キュリーと測定された。事故による放射能の影響が極めて広範囲に及んだことは、事故が最悪の状態に達していた一〇月一二日にかけて、ウィンズケール炉から五〇〇キロメートルも離れたロンドン上空で異常に高い放射能が検出されたことによって裏づけられている。

4 事故の原因

事故の原因は、燃料ウランの破損を早期に発見できなかったことにあるが、その要因は原子炉の加熱に関係する計測装置（熱電対）が正常運転時にしか期待される機能を発揮せず、ウィグナー放出作業においては、炉内の実際の温度を正しく指示しなかったことにあるとされた。

5 事故の評価

この事故は、燃料の破損、燃焼といった状態が一定程度続けば、もはや原子炉の設計上の安全対策では対処しえないことを明らかにした。大量の注水が原子炉自体の廃棄を結果することはともかくとして、燃焼している燃料ウランに水を注ぐことは、新たに水素爆発などの爆発事故をもたらす高度の危険性があり、このような「賭け」のような手段しかなかったことに原子炉事故の対処の困難性が端的にうかがわれる。同時に、このような事故が起きた場合の周辺への放射能漏洩については、これを防ぐ方法が全くといってよいほどないことも明らかになった。排気用の煙突には核分裂生成物を除去するためのフィルターが装置されていたが、この装置は、気体状のヨウ素一三一に対しては全く無力だったのである。

五、スリーマイル島（TMI）原発事故（アメリカ一九七九年三月二八日）

1　はじめに

一九七九年三月二八日、アメリカのペンシルバニア州スリーマイル島原発二号炉で発生した事故は、それまで電力会社や政府が「技術的見地からは起こるとは考えられない事故（いわゆる仮想事故）」としてきた、その事故が現実に起こってしまった、という意味で、「予想を超えた原発史上最大の事故」であったといえる。そこで本項では、まず、この事故の内容を検討する。

2　スリーマイル島原子力発電所二号炉の概要

スリーマイル島原発二号炉は、ペンシルバニア州を流れるサスケハンナ川の中洲（スリーマイル島）に一号炉とともに設置されており、電気出力九六万KWの加圧水型軽水炉であり、着工一九六九年一一月、臨界は一九七七年七月、運転開始は一九七八年一二月である。事故は、この運転開始後約三カ月で起こったのである。

加圧水型炉（ＰＷＲ）は、原子炉で発生した熱を一次冷却水に与え、この熱を蒸気発生器で二次冷却水に伝え、水蒸気となった二次冷却水をタービンに送って発電するものである。

3　事故の要因と経過

スリーマイル島原発事故は数多くの要因が重なって事態を深刻化したといわれている。事故の要因と経過は次のとおりである。

㈠　現地時間の朝四時（一九七九年三月二八日）、タービンから出た二次冷却水を蒸気発生器の二次系へ送る主給水ポンプが突然停止した。

㈡　蒸気発生器の二次系へ水を送る給水ポンプが停止した場合には、補助給水ポンプが作動して給水を続けることになっていたが、右ポンプは作動したものの出口側の弁が閉まっていたため、給水ができなかった。このため蒸気発生器の二次系は、冷却水がなくなって空炊き状態となった。

㈢　給水が止まったにもかかわらず原子炉の運転は続いているため、一次系から二次系への熱の移動が続き、蒸気発生器二次冷却水は蒸発して失われた。一次冷却水は蒸気発生器で熱を与えることができないため温度が上昇し、又、水の熱膨張により加圧器内水位が上昇し、一次系の圧力も急激に上昇した。これにより原子炉は緊急停止した。このとき、加圧器の圧力逃し弁が開き、一次系圧力を下げたが、この弁が閉まらなくなる、という事故が発生した。しかし、原子炉制御室には「逃し弁閉」の表示が出ていたので、原子炉運転員は弁が閉まったものと判断していた。このため以後二時間以上逃し弁が開いていることに気づかず、一次冷却水は逃し弁から流出し、減少していった。

㈣　原子炉が緊急停止して発生熱量が低下し、かつ加圧器逃し弁からの水流出が続いているため、一次系の圧力はどんどん低下し、非常用炉心冷却系の一つである高圧注入系が、事故発生から二分後に自動的に作動した。ところが運転員は、加圧器から水が流失していることに気づいていないから、このまま注入により水位が上昇してしまうと一次系全体が満水状態となり、原子炉は高圧になって危険であると判断し、高圧注入系を手動で停止させた。

㈤　事故発生から一時間以上、原子炉一次冷却水ポンプは運転を続け、一次冷却水を強制循環して原子炉炉心の冷却を行っていた。しかし、圧力の低下にともなって冷却水の水蒸気やガスの量が増加して、気液二相流（水の中に泡が混じった状態）を形成し、ポンプが激しい振動を起こしたため、運転員は冷却水ポンプを停止させた。

冷却水量が減少したうえ、その循環も途絶えた原子炉内では、燃料棒の過熱によって急速に炉心が損傷され、燃料中の核分裂生成物を大量に原子炉に放出する結果となった。この炉内に放出された放射性物質は、加圧器逃し弁の経路から原子炉格納容器内へ、またレットダウン系（水抽出系）の配管から補助建屋へ放出され、格納容器と補助建屋内の放射線レベルが急上昇した。一方、高温になった燃料棒と水蒸気の反応によって水素ガスも発生し、これも原子炉内から格納容器へ放出されて、水素爆発を起こした。

㈥　原子炉格納容器の底部には、排水用のサンプ・ポンプがあり、このポンプはたまった水を隣の補助建屋に移送する役割をもっている。当初、このポンプが事故発生後約五時間作動していたため、原子炉から流出した放射性物質を含んだ水を補助建屋に送り続け、そこから外気へ放射性物質が放出される結果となった。

4 事故の規模

(一) 原子炉炉心の損傷状態

事故後、一九八二年六月から始まった蓋開け前検査計画と呼ばれる調査では、まず、七五％挿入で止まっていた八本の制御棒を一〇〇％まで挿入する試験が行われた。この試験では、四本の制御棒が全く動かないか、ほとんど挿入されず、損傷の大きさをうかがわせた。ついで、同年七ないし八月から始まった調査では、制御棒駆動装置をはずして、カメラ超音波ソナー装置をおろし、炉心上部の観測がなされた。その結果、炉心上部は、高さ方向の四二％にあたる一・五メートルにわたって、水平方向は、全直径に及んで空洞となっていることが明らかとなり、炉心損傷は極めて広範囲かつ本格的なものであることが判明した。

事故直後（一九七九年四月）に設置された大統領特別委員会（ケメニー委員長）報告によって推定された損傷状態は、「燃料被覆管のジルコニウム酸化は約二〇～六〇％、おそらく全管が破裂、しかし、燃料温度は最高二五〇〇度C程度まで、溶融はなかった。制御棒は健全で機能に支障はなかった」というものである。しかし、先の調査結果によれば右の推定より実際の損傷は進んでおり、制御棒機能が一部失われていること、溶融が起こっていた可能性も否定できないことなどが明らかとなったのである。

そして、一九八五年四月一〇日、米政府から事故原因の調査の委託を受けていた「EGアンドG社」の報告によると、事故発生二時間半後に炉心部の金属がウラン燃料とともに二〇パーセントも溶け出していたことが明らかとなった。同報告によると、溶融が始まったのは午前六時三〇分で、炉心部の温度は二八一五度Cまで上昇し、炉心部の金属やウラン燃料の融点を超える超高温になっていた。溶融した炉心上部の金属と核燃料は液体状になって冷却水管を通って下に流れた。午前六時五四分に冷却水の循環が再開された時、溶融した金属は固まったが、それと同時に超高温でもろくなっていた炉心上部が急に冷却されたため破壊され、炉心部ががれきの山となったというものである。

(二) 放出放射能の量

事故当時、燃料棒には、希ガスだけで約一〇億キュリーの放射能が内蔵されていたと推定され、ほとんどすべての燃料が破裂したと考えられるから、内蔵希ガスの大部分は原子炉内に、そして部分的に格納容器に放出されたと推定される。ここからさらに大気中に放出された放射能は約一〇〇〇万キュリーと推定されている。

これを、わが国の軽水炉原発における災害評価の結果と比べてみると、たとえば東海二号炉(電気出力一一〇万KW)の安全審査資料によると、大気中に放出される希ガスの放射能は、重大事故の場合で最大一万三六〇〇キュリー、仮想事故の場合でもその約五〇倍の七〇万キュリーであり、スリーマイル島原発二号炉の事故に比べ一〇分の一ないし一〇〇分の一の大きさにすぎない。仮想事故というのは、技術的には起こるとは考えられない最大限の事故を意味すると定義されているものであり、これを一〇倍以上も上回る放射能が実際に放出されたという事実は、いかにこの事故の規模が大きかったかを物語っている。と同時に、原発の安全審査が事故を過小評価している実態を暴露したものである。

5　事故原因とその背景

先に述べた事故の要因に対応する事故原因とその背景は表13のとおりである。各事故要因を現象的に分類すると、イ、機器の故障（①と③）ロ、運転員の操作、判断が関与しているとみられるもの（②、③の一部、④、⑤）ハ、設計上及び原子炉認可基準の不備等が関与するもの（②、③の一部、④、⑤の一部、⑥、⑥'）の三種類に分類できる。個々の事故の要因の中には、その原因を比較的単純に推定、あるいは断定することのできるものもあるが、②〜⑤の事故のように、明らかに複数の事故の原因及び背景が重なって起こったものも多い。

6　従来の安全性評価方法の欠陥の露呈

「原子力発電所に用いられる機器は優れた品質管理のもとに製造され、信頼性が高く、運転にあたっては入念な管理・点検を実施する。また重要な安全防護系は多重性を有し、独立性にも十分配慮する。さらに原発システム全体として予測される異常事象や誤操作に際し、余裕をもって対応できることを設計段階で確認する。その上、仮に考えられないような事態に至っても多重の防壁により災害を防止できる。」以上が原発の安全設計として宣伝されている。

しかし、この安全設計が如何に破綻を示したか、本件事故に即してみてみることにする。

㈠　「多重性」の崩壊と「共倒れ故障」の怖さ

二次冷却水補助給水系は、三系統設けられ、ポンプ動力にも多用性を持たせるなど、その「多重性」「独立性」にはとくに注意が必要とされる。しかし、スリーマイル島原発事故では、保守点検後バルブが閉じられたままであったため、ポンプは回ったものの給水不能であった。バルブが閉じたままという些細な事象から最重要な安全装置が同時に複数機能しなかったのである。装置を二重三重に設ける「多重性」が「共倒れ故障」の前に如何に脆いかを示す事例である。

㈡「フール・プルーフ」の不成立

「フール・プルーフ」とは、人間の操作ミスがあっても大丈夫なように設計されていることである。つまり、人為的ミスにより重大な事態を引き起こすことはありえないという原則である。補助給水系のバルブが閉じたままであった理由が、仮に開け忘れという人為的ミスであったとしても、重要な安全装置が機能し得ない状態で運転が可能であったのは明らかにシステムの欠陥であり、「フール・プルーフ」の原則から逸脱している。人為的ミスを無くすことは、もともと不可能であり、起こり得る全ての誤操作に対応できる「フール・プルーフ」もあり得ない。本件事故のように、肝心なときに安全装置が機能しない可能性を全ての原発が持っている。

㈢「フェイル・セイフ」のまやかし

故障・誤動作が生じたときに、機器は安全側に作動するというのが「フェイル・セイフ」の原則である。

しかしながら、加圧器逃し弁の場合、一次系の加圧を防ぐという意味では「開」が安全側であり、冷却水の喪失を防ぐという観点からは「閉」でなければならない。したがって、逃し弁には、本質的に「フェイル・セイフ」はないのである。同様のことは、多くの弁やバルブにあてはまり、原発の機器が「フェイル・セイフ」に設計されているというのはまやかしである。

(四)　計器の欠陥と非信頼性

炉心部で水蒸気や水素などのガスが発生すると、系内の水位が失われているにもかかわらず、加圧器水位計は振り切れ、一次系水位の指標とならないことが、この事故で明らかとなった。また冷却チャンネル出口と高温側配管の温度計も、長期間にわたって振り切れていた。これらの温度計は、通常運転時の出力制御用であり、今回の事態は計器の性能を越えたものであった。もともと計測システムは、事故時に対応できるようには設計されていないのであるから、今回の事態で運転員が炉内の状況を的確に把握できなかったのも当然の結果である。

(五)　「多重の防壁」の崩壊

原発には、四重の防壁、すなわち燃料ペレット、燃料被覆管、一次系バウンダリ及び格納容器があり、放射能は内部へ閉じ込められるはずであった。しかしこの事故では、放射能漏れは防止できず、妊婦や幼児に避難勧告が出され、さらに破局的な放射能災害の可能性から、大規模な住民避難が検討されるに至った。もともと事故時には、燃料ペレットや被覆管に防壁の役割は期待できず、本件の事故の場合、ほとんどの燃料棒が破損し、内部の放射能が一次冷却水中へ大量に放出された。一次冷却水は逃し弁から逃しタンクを経て格納容器内にあふれ、格納容器内を汚染するとともに、サンプ・ポンプにより補助建屋に汲み出された。また蒸気発生器の破損により、強い放射能を含む一次冷却水が二次側へ漏洩し、周辺への放射能放出が生じた。辛うじて格納容器破壊にともなう破局的な事態は免れたものの「多重の防壁」もボロボロとなったというのが実情である。

以上にみてきたように、スリーマイル島原発二号炉の事故は、原子力発電所が不可避的にかかえるさまざまな問題点をわれわれに明らかにした。右原子炉はもちろん、アメリカの原子力委員会に安全解析書を提出し、他の原発と同様に「基準」や「指針」に合格したとして、その設置・運転の許可を与えられていたのである。それにもかかわらず、このような重大な事故が現実に発生したのである。われわれは、この事実から目を背けてはならない。

六、大飯二号炉の燃料棒破損事故（一九八一年）

1　大飯二号炉原子力発電所の概要

大飯二号炉は、福井県大飯町にあり、関西電力が所有する電気出力一一七万五〇〇〇KWの加圧水型炉（PWR）であり、一九七九年一二月運転開始した。

2　事故の概要

大飯二号炉は、一九八一年六月一六日、一次冷却水中のヨウ素密度がわずかに上昇した段階で前回の定検から半年を経ずに急遽定検に入っていた。

通産省資源エネルギー庁は、一九八一年八月三一日発表した「原子力発電所の定期検査状況について」の中で、大飯二号炉に関し、次の事故を報告した。

①「定検」中に行った燃料体検査で、四体に漏洩があり、うち二体は外観上燃料体に損傷が認められた。

②蒸気発生器の水室に、化学体制積制御系統からの充てんラインのサーマルスリーブが脱落しているのが見つかった。

というものである。

報道によれば、被覆管一体には一〇数センチに及ぶ破損があったという。

3　事故の原因

同報告は、「当該燃料体がいずれもバッフル板微少間隙に面していることから、バッフル板微少間隙調整の不具合により、その間隙から設定値以上の横流れがあり、燃料体が横方向の力を受けて振動し、バッフル板と当たり摩耗したことによるものと考えられる」としている。

つまり、バッフル板の合せ目部分に生ずる隙間から、冷却水がジェット水流となって炉心に注ぎこまれ、これが原因で燃料棒破損が起こった七三年の美浜一号炉事故(七六年発覚)と全く同じ経過をたどったのである。

4　事故の影響と評価

大飯二号炉事故は、苛酷な物理条件下にある燃料棒に、設計基準以上の力が加わることによって容易に破損に至りうることを示している。

「もんじゅ」においても、「燃料体の健全性の欠如と危険性」で詳述したとおり、高速増殖炉の運転条件が軽水炉と比較にならないほど厳しいものであり、設計過程で予測できない過剰な力が加わることによって、燃料棒の破損事故が発生する危険性は大きいといわなければならない。

七、ギネイ原子力発電所の蒸気発生器細管大破損事故（アメリカ一九八二年一月二五日）

1 ギネイ原子力発電所の概要

一九八二年一月二五日、米国ニューヨーク州にあるギネイ原発（加圧水型炉・ウエスチングハウス社製電気出力四七万KW）で、運転中に蒸気発生器細管が大破損するという事故が発生した。

2 事故の概要

(一) 事故は、一月二五日午前九時二五分に、多くの警報が異常発生を通報したことによってはじまった。事故はAB二つある、蒸気発生器（SG）のBSGで細管の大破損が生じたため発生した。細管の破断口から高温蒸気状の一次冷却水が噴出したため炉圧力が急低下し、三分後には原子炉が自動停止し、高圧注入系の緊急炉心冷却装置（ECCS）が自動作動した。

(二) 一五分後に制御員はようやくBSGの細管破損と判定し、B主蒸気隔離弁を手動で閉めた。

(三) 事故発生四二分後、BSG細管からの一次冷却水漏れを減少させるために、加圧器逃し弁を開いて原子炉圧力を下げた。四三分に再度逃し弁を開いたところ弁が開固着し、炉内減圧（五六気圧）のため原子炉上部で沸騰が起こり、加圧器の水位が押し上げられ、逃し弁の元弁を手動で閉じて、ようやく炉心の冷却を保ち、大災害を食い止めることができた。

3　事故が周辺環境に与えた影響

(一)　事故の一週間後に、ＮＲＣが議会に提出した資料によると、事故時に環境に流出した放射能の推定最大量として、次の数字（単位はキュリー）をあげている。

流出径路	流出放射能		
	希ガス	ヨー素	その他
空気抽出器	525	0.002	―
二次系安全弁	6	0.025	0.4

(二)　これらの放射能は、放射性雲となって、発電所から南東方向に流出していった。そして、その雲からの放射線による体外被曝線量は、敷地境界付近にニューヨーク州が置いていたＴＬＤの読みから、約五ミリレムと推定されている。右記の流出放射能量は、大規模な炉心崩壊を招いたＴＭＩ原発事故に比べれば、もちろん桁違いに少ないが、米国でこれまでに起こっている二つの細管破損事故の際には、大気への流出について何の発表もなかったことから見ても、今回の事故はこれまでの蒸気発生器事故のうちで最大のものといえる。

4　細管破損の形態及び原因

(一)　事故の約一週間後の電力会社の調査で、蒸気発生器内の一本の細管に、長さ一二センチメートルもの裂け目がみつかった。この破損口だけでも細管一本が真横にギロチン破断した時の倍ほどの熱湯を噴出したであろう。

(二) その後、光ファイバーで蒸気発生器を調査した結果、次の重大な事実が判明した。すなわち、一般に原発では、細管に破損が発見されるとその細管の両端に止め栓を打ち込み封じる措置（盲栓）をとってきた。わが国でも、本件原子炉付近の美浜一号炉では八八五〇本の細管のうち実に二二〇〇本以上の細管が栓で封じられ、大飯一号では一万三五〇〇本の細管のうち約一九〇〇本（一九八五年四月からの定検で細管約一一〇〇本に損傷が発見され、うち六六一本が施栓された）、その他に約二〇〇〇本の細管が封じられている炉として美浜二号、高浜一号、二号、玄海一号などがある。

ギネイ原発でも、これまで細管が破損すると、このような措置をとってきていたが、止め栓で封じた多数の細管のうち一三本がひどく破損し、特にそのうちの一本は粉々に砕け散っていることが判明したのである。このような破損は、蒸気発生器内の振動のためと考えられている。また、蒸気発生器内には飛び散った細管の三つの破片がみつかっており、細管の破損はこのような破片が細管に突き刺さったためとも推定されるものである。

5 事故の評価

(一) 安全審査の想定していなかった事故

ＰＷＲの想定事故による災害評価については、その一つとして、蒸気発生器細管破断事故が想定されているが、その事故では、一本の細管が完全破断するとされている。従来の原発訴訟で原告住民側は、一本破断でなく複数本の細管破断を想定すべきであると主張したが、被告国側は、そのような事故は想定不適当であると主張してきた。複数本破断では、破断口からの原子炉水（一次冷却材）の流出量が大きくなり、「身の毛もよだつような事故」になりかねない、と住民側は主張してきた。

ところがこのギネイの事故では、複数破断に相当する大破断が現実に発生したのである。

㈡　思いがけない事故の展開

(1)　現在の安全審査の災害評価では、蒸気発生器細管破断事故が起こっても、発生後三〇分程度で事故は収まり、大災害に至らないことになっている。しかし実際には、大災害を免れたギネイ原発でも、七九分後に「所内非常事態」が発令され、三四時間もたって、ようやく原子炉を安定状態に保つことができた。これは、ＴＭＩ原発事故と同様に、思いがけない事態が発生したためである。

(2)　細管の破断口が大きく、予想外の原子炉圧力の低下があったためか、ＢＳＧの細管破断だと判断するまでに一五分もの時間を要している。また、細管破断口からの原子炉水の流出を抑えるためには、原子炉圧力を下げねばならない。それには、適当な時にＥＣＣＳからの給水を止める必要がある。しかし、ＴＭＩ事故の教訓があっただけに、運転員はＥＣＣＳの停止をためらった。そのため破断口からの流出が続き、二次系安全弁が二回も開くという事態をもたらした。

(3)　さらに、原子炉圧力を下げるためには、加圧器逃し弁を開けばいいのだが、ＥＣＣＳの作動と同時に、弁を駆動する圧縮空気系統も遮断される設計となっていて、弁を開くことができなかった。そして、ようやく空気系統が復活した後、逃し弁を開いたが、今度は、ＴＭＩの場合と全く同様に、開きっ放しになってしまった。そのため、原子炉の圧力が下がりすぎて、原子炉内で沸騰が始まるという緊急事態となった。あわてて逃し弁の元弁を閉じて炉心の破壊を食い止めたが、格納容器内に三〇トンもの原子炉水があふれ出るという事態になったのである。

㈢　より重大な事態に発展した可能性

ＮＲＣ報告書は、実際には起こらなかったが、より重大な結果をもたらすおそれのあった事態を、いくつかあげている。たとえば、二次系の逃し弁や安全弁が開きっ放しになれば、ＥＣＣＳから注入された水も、そこからどんどん大気中に流出し、遂には、注入用水の枯渇→炉心溶融という最悪事態も起こり得ると指摘し、そうした事態は、これまで全く考えられてもこなかったと警告している。

㈣　高速増殖炉にとっての意味

高速増殖炉は、軽水炉と構造、温度、圧力が全く異なるので、同一に考えることはできないが、高速増殖炉においても、蒸気発生器細管破損事故は発生しており、大破損の場合の水蒸気のナトリウム側への噴出による水・ナトリウム反応による深刻な危険性は第四部、第四、三で後述するとおりである。ギネイ原発事故は、大規模な蒸気発生器細管事故の現実性を示した点で「もんじゅ」にとっても重大な意味がある。

八、セイラム一号炉原子力発電所の制御棒不作動事故（アメリカ一九八三年二月）

1　セイラム一号炉原子力発電所の概要

セイラム一号炉は、アメリカ、ニュージャージ州にあり、ＰＳＥＧ社の所有する電気出力一〇九万Ｋ

Wの加圧水型炉（PWR）で、ウエスチングハウス社製である。

2　事故の概要

セイラム一号炉で一九八三年二月二二日、二五日の二回たて続けに制御棒が信号通りに入らないという、原発の安全の根幹にかかわる重大事故が発生した。

二月二二日の二二時前、セイラム一号炉の主電源回路が故障し、主冷却水ポンプ一台と給水ポンプ一台への電源が喪失し、中央制御室の照明も消えた。この時原子炉はフル出力の二〇％で稼働中であった。非常用電源が入り、電力は復活したが、蒸気発生器のひとつで水位低下の信号が発せられた。

この信号によって原子炉が自動停止するためのスクラム信号が入り、同時に運転員は手動操作によっても原子炉を停止させた。原子炉は停止し、何事もなかったかのようだった。ところが、三日後の二月二五日にも、原子炉が出力一二〜一四％から上昇中に同じような事故が発生し、原子炉が停止した。このときも何事もないように思われたが、事故後のチェックで、原子炉はスクラム信号によって自動停止していなかったことが判明した。運転員が別個に行った手動操作でかろうじて停止していたのだった。

翌日にNRCの検査官の立会検査でもっと驚くべきことがわかった。二二日の停止のときもスクラム機構が働いておらず、しかも会社側の人間は、そのことにまったく気づいていなかった（コンピュータのプリントアウトは記録していた）。手動操作で停止していたからよいようなものの、大惨事になる可能性が高い制御棒不作動事故（いわゆるATWS）であったことが判明したのである。NRCはこの事故に関して、PSEG社に五月六日、罰金八五万ドル（約二億円）を課した。

3　事故の原因

事故の原因は、制御棒駆動系のブレーカー（電流遮断器）が働かなかったためである。加圧水型原発の制御棒は、原子炉上部から重力によって落下して炉内に挿入される。この落下を生じさせるには、スクラム信号によってブレーカーが働き、電流が断たれる必要がある。そのブレーカーDB五〇は、確かに信号を受けたのだが、作動しなかったのである。

実は、スクラム系のような重要な安全系は〝冗長〟といって同じ機能が二重に取りつけられている。この場合、ブレーカーが直列に二つついていて、そのどちらか一方が働けば制御棒は挿入されたはずなのだが、二つとも働かなった。そうやって二二日の自動停止に失敗し、気づかず放置したため二五日にも繰り返したわけだ。〝フェイル・セイフ〟のために〝冗長〟になっていたはずのシステムも、何の働きもしていないことがわかったのだ。

このブレーカーDB五〇の不作動は、そこで使われていたUVコイルの不作動によるが、実はこのUVコイルは以前から動作不良が知られ、ウエスチングハウス社では要注意事項としていたらしい。七一年と七三年に既に不作動事故を起こし、ウエスチングハウス社は年二回の点検と清掃給油を指示していた。電力会社のPSEG社では、この指示の実施を怠った。NRCの調査では、そもそもこのブレーカー自体の欠陥が示唆されているという。もともとこのブレーカーは、一九四〇年代に火力発電所用に作られたものを改良しているが、その種の用途ではブレーカーは耐用年限までの間に二〇〜三〇回しか作動しない。しかし、セイラム原発では年に五〇回も作動するため、数年の使用で摩耗していたのである。

4　事故の影響と評価

ＮＲＣの計算では、もう一〇〇秒手動操作が遅れていれば深刻な炉心損傷を引起こしていただろうとしている。事故がフル出力中に生じていれば手動操作のための余裕時間は制限され、より深刻な事態を生じかねないものであった。

制御棒不作動事故が原発の安全にとって致命的であることは、軽水炉であれ、高速増殖炉であれ、何ら異なるところはない。セイラム一号炉事故は、制御棒不作動事故の可能性を現実に示した点で、本件安全審査上も重大な意味を持つ。

九、美浜一号炉の問題

1　美浜原発の概要

美浜原発は、関西電力が福井県三方郡美浜町に建設した加圧水型軽水炉三基から構成されている。一号機（電気出力三四万ＫＷ）は一九七〇年一一月に、二号機（同五〇万ＫＷ）は一九七二年七月に、そして三号機（同八二万ＫＷ）は一九七五年七月に、それぞれ運転を開始した。このうち美浜一号炉は「もんじゅ」に隣接し、重大事故が相次ぎ、また極端に稼働率の低い明白な欠陥炉である。そこで、ここでは美浜一号炉の運転開始から今日までを簡単に振り返ってみることとする。

2　一九七二年六月一三日蒸気発生器細管漏洩事故

㈠　一九七二年六月一三日一四時ごろ、全出力運転中の美浜原発一号炉のプロセス・モニタリング・システム内のいくつかの箇所において、放射能の測定値が急上昇する事態が発生した。

各測定器のチェックとサンプルの調査の結果、二次冷却水も放射能レベルが平常時より高いことを確認した。

異常発生後、監視員を増強して運転を継続し、六月一五日零時五五分一号機を停止した。

㈡　科学技術庁及び地方自治体の立会のもとで、蒸気発生器の漏洩試験を行った結果、一本の細管に漏洩があった。

関西電力側ははじめ、細管漏洩箇所は少数で、しかも盲栓をすればいとも簡単に運転再開が可能であるかのようにいっていた。しかし、このときの補修で損傷の疑いのある細管及び調査のため切りとった細管の合計は一一〇本に達し、運転再開にこぎつけたのは、半年後の同年一二月九日であった。

3　一九七三年三月一五日蒸気発生器細管の破損事故

㈠　その後一九七三年三月一五日に原子炉は停止され、定期検査に入った。ところが、検査の結果、かなりの数の細管に管の肉厚が薄くなる減肉が認められ、ひどいものは肉厚の三〇％まで減肉していた。このため通産省は、運転再開後の一次系の漏洩の防止と、運転の信頼性を確保するためと称して、合計一九〇〇本もの細管に盲栓をするよう指示した。この結果、細管総数八八五〇本のうち、第一回に補修したものを含めると、二〇〇九本に盲栓が施されて使用不能となった。

㈡　蒸気発生器細管破損の原因

ない。

蒸気発生器細管破損の原因として様々な理由が挙げられてきたが、まだ決定的な原因は見出されてい

蒸気発生器細管の破損事故の原因の一つとして、細管の応力腐蝕割れが考えられている。この応力腐蝕割れは、世界中いたる所の原発において発生したことから、原子炉の安全性に重大な問題を提起した。

応力腐蝕割れの原因は、原子炉の一次圧力系構造材の製作・加工時における熱処理に起因するもので、オーステナイトステンレス鋼の熱鋭敏化によるもの、あるいは溶接熱応力で鋭敏化した部分が一次系高温水の溶存酸素濃度の比較的に高い環境のもとにさらされて発生するものと考えられている。

細管破損の原因として、細管の外側を流れるタービン水の腐蝕どめに使われていたリン酸ソーダが原因であるとの見解もある。しかし、リン酸ソーダをやめ、ヒドラジンなど揮発性の薬品に替える対策（AVT法と呼ばれる）をとった後も細管破損は発生しており、リン酸ソーダが細管破損の決定的要因とは考えられない。

㈢　事故の評価

応力腐蝕割れは、原子炉システムのあらゆる部分にわたり、一次系では原子炉内部構造材、原子炉容器フランジ、ノズル、配管、ポンプ、弁など、二次系では蒸気発生器、配管、タービンなどで発生している。

4　一九七三年三月燃料棒折損事故隠し

㈠　事故の概要

美浜一号炉では、一九七三年四月四日の第二回定期検査時に、燃料棒二本が折損する重大事故が発見された。この事故は、燃料棒二本が合計一七〇センチメートルも折損し、被覆管もペレットも粉々になって炉内に崩れ落ちていたという重大なものであった。

㈡ 事故発覚の経過

この事故の存在が一般に知られるようになったのは、一九七六年七月に発行された田原総一朗著『原子力戦争』にとり上げられてからである。国側の説明によると、この事故は関電内部の秘密とされ、三年以上にわたって、国民はもちろん、国側にさえ知らされなかったとされている。しかし、定期検査には国側の検査官が立会っており、また事故後の補修工事の事前届出もなされているはずであることなどから、関西電力と国側が共同して事故隠しを行った疑いも払拭しきれないのである。

㈢ 事故の原因

公表された事故原因によれば、この燃料棒折損は、バッフル板と呼ばれる炉心をとりかこむ厚さ約三ミリメートルのステンレス製の板と板のすき間からのジェット水流によって燃料が振動し、これによって被覆管がけずれて生じたものとされている。しかし、真の原因については不明な点も多い。

㈣ 事故の評価

本件事故と同種事故は、「六、大飯二号炉の燃料棒破損事故」でも触れたとおり、原子炉燃料に共通の構造的欠陥を示している。が、より基本的なことは、このような重大な事故が、事故後三年以上も全く秘密にされていたことに示される、国、電力など原発推進側の秘密主義的で不公正なやり方である。このような体質が改まらないかぎり、重大事故は不可避といわなければならない。

5　その後の経過

その後美浜一号炉は、一九七五年から一九七七年までは全く稼働することができず、蒸気発生器細管の止栓数は二二〇〇本をこえた。ようやく営業運転を再開したのは一九八〇年一二月であったが、これに先立つ同年九月一〇日には、美浜原発所長の自殺未遂騒ぎまでが発生している。この間、行政の側からさえ蒸気発生器自体の取り替えや廃炉なども取り沙汰されたが、結局、その場を取り繕う対策をとっただけで、何ら抜本的な対策もとられないまま今日に至っている。美浜一号炉は明白な欠陥炉であり、一刻も早く廃炉にすべきものである。

第四　「もんじゅ」で重大事故は起こりうる
―安全審査における事故評価の誤り―

一、安全審査における事故評価の基準

1　安全評価指針の適用関係

「高速増殖炉の考え方について」は、既存の軽水炉等の安全審査指針と高速増殖炉の安全審査指針との関係について次のように定めている。

①原子力安全委員会が決定した安全審査指針のうち、「原子炉立地審査指針及びその適用に関する判断のめやすについて」「プルトニウムに関するめやす線量について」「発電用原子炉施設の安全解析に関する気象指針について」については、高速増殖炉にそのまま適用される。

②発電用軽水型原子炉施設を対象とした「発電用軽水型原子炉施設に関する安全設計審査指針について」「発電用軽水型原子炉施設の安全評価に関する審査指針について」（以下「軽水炉安全評価指針」という）、「発電用原子炉施設に関する耐震設計審査指針について」についても、これを参考にすべきと考えるが、この場合、特に高速増殖炉に特徴的な面に関しては、別にその考え方を示す。

③更に、高速増殖炉施設からの通常運転時における環境への放射性物質の放出量については、周辺公衆の被曝線量が法令に定める許容被曝線量を下回ることのみならず、合理的に達成できるかぎり低く保つよう設計上の対策を講ずべきであり、被曝線量評価及び環境への放出放射性物質の測定方法については、「発電用軽水型原子炉施設を対象とした「発電用軽水型原子炉施設周辺の線量目標値に対する評価指針について」「発電用軽水型原子炉施設における放出放射性物質の測定に関する指針について」を参考にしうると考える。

2　安全設計審査と立地審査

安全審査は、原子炉の安全設計の基本方針の妥当性の審査と、立地条件の適否の審査との二つに分けて行われる。後者については、1①で述べたように、「原子炉立地審査指針及びその適用に関する判断のめやすについて」がそのまま適用されるが、この立地条件に関しては、第五部で詳述するのでここでは省略する。前者については、1②で述べたように、「軽水炉安全評価指針」を参考にし、これに高速増殖炉の特徴を加えて評価を行うことが必要であるとして、「高速増殖炉の考え方について」では、次のように述べられている。

①高速増殖炉原子炉施設の設計の基本方針の妥当性を確認するため、「運転時の異常な過渡変化」及び「事故」として各種の代表的事象を選定し評価を行う。

②これらの代表的事象の選定にあたっては、高速増殖炉の特徴を考慮し、「運転時の異常な過渡変化」としては次の事象を、「事故」としては次の事象を選定して評価を行う、として各事象を列挙し、これ

に「その他必要と認められる過渡変化」「その他必要と認められる事故」の項目を付加する。

ここで重要なことは、「高速増殖炉の考え方について」においては、選定し評価を加えるべき事象の内容については、全く概括的なことしか述べられていず、さらに何ゆえにこのような事象が選定・評価されるのが妥当であるかは、述べられていない。さらに、「高速増殖炉の考え方について」は、「軽水炉安全評価指針」には存在しなかった『事故』よりさらに発生頻度は低いが結果が重大であると想定される事象」（これは、本件許可申請において「技術的には起こるとは考えられない事象」とされている事象をさしていると思われる）を想定する。これは、高速増殖炉の運転実績が僅少であることに鑑み、その起因となる事象とこれに続く事象経過に対する防止対策の関連において十分評価を行い、放射性物質の放散が適切に抑制されることを確認するためであるとされるが、右事象の安全審査上の位置付けは必ずしも明確でなく、また、右事象として、どのような事象を選定するかも明らかでない。

二、本件安全審査における事故想定等の誤り

1　「運転時の異常な過渡変化」及び「事故」の意味

「軽水炉安全評価指針」によれば、「運転時の異常な過渡変化」とは、原子炉の運転状態において原子炉施設寿命期間中に予想される機器の単一故障または誤動作もしくは運転員の単一誤動作等によって、原子炉の通常運転を超えるような外乱が原子炉施設に加えられた状態及びこれ等と類似の頻度で発生し、原子炉施設の運転が計画されていない状態にいたる事象をいい、「事故」とは、運転時の異常な

過渡変化を超える異常状態であって、発生する可能性は小さいが、万一発生した場合は原子炉施設からの放射能の放出の可能性もあるため、原子炉施設の安全性を評価する観点から想定する必要のある事象をいうものとされる。

また、「高速増殖炉の考え方について」は、解析にあたっては、「軽水炉安全評価指針」を参考にするが、高速増殖炉の特徴をふまえ、特に次の点を考慮すべきであるとする。

①核的因子として、炉心中心領域でナトリウムボイド係数が正となりうること

②熱流力的因子として、熱の発生と除去のバランスが崩れる状態として、熱発生の増加となる反応度の投入、熱除去の低下となる局所事故に特に配慮が必要であること

③機械的因子として、ⓐ冷却系が高温で炉心出入口の温度差が大きく、また、ナトリウムの熱伝達特性が優れているので、大きな熱応力が発生しうること、ⓑナトリウム蒸気に起因する機械的な影響に対する考慮が必要であること、ⓒ炉心における高速中性子照射量が大きいこと及びクリープ特性を常に考慮しておく必要があること、ⓓ冷却材漏洩事故を想定する場合の配管破損の形態と大きさに関しては、十分な検討が必要であること

④化学的因子としては、ナトリウムによる腐蝕、ナトリウム・水反応、ナトリウム火災、ナトリウム・コンクリート反応、ナトリウムと保温材の反応、ナトリウムのよう素トラッピング能力等について配慮が必要であること

これらはいずれも、既に述べた高速増殖炉の危険性に基づくものであるが、本件安全審査でなされた「事故」等の事象選定・評価が、いかにこの危険性を考慮していないかを検討する。

2 安全審査の対象とすべき事故

(一) 反応度事故

高速増殖炉にあっては、ナトリウム沸騰等による炉心内でのボイド発生は、単に熱を除去する能力が低下するという問題に留まらない。第一、三で詳述したように、正の反応度を炉心に与えることになり、その大きさによっては、炉心は出力暴走に至ることになる。そこで、現実的に最も起こりやすいと考えられる「燃料溶融事故」を考え、ついで「出力暴走事故」を検討する。

(1) 燃料溶融事故

ア、事故の原因

炉心の部分的な温度上昇は、①高温条件や中性子照射によって燃料棒や構造材が変形し、冷却材流路を閉塞するとか、②炉心流路に異物が混入して冷却材流路を閉塞するとか、③燃料の設計や製造ミスによって部分的出力過剰となる、等の原因で起こると考えられる。

①については、前述したように、高速増殖炉においては炉心の出力密度は軽水炉と比べて数倍になっており、定格出力時の燃料最高温度は約二三五〇度Cと極めて高温である。その炉心を冷却材であるナトリウムが下から上へ流れるが、原子炉容器入口における温度と圧力がそれぞれ約三九七度C、約八kg／cm²Gであるのに対して、原子炉容器出口における温度と圧力がそれぞれ約五二九度C、約一kg／cm²Gと大きく異なっている。そのうえ、中性子照射量は、軽水炉と比較してはるかに大きいから、燃料棒の存在条件は極めて苛酷である。そのため、炉心燃料要素は彎曲し互いに接触する。また、燃料集合体も集団彎曲し、または何等かの理由で局所的に彎曲することが確認されている。

②については、ナトリウムは一次冷却系として設計されている原子炉容器、一次主冷却系中間熱交換器及び一次主冷却系循環ポンプ等を貫く配管の中を通っているのだから、機器からの脱落異物等による流路閉塞もおおいにありうる。前述したフェルミ炉における事故はこれである。

③については、プルトニウム・ウラン混合酸化物ペレット（炉心燃料ペレット）及び二酸化ウランペレット（ブランケット燃料ペレット）がいずれも強い圧力のもとで圧縮され、続いて焼結によりセラミック状の円柱形にされるものであるから、ばらつきが大きく、何等かの原因でプルトニウムが高富化となったペレットが作成される可能性が存在する。

これらの原因から、炉心の部分的な温度上昇が起こっているのに、その発見が遅れたり、発見しても適切な措置をとらなかったために、原子炉の運転を続けていくと、さらに炉心の温度が上昇し、部分的な炉心溶融、著しい変形、さらに溶融の伝播と続いていく。

一九五五年一一月、アメリカEBR－1炉で起こった事故がこれである。

この事故は、燃料温度上昇による反応度変化を測定する目的で、短時間冷却材流量を止め、インターロックをはずして出力上昇を行っていた際に、手動で急速スクラムを押す指示を、間違ってスロースクラムのボタンを押してしまったため、燃料の温度が過大に上昇して燃料の溶融に至ったものである。

この事故例は、いわゆる「スクラム失敗」を伴った「ポンプ電源喪失事故」に類するものである。この事故例は、高速増殖炉固有の問題ではなく、軽水炉を含めた原子炉一般で起こりうるものであるが、高速増殖炉の炉心溶融事故は、軽水炉と比較してその可能性が大きいばかりではなく、炉心溶融の結果が、ナトリウムの沸騰、ボイド反応度投入による出力暴走に至る可能性を大きく秘めているのである。

この事故の防止策としては、燃料からの核分裂生成物の放出や部分的な温度上昇の検出によって、適切に原子炉の運転を停止する機構を備える他はない。

イ、安全審査の基本的欠陥

a　流路閉塞事故とされているもの

流路閉塞事故は、安全審査の対象としては、「事故」の一つである「冷却材流路閉塞事故」及び「技術的には起こるとは考えられない事象」の一つである「集合体流路閉塞事故」とされている。「運転時の異常な過渡変化」では、一次主冷却系循環ポンプ主モーターの電源喪失等の電気的故障あるいはポンプ補機類の故障等による一次冷却材流量減少などしか考えられていないからである。

「事故」の一例である「冷却材流路閉塞事故」は、冷却材中の不純物が蓄積したり、局部的に冷却材の流路が閉塞される事故並びに何等かの原因で燃料要素に破損を生じ、内部に蓄積されていた核分裂生成ガスが隣接燃料要素表面に向かって放出される事故として考えられている。

しかし、本件許可申請時になされた「事故」解析は、燃料集合体内のサブチャンネルの一つのみが完全閉塞された場合のみである。炉心燃料集合体が一六九本の炉心燃料要素をラッパ管に収納したものであることや、一次冷却材が一次主冷却系中間熱交換器及び一次主冷却系循環ポンプ等を貫く配管の中を通っていて不純物を含有しやすいことを考慮すると、サブチャンネルの幾つかが同時に閉塞すると仮定した方が自然であろう。一サブチャンネルのみが閉塞するというのは意味のない願望にすぎないのである。

「技術的には起こるとは考えられない事象」の一つである「集合体内流路閉塞事故」は、集合体内中央部で流路面積の三分の二が平板状に閉塞するものと仮定されている。解析結果によると、冷却材流路閉塞が発生すると集合体内冷却材流量は低下し、閉塞物下流域のナトリウム温度及び燃料被覆管温度が上昇するが、ナトリウムは沸点に達しないし、燃料被覆管は溶融することはない、とされている。しかし、ここでも何故閉塞率を三分の二に留めたのか、その説明は一切存在しない。理論的には四分の三でもありうるし、五分の四でも、全部でもありうる。ありうる最悪の事態を想定して初めて、安全審査となる。本件安全審査は、被告動燃の都合のよい数値をうのみにしたものであって、安全審査の名に値しない。

ところで、燃料被覆管から核分裂生成ガスの放出があった場合はどうか。許可申請書中には、たしかに、「核分裂生成ガスにより、隣接被覆管温度が上昇し、局所的破損が拡大する可能性がある」との記載がある。これは、燃料被覆管の溶融、燃料の溶融流出、ひいては炉心溶融の可能性を示唆するものと思われる。しかし、その結果は、遅発中性子法破損燃料検出装置による「燃料破損検出」信号により原子炉は自動停止し、この事象は完全に終止するものとされている。では、「燃料破損検出」信号が発せられなかったり、または、発せられたとしても、措置を誤った場合はどうだろうか。アメリカEBR－1炉の事故が証明するように、機械的なミスと同時に人間的なミスも存在するのであるから、事故対策は二重三重にもなされなくてはならないのに、「もんじゅ」ではそれはなされていず、安全性の見地からは極めて大きな問題を残している。

b　燃料要素の局所的過熱事象とされているもの

炉心燃料ペレットとしては、核分裂性プルトニウムを約一八％含んだプルトニウム及び劣化ウランの混合酸化物が用いられているが、このうち相対出力が二〇〇%となるペレットが一〇個誤って一本のピンの軸方向中央部に装荷された場合が、「技術的には起こるとは考えられない事象」として検討されている。

この誤装荷により、燃料要素は局所的に過熱し、その結果燃料の一部が冷却材流路中に溶融放出する。燃料・冷却材相互作用が起こり、微粒子化した燃料が冷却材サブチャンネルをふさぐ。また圧力が発生し、ガスブランケッティング作用により被覆管の温度も上昇する。燃料粒子による冷却材流路閉塞の長さが長くなれば、破損が伝播していくことになる。

ところが、安全審査においては、溶融燃料の初期放出量を一〇グラムと仮定するとか、冷却材流路閉塞の長さが三センチと仮定するなどして、結果としては、「燃料破損検出」信号により、原子炉は自動停止し、この事象は安全に終止すると結論付けている。

しかし、これらの仮定には多くの問題が存在する。第一には、燃料はほぼ同様の過程で作成されるものであるから、相対出力が過剰となる燃料が製作された場合には、その個数は当然多くなるものと思われる。一〇個に限定する仮定は不自然である。第二に、溶融燃料の振るまいは未知の面が多い。定量的な把握はほとんどなされていない状況にある。なぜなら、金属ナトリウムの大量使用は実績が存在しないからである。したがって、この仮定された数値への信頼性はきわめて低いといわざるを得ない。

(2) 出力暴走事故

ア、事故の原因

原子炉が出力暴走となるには、炉心に大きな反応度が入らなければならない。その原因としては、①

燃料溶融から引継がれる場合、②「スクラム失敗」を伴った「ポンプ電源喪失事故」や、「燃料棒引抜き事故」等が考えられている。

イ、事故の経過

種々の原因で引起こされる出力暴走事故の経過は次のようになると考えられている。

①溶融した燃料が被覆管内で下方に落下すると、その後に空隙ができる（燃料スランピング）。また溶融した燃料が被覆管内に密着すると、伝熱が促進され、冷却材であるナトリウムの急激な沸騰により、ボイドが発生する。これによって、炉心に正の反応度が投入され、その結果炉心の出力が上昇し、沸騰が炉心全体に伝播する。

②燃料スランピング、ナトリウム沸騰、核分裂生成ガスの放出等が重なり、炉心に過大な反応度が投入されて、原子炉は出力暴走する。

③溶融した燃料とナトリウムが接触すると燃料・冷却材相互作用が起こり、ナトリウムの熱膨張による衝撃波や蒸気爆発が起こる。

④圧力波の伝播により、炉心構造物及び炉容器の変形または破壊が起こる。同時に、炉心の膨張・分散が起こり、反応度が押えられて事故は終わる。

このような過渡現象は、一〇〇〇分の一秒単位ないし一秒単位で起こると考えられている。ところで、「炉心の膨張・分散」とはどの程度のエネルギーを持った爆発なのであろうか。ある試算によれば、七〇KW時クラスの高速増殖炉では炉心中にTNT火薬で一〇トンの爆弾を仕掛けたと同じであるとされている。爆発の結果は、炉心中の全放射能が炉外に放出され（高速増殖炉ではプルトニウムが放出される）、多数の死傷者が出ることとなる。

ところで、「炉心溶融」から「出力暴走」や「蒸気爆発」に至る事故現象については、事故発生の可能性の大きさの評価、溶融燃料とナトリウムの相互作用の解明、発生エネルギーの破壊エネルギーへの変換効率の研究等々、多くの課題について未だ研究過程にある。否、日本においては、これから研究に入ろうかという段階にある、といった方が正確であろう。そこで、軽水炉と比較して、炉心の変形や溶融の可能性がより大きい高速増殖炉については、少なくとも暴走事故の現象が十分解明されていない現時点においては、炉容器の破壊を伴った出力暴走事故を想定した災害評価を行う必要がある。そして、安全側に評価した結果取り返しのつかないという数値が出た場合には、設置許可処分を無効とし、操業を差止めるべきである。

ウ、安全審査の基本的欠如

安全審査の対象としては、「技術的には起こるとは考えられない事象」の一つとして、「反応度抑制機能喪失事故」が掲げられ、その例として、「一次冷却材流量減少時反応度抑制機能喪失事故」及び「制御棒異常引き抜き時反応度抑制機能喪失事故」が検討されている。

「一次冷却材流量減少時反応度抑制機能喪失事故」とは、原子炉運転中に、外部電源喪失により常用二母線の電源が喪失し、一次及び二次主冷却系循環ポンプが全数同時にトリップし、併せて、原子炉の自動停止が必要とされる時点で反応度抑制機能喪失が起こった事故と仮定されている。その解析結果として安全審査では次のように述べられている。

「最も厳しい結果を示す平衡炉心の燃焼末期では、ナトリウム沸騰、被覆管溶融移動、燃料スランピングが生じた時点で即発臨界に達し、その時の反応度挿入速度は毎秒約三五$である。炉心は膨張により未臨界となり、炉心損傷後の最大有効仕事量は約三八〇MJとなる」

「炉心部で発生する圧力荷重によって原子炉容器に歪みが生ずるが、ナトリウムが漏洩するような破損は生じない。一次主冷却系機器・配管についても一部歪みは生じるものの、ナトリウムが漏洩するような破損は生じない」

「原子炉格納容器床上部へのナトリウムの噴出量を四〇〇キログラムとしても、原子炉格納容器内圧力、温度とも設計値を下回っており、放射性物質の放散を抑制できる」

ここではたしかに、「即発臨界」に言及されてはいる。しかし、「膨張により未臨界になる」といった希望的願望に包まれてその危険性は隠されてしまっている。

しかし、溶融燃料とナトリウムの相互作用、発生エネルギーの破壊エネルギーへの変換効率等は現時点ではまだ研究段階にすぎない。最も重要な反応度係数はボイド係数、ドップラー係数、構造物の膨張・変形等による効果等の総和であり、その振るまいはほとんど未知であるといっていい。しかし、出力暴走事故がいかなる原因により、いかなる経過をたどるかは未知であっても、発生する結果はプルトニウムを含めた放射能の大気中への拡散である。人間への、そして環境への影響は測りしれないものがある。それを考えれば、安全側に審査していない本件安全審査並びにそれに基づく本件許可処分は無効であり、操業は差止められるべきものである。

(3)　再臨界事故

高速増殖炉に特有な事故として、再臨界事故が考えられる。溶融した燃料が出力暴走の過程を通らずに、塊となって落下し、臨界条件を満たすときに起こる事故がこれである。原子炉容器の底に塊となって落下した燃料は、このとき再び発熱するが、塊は制御棒から逸脱しており、制御棒により反応度を制御することが不可能な状態にある。再臨界となつた溶融燃料は原子炉容器の底を溶かし、貫通するといった事態を引起こす可能性を有している。このような事故は、(2)に述べた出力暴走事故よりは、規模は小さいが発生の可能性は大きいと考えられている。

本件安全審査においては、再臨界事故は特に取り上げられていない。これは、高速増殖炉の特殊性、危険性を何等考慮していないことを示すものであり、安全審査がなされていないことを如実に示している。

㈡　一次主冷却系配管破断事故

(1)　安全審査の基本的欠如

一次主冷却系配管破断事故は、安全審査の対象としては、「技術的には起こるとは考えられない事象」の一つである「一次主冷却系配管大口径破損事故」とされている。

配管破断事故が起こる原因としては、圧力集中部における熱膨張応力、熱応力等による疲労（クリープ疲労）等が考えられているが、その態様としては、配管の内圧が低いために、亀裂から冷却材が漏洩するだけであり、急激な伝播型破断を生ずるおそれはないとされている。万一漏洩した場合には、ガードベッセル内での漏洩であっても、その他の場所での漏洩であっても、信号によって原子炉は自動停止するとされている。その根拠とされているのは、次の事柄である。つまり、軽水炉では、冷却材である軽水は高温・高圧の系に閉じ込められているので、配管に亀裂・破断が生じると、冷却材は減圧沸騰して破断口から放出されるが、高速増殖炉では、冷却材であるナトリウムは高圧には加圧されていないので、減圧沸騰して放出されることはないということである。単純に考えれば、ナトリウムの高さは破断口の高さまで低下すれば漏洩は止るとされている。また、一次系の容器をガードベッセルという受け皿で囲むことによって、仮に容器下部に取り付けられている一次冷却系の入口配管で漏洩が起こっても、ナトリウムをガードベッセルで受けとめることによって、炉心が露出したりしないような設計がなされているというのである。

(2) 破断の可能性は大きい

はたしてそうであろうか。高速増殖炉の一次冷却系配管破断事故の確率は、軽水炉と比べて、一次系の圧力が低くなっているからといって、桁違いに小さいとはいえない。なぜなら、高速増殖炉では、一次冷却材の温度が高く、一次系の鋼材は配管も含めて高い温度で使用されており、また、ナトリウムの比熱が水の三分の一程度と小さいため、炉心出入口の温度差が大きく、熱伝導率が大きいので構造材に対する熱衝撃が非常に大きいからである。さらに、活性が強く取扱いの経験が少ないナトリウムと構造材の共存性も問題になるから、単に圧力が低いというだけでは、配管完全破断の確率が小さくなったとはいえない。

(3) 緊急炉心冷却装置は絶対に必要である

ガードベッセルで囲まれていない主循環ポンプの出口側で配管完全破断が起こったと仮定する。この時、ポンプ側の破断口からは、ポンプの循環力で短時間で大量の冷却材が放出する。ポンプが何等かの信号によりトリップされても慣性力で冷却材は流出する。他方の破断口からは、逆流や、原子炉容器内カバーガスの圧力や、サイフォン現象等が加わって、冷却材が放出する。その結果、炉心の冷却材の流量は急速に減少して、燃料の温度上昇、ナトリウムの沸騰、圧力上昇等という状況が考えられる。これらの過渡現象は非常に複雑である。ガードベッセルの健全性をどのように見積るかは、極めて困難な課題である。本件原子炉は、ループ型であり、出力密度は高く、出力あたりのナトリウムの保有量は少ない。配管破断による過渡的な炉心冷却の問題は極めて重要な課題である。

このように、一次配管の完全破断を仮定したときには、冷却材を循環させるだけの補助炉心冷却装置だけでなく、軽水炉の緊急炉心冷却装置（ＥＣＣＳ）と同様に、別に保有しているナトリウムを破断事故時に急速に注入するような緊急炉心冷却装置を備えなくてはならないであろう。「もんじゅ」には、緊急炉心冷却装置はとりつけられておらず、本件許可処分は、この点で無効である。また建設・運転により多大の危険が予想されるのであるから、「もんじゅ」の建設・運転は差止められるべきである。

㈢　蒸気発生器破損事故―ナトリウム・水反応

(1)　高速増殖炉における蒸気発生器の問題点

高速増殖炉にとって、蒸気発生器の問題は、加圧水型原子炉に比べてはるかに重要な問題を含んでいる。蒸気発生器の破損は、加圧水型原子炉で多発しているが、加圧水型原子炉ではそれを「単なる故障にすぎない」と主張できる余地をある程度残している。なぜなら、加圧水型原子炉においては、一次冷却水は水であり、蒸気発生器の細管の中を流れる二次冷却材も水であるから混じりあっても化学的な問題は発生しない（大量の放射能が一次冷却系から二次冷却系に移動する点は別問題である）からである。ところが、高速増殖炉においては、二次冷却材はナトリウムであり、ナトリウムが蒸気発生器の中で伝熱管の間を下降して、被加熱体である水を加熱する構造を持っている。伝熱管の外径は約三一・八ミリメートル、肉厚は約三・八ミリメートルであるから、五kg／cm²Gの圧力を持つナトリウムと、一六五kg／cm²Gの圧力を持つ水とが、約三・八ミリメートルという極薄いクロムモリブデン鋼を隔てて相対しているのである。この伝熱管に何等かの破損が生ずれば、ナトリウムと水は接触し、直ちにナトリウム・水反応が起こるのである。

高速増殖炉の蒸気発生器は、加圧水型原子炉の蒸気発生器と比べて、前述したように、①ナトリウム側の圧力と水側の圧力の差が大きいことの他に、②ナトリウムの温度は入口で約四六九度C、出口で約三二五度Cであるのに、水側の温度は入口で約二四〇度C、出口で約三六九度Cと、厳しい温度条件にさらされていること、③ナトリウムと構造材は、腐蝕・質量移行・脱炭による強度低下・クリープ特性・疲労・自己融着等々共存性に関する厳しい問題が有ること、などにより、数段厳しい使用条件にさらされている。したがって、高速増殖炉の蒸気発生器の安全性は、加圧水型原子炉とは本質的に異なった考え方で処理されねばならない。

(2)　ナトリウム・水反応の事故の経過

高速増殖炉の蒸気発生器の事故は、多数報告されているが、それらを総合し、どのようなナトリウム・水反応の経過をたどるのか検討する。

▽第一段階　伝熱管に減肉や亀裂が発生する。

加圧水型原子炉や高速増殖炉で現実に発生している伝熱管の破損の原因は、ⓐ溶接部の不良、ⓑ蒸気流による減肉、ⓒ機械的摩耗、ⓓ化学的腐蝕、ⓔ熱応力による疲労等である。これらが、一つまたは複数重なりあって現実の減肉・亀裂を発生させる。

▽第二段階　伝熱管が破損する。

減肉や亀裂が進行して貫通に至るか、または貫通する前にナトリウム側の熱的過渡変化による熱衝撃や地震などによる機械的応力等が発生することによって、伝熱管は破損する。破損する伝熱管の本数は一本でなく、多数になる可能性は大きい。

▽第三段階　水・蒸気がナトリウム側に噴出する。

伝熱管の一本または複数本が破損すると、ナトリウム側と水・蒸気側の圧力差が大きいので、水・蒸気はその圧力差によって伝熱管の破断口からナトリウム中に勢いよく噴出する。

▽第四段階　ナトリウム・水反応が生ずる。

伝熱管の壁によって隔離されていたナトリウムと水が接触すると、激しいナトリウム・水反応を引起こす。ナトリウム・水反応は、激しい発熱反応であり、三三〇度C以下では、カセイソーダと水素を生成し、三三〇度C以上では、酸化ナトリウムを生成する。反応生成物は、さらに二次災害をもたらすから、そのまま大気中に放出するというわけにはいかず、困難な処理を要する。

▽第五段階　破損の伝播

伝熱管からの微小な水の漏洩があった場合には、圧力はジェット状に伝わり、圧力波は構造材に向かって減衰しながら伝わっていく。周囲の伝熱管はその圧力で破損する。圧力がそれほど強くなくても、反応生成物であるカセイソーダや酸化ナトリウムが構造材の腐蝕を強める。

大リークの場合は、大量の水素ガスが短時間のうちに発生するので、蒸気発生器本体は大きな応力を受けることになる。

構造材が圧力や腐蝕を受けても強度が保てれば破損に至らない。それは、その構造材が事故を発生したときでも健全性が保てるかどうかにかかっている。

(3) 安全審査の基本的欠如

本件安全審査においては、蒸気発生器伝熱管に関しては、「運転時の異常な過渡変化」の一つとして、「ナトリウムの化学反応」の問題である「蒸気発生器伝熱管の小漏洩」が、「事故解析」の一つとして、「ナトリウムの化学反応」の問題である「蒸気発生器伝熱管破損事故」が考えられている。

ところで、より厳しい条件であるはずの「事故解析」においても、初期スパイク圧の評価としては、伝熱管一本の両端完全破断のみが仮定されている。水漏洩の影響の評価としても、たかだか伝熱管四本の両端完全破断のみが仮定されているにすぎない。しかし、伝熱管は、高温高圧の水及び蒸気を細い管の中を通しているのであるから、極めて厳しい環境に置かれており、美浜一号炉の例で見られたように、一本が破損ないし破損寸前にある場合には、他の多くの伝熱管も同様の状況にあるのが通常である。たしかに、高速増殖炉においては、毎秒数グラムないし数キログラムの水の漏洩により発生する爆発力に対しては、他の伝熱管は健全であるように考慮されてはいる。ところが、四本の伝熱管がいわゆるギロチン破断（両端完全破断）したときには、設計計画を大幅に逸脱する。安全審査はこれを考慮していない。しかも、ナトリウム・水反応の生成物による腐蝕の影響は、現在の安全設計の対象とはされていない。

多数の伝熱管の破損を仮定すれば、あきらかに蒸気発生器自体の損壊に至る。しかも、事故によって発生した圧力を大気中に解放するので、環境へ、カセイソーダ、酸化ナトリウム、ナトリウム蒸気などの毒物が放散されるが、労働者や一般公衆に与える影響は、設計上全く考慮されていない。軽水炉等では、前述したように、伝熱管多数本の破損は現実に起こっているのである。発生する事故が、公衆災害をもたらすおそれの強い原子力発電所の設計にあたっては、現実に発生している規模の事故よりも大規模の事故を想定して安全設計を行うべきであろう。本件安全審査は、この観点を全く欠落している。

三、「技術的には起こるとは考えられない事象」概念の不当性

1　原子炉の安全性評価方法の歴史

(一)　WASH－七四〇

アメリカにおいて、当初提案された原子炉の安全評価方法はAEC（アメリカ原子力委員会）が研究したものであり、一九五七年三月「公衆災害を伴なう原子力発電所事故の研究」（WASH－七四〇といわれているので、以下「WASH－七四〇」という）として発表された。

基本をなしている考え方は、考えられるいくつかの事故の中から、最も被害の大きくなると思われる事故を「最大想定事故」として評価することである。「最大想定事故」としては、原子炉の冷却材が喪失すると共に、全燃料が溶融し、格納容器が破壊され、内蔵された揮発性の放射性物質が約半分放出される場合が考えられている。

(二)　WASH－一四〇〇（ラスムッセン報告）

(1) 報告の性格

ＡＥＣは、一九七五年「原子炉安全性研究」を公表した。これは、委員長の名をとってラスムッセン報告といわれている。

この報告は、一九七〇年代に入り、世界中で盛り上がった原子力発電所設置に反対する住民運動に対抗して、原子力発電所の大事故の可能性が極めて低いことを定量的に示すことによって、原子力発電所をめぐる安全性論争に決着を着けようという政治的意図のもとに作成されたものである。

この報告書の中に、次のような記載がある。

「同じような一〇〇基の原子炉のグループを考えると、一〇人以上の死者が出る事故の可能性は一年につき三万分の一であり、一〇〇〇人以上の死者が出る事故の可能性は一年につき一〇〇万分の一である。興味深いことに、この値は、いん石がアメリカの人口密集地に落下して一〇〇〇人の死者が出る確率と同程度である」

このような主張は、我が国における各地の原子力発電所訴訟における国側の主張にも引用され、原子力発電所の安全性を宣伝する大きな根拠とされてきた。

しかし、このラスムッセン報告は、安全評価の方法として確率的安全評価方法をとっており、極めて強い批判を浴びている。

(2) 確率的安全評価方法とは

たとえば、冷却材喪失事故の確率は次のようにして求められる。

まず、炉心が溶融して放射能が環境に放出される事故に至る事象の連鎖として、配管破断―電源の喪失—ＥＣＣＳの不作動—放射能除去の不能—格納容器の破損という一連の事態を考える。これを図にしたのが図13のイベント・ツリー（事故の樹木）である。この経路で、いろいろな事象の組み合せが環境への放射能放出につながるような悪い方向に働いたとき、大事故が起こると考えるわけである。その確率を各事象の発生確率の掛け合せとして求めようというのが、確率的安全評価方法といわれるものである。

具体的な確率は、フォールト・ツリー（誤りの樹木）という手法を用いて計算する。たとえば、ＥＣＣＳが停電のため動作不能となる確率は、図14のようなフォールト・ツリーを組み立てて計算する。ＥＣＣＳへの電源が絶たれるのは、ＥＣＣＳへの交流電源が絶たれるか、直流電源が絶たれるかいずれか一のことが起きることが条件である。更に、交流電源が絶たれるのは、発電所内外の電源が共に絶たれる場合に起こると考える。各電源が絶たれる確率は、個々の構成機器の故障率のデータが必要で、その掛け合せが一つの事象の確率を与えることになる。機器の故障の確率が過去の経験からわかっているときには、そのデータを用い、不明のときには、類似の化学プラントなどのデータに基づいて推定した故障率を用いる。このように、一つ一つの故障率のデータを何重にも掛け合せて、事故確率の計算をするのがラスムッセン報告のやり方であった。

(3) 確率的安全評価方法に内在する問題点

ア、初期事象選定の困難性

このような確率的安全評価にあっては、初期事象として何をとるかが極めて大きな問題となる。たとえば、代表的初期事象とされる「一次冷却系大口径配管完全破断」を考えてみよう。確率を考えるには、発生原因が特定されていなくてはならないが、現在でもその原因は特定されていないのである。この場合に、発生確率を与えるのは、非科学的という他はない。

ブラウンズ・フェリー事故やＴＭＩ事故において、思いもかけないトラブルが重大事故を発生させていることを考えると、確率的安全評価の信頼性は、その根本において揺らいでいるといわざるを得ない。

イ、フォールト・ツリー作成の恣意的性格

フォールト・ツリーを作成するためには、ある故障がいかなる他の故障によってもたらされるかを判断しなくてはならないが、この判断は、決して一義的でなく、評価者個人の主観が色濃く入りこまざるをえない。つまり、検証可能な客観性を持たないのである。

ウ、共通モード故障を考慮していない

確率的安全評価では、故障が独立に発生することが前提となっている。しかし、一つの機器が経年変化によって故障に至るような場合には、他の機器も劣化が進み、故障が発生する確率が高くなっていると見るのが自然である。また、地震等、原子炉全体に影響を与えるような事象が起こり、それによって機器に故障が発生した場合には、他の安全装置が全て正常に作動すると考えることの非科学性は明らかであろう。

このように、共通モードで発生する故障については、定量的なことはもちろん、定性的なことさえもよくわかっていない。共通モード故障の存在は確率的安全評価の致命的欠陥である。

エ、故障率データの不足

ラスムッセン報告では、各機器の故障率のデータとして他の化学プラントの機器のデータを用いている。これが原子力発電所にそのまま適用される保証はないし、長時間使用後にもそのまま適用されるとは考えられない。

個々の機器の故障率を求めるというのは、現実的には想像を絶する困難な作業であり、あえてやろうとすれば、主観的にならざるを得ないのである。
オ、ヒューマン・エラーの問題点
人間がミスを犯すことは人間であるかぎり当然のことである。機器のオートメーション化を進めるとしても、システムから人間の判断を追放することはできない。ミスの発生確率は、その人間の精神的肉体的条件によって異なっている。適当な緊張はミスをなくすために必要であるが、緊張の度合が高すぎるとかえってミスは発生しやすい。

ところで、ヒューマン・エラーが問題となるのは、平常時ではなく異常時である。地震や停電等重大事故につながる異常事態の発生等の異常時に、冷静で的確な判断を期待するのは無理であろう。また、ある限られた時間の中で、多量の情報を処理して適正な判断を下して解決を図ることが、通常の人間の能力を超えている場合のありうることも指摘できる。重大事故は、原子力発電所の事故に限らず、ヒューマン・エラーの要素を持っているのである。

第四部、第三、五において前述したように、TMI二号炉の事故は、安全装置不作動に人的ミスが重なったものであるが、人的ミスをなくすことはそもそも不可能である。機械の設計にあたっては、人間の操作ミスがあっても安全装置が作動するように、つまり「フール・プルーフ」であるように考慮されなくてはならない。安全装置が作動しなかったのならば、それはシステムの不備、欠陥であり、安全でなかったという他はない。ところが、福島第二原子力発電所訴訟第一審判決（福島地方裁判所昭和五九年七月二三日）においては、「TMI事故を重大なものとした直接の決定的要因は主として人為ミスである」とし、伊方原子力発電所訴訟控訴審判決（高松高等裁判所昭和五九年一二月一四日）においては、「運転操作の誤りが主原因」とされている。原子力発電所の事故は結果の重大性からみて、起こってはならないことがらである。人的ミスが事故の原因になり、TMI事故のような重大な事故が発生しているのだから、その設計ないし安全審査においては、人的ミスが存在しても大丈夫なように安全装置が存在するのか、存在するとしてそれが設計どおりに作動するのか検討すべきであり、それが安全審査の重要な任務であろう。前記二裁判所の判断は、この点において極めて不当である。

㈢　ASP報告

(1)　ASP報告とは

オークリッジ国立研究所は、米原子力規制委員会（NRC）の委託により、事故の確率評価に関し、実際の原子力発電所の運転実績に即して再検討した。その研究成果が一九八二年六月ASP報告として公表された。

(2)　実績値からの割出し

同報告では、一九六九年ないし一九七九年の一一年間に電力会社から報告のあった事故を分析し、いろいろな事象の起こる確率を実績値から割り出した。そして、大事故の先駆けとなるような事象が起こったときに、たとえば緊急炉心冷却装置（ECCS）が働かない確率も実績値から求めた。そして、事故確率を、先駆け事象の確率と安全装置不作動の確率の積として求めた。

解析の結果を整理したのが表14である。

「重大事故」とは、事故確率の評価に大きな寄与をした事故である。「深刻な炉心損傷事故の確率」の数値は、二二二年ないし五八八炉年に一度大きな事故が起こるということを意味し、非常に高い。アメリカの原子力発電所の数を考慮すると、三ないし八年に一度は深刻な炉心損傷事故が発生するということになる。

同報告はさらに、大事故につながるような事象の確率としては、表15のような値が実績値として考えられている。この一つひとつは相当に大きな確率で、まさに事故は日常化しているといわざるを得ない。ところで、同報告の中では、右のような机上の数値よりも、むしろ次のような結論が重要である。「過去の原子力発電所の運転実績は……原子力発電所の運転年数、炉型、メーカー、出力等によって事故確率に差は認められない」

実績値が、このようなことを示しているのは、「TMIのような事故は日本では起こらない」とか「炉型が違う」「メーカーが違う」と原子力安全委員会や電力会社が述べていることを考えると特に重要である。

(3) 重大事故の発生確率の推定は不可能

東海第二原発訴訟第一審判決（水戸地方裁判所昭和六〇年六月二五日）も、

「環境に大量の放射性物質を異常放出するような炉心溶融事故の発生確率については、昭和五〇年にラスムッセン報告が公表されて以来、様々な者により様々な数値の推定がされてきたが、推定値の違いが極めて大きく、定説といえるような推定値はないこと、現在のところむしろ、定量的な事故発生確率の推定をすることは、不可能ないし無意味であるとする見解が支配的であることが認められる」と判示するに至っている。

2 「技術的には起こるとは考えられない事象」概念の不当性

ところで、「技術的には起こるとは考えられない」という言葉は、「技術的な見地から見て、つまり、物・機械・設備等の見地から」「起こる確率がほとんどない」とか「起こる確率が極めて低い」「発生頻度が低い」等を示していると思われる。しかし、この概念自体、昭和五三年九月二九日原子力委員会で決定された「発電用軽水型原子炉施設の安全評価に関する審査指針」においては一切表われてこなかったのに、昭和五五年一一月六日原子力安全委員会で決定された「高速増殖炉の考え方について」において、突如「高速増殖炉の運転実績が僅少であることに鑑み」評価を行う対象として考えられたものである。そこでは、何ゆえに「起こるとは考えられない」のか、「発生頻度が低い」のか、一切述べられていない。つまり、発生頻度に関し、定量的にはおろか定性的にも検討は加えられていないのである。これは、高速増殖炉の運転実績がほとんどなく、データが得られていないからである。確率算定の根拠となるべきデータが得られていないのに、「発生頻度が低い」とか「起こる確率が低い」等と考えられるはずがない。高速増殖炉原型炉の発生事故の確率等の研究に関してはようやく研究計画が立てられつつあるのが現状である。

したがって、「技術的には起こるとは考えられない事象」概念はその根拠を欠いた極めて不当なものであり、安全設計審査指針自体あいまいでかつ不当といわざるを得ない。この結果、原子炉等規制法二四条一項四号の要件を充足しているといえないことは明らかである。

四、結論

以上を総合すれば、「もんじゅ」の危険性は軽水炉と比較して飛躍的に増大していることが判明する。

それにもかかわらず、本件許可の前提となった安全審査は、この危険性について黙殺しているといわざるを得ない。「もんじゅ」の操業がなされた場合には、その危険性は現実化するのである。

本件許可処分は無効であり、「もんじゅ」の建設・運転は差止められなければならないのである。

表12　高速増殖炉の事故

番号	発電所名	国名	熱出力	電気出力	臨界時	炉の区分	事故年月日	事故内容	備考
1	EBR Ⅰ	米	1000Kw	150Kw	1951	実験	1955.11	炉心溶融事故 燃料棒変形事故 制御棒の高速作動スイッチを押すべきところ遅動式スイッチを押す。即発臨界寸前まで行った。	1963廃炉
2	EBR Ⅱ	米	62.5Mwt	20Mwe	1963	実験		Na系ポンプ故障3回、Na火災（1968） 蒸気発生器のピンホール事故 燃料棒破損によるFPガスの放出	
3	エンリコ・フェルミ	米	200Mwt	65.9Mwe	1963	実験	1966.10.5 1962.6 1962.12	原子炉容器下部のNa整流板（ジルコニウム）が外れて下部ノズルを閉塞したため燃料が溶融 蒸気発生器の応力腐蝕割れ Naの窒化物による水酸化物が起因 蒸気発生器のNa－水反応事故 Na流のため振動により管が破損	廃炉
4	ラプソディ	仏	40Mwt		1967	実験	1966 1978 1982	中間熱交換器　Na配管 通常はNaのない箇所にNa放出 Na流出（但し、漏洩箇所特定しえず） 炉容器内の余熱用窒素回路でNa漏洩	1983廃炉
5	フェニックス	仏	568Mwt	251Mwe	1973	原型	1976 1982～83	中間熱交換器でNa漏洩3回 蒸気発生器で3回の事故	
6	DFR	英	60Mwt	15Mwe	1959	実験	1960 1963、1967 1967	燃料被覆材の破損 蒸気発生器の応力腐蝕 冷却材（Nak）の漏洩事故	閉鎖
7	PFR	英	600Mwt	270Mwe	1974	原型	1974	蒸気発生器に9か所の漏洩	
8	BR-5	ソ	5Mwt		1955	実験	1960 1960.8 1966 1960	ポンプーフランジ結合部からNa漏洩 蒸気発生器の漏洩 Nak-空気交換器からの漏洩 燃料被覆材の破損	
9	BN-350	ソ	1000Mwt	150Mwe	1972	原型	1973～1975	蒸気発生器で漏洩事故（Na火災）	

表13　スリーマイル島原発事故の原因と背景

事故要因	原因・理由	背景
①主給水ポンプトリップ（停止）	• イオン交換樹脂（レジン）による配管詰まりで移送水圧が高くなり空気系に水が流入し、復水ブースターポンプがトリップしたため	• 運転員は昼夜三交替で勤務。朝四時には前の仕事の残りのレジン移送の仕事も引きついでいた
②• 補助給水ポンプの出口弁が閉まっていた	• 以前に行なわれたテストのときに開け忘れていた（技術仕様違反）	• 原子炉運転中にテストをして閉めることがある
• 運転員は八分間気がつかなかった	• 出口弁閉の表示が、制御盤のタグ用紙にかくれていたり、見えにくい位置にあった	• 事故発生直後で少人数の運転員が操作に忙殺されていた
③• 加圧器逃し弁閉失敗	• 弁閉失敗は故障	• 運転員多忙
• 2時間以上運転員は気がつかなかった	• 制御室には「閉」と表示されていた弁の故障と計器の誤表示による • 他の事故例の教訓を生かしていない	• 同種の故障は他でもしばしば起こっている
④注入開始した高圧注入系を運転員が止めたり、流量を少なくした。炉水をレットダウン系から抽出したりした	• 原子炉水位を見るための加圧器水位が急上昇したので、安全のために上記の操作をした。減圧に注意していない • 原子炉内に蒸気やガスが発生していることに気がつかない • 炉内圧力が低下していて、かつ、加圧器水位が高いときの操作手順は示されていない	• 加圧器水位計を重視するよう、教育・訓練されていた • ＰＷＲでは、蒸気やガスの量を測定していない • この種の事故の場合の操作方法や規制のあり方は現在も不備である
⑤原子炉冷却水ポンプを2台、その後残りの2台を運転員が停止した	• ポンプの振動が激しくなったので破損防止のために止めた • 原子炉内の蒸気やガスに気がつかず、自然循環冷却に移行できると判断	• 振動時、キャビテーション発生時に止めることは技術仕様に基づく • 自然循環移行の条件と対策が十分研究されていない
⑥格納容器隔離がおくれ、放射能が大気中に出た	• 格納容器圧力が高くならないと自動作動しない設計だった	• この設計のものを安全審査で認めていた • 他にも同種の炉がある
⑥′補助建屋へ通じる配管系統を経て大気中へ放出	（調査中）	（調査中）

（出典：『原発事故の手引』小野周・安斎育郎著，ダイヤモンド社，1980）

表14　ASP報告のまとめ

カバーする期間	1969～1970
検討対象の事象	19,400件
詳しく検討した事象	529
“先がけ”として選ばれたもの	169
特に重要な事象	52
うち重大な事故	3
ランチョセコ(1978年3月)	
ブラウンズフェリーⅠ(75年3月)	
TMI 2号(79年3月)	
深刻な炉心損傷事故の確率	(1.7～4.5)×10^{-3}／炉年

表15　主な事象の確率

所外電源喪失(30分以上)	0.041／年
PWR小LOCA	0.0083／年
BWR小LOCA	0.021／年
PWR補助給水不作動 必要あたり	0.001
PWR高圧注入失敗	0.0013
PWR緊急電源不作動	0.0018
BWR 〃	0.005
BWR高圧炉心注水失敗	0.0057
BWR原子炉隔離失敗	0.003

(出典：『原発斗争情報』116号，原子力資料情報室，1984.3)

図13　冷却材喪失事故のイベント・ツリー

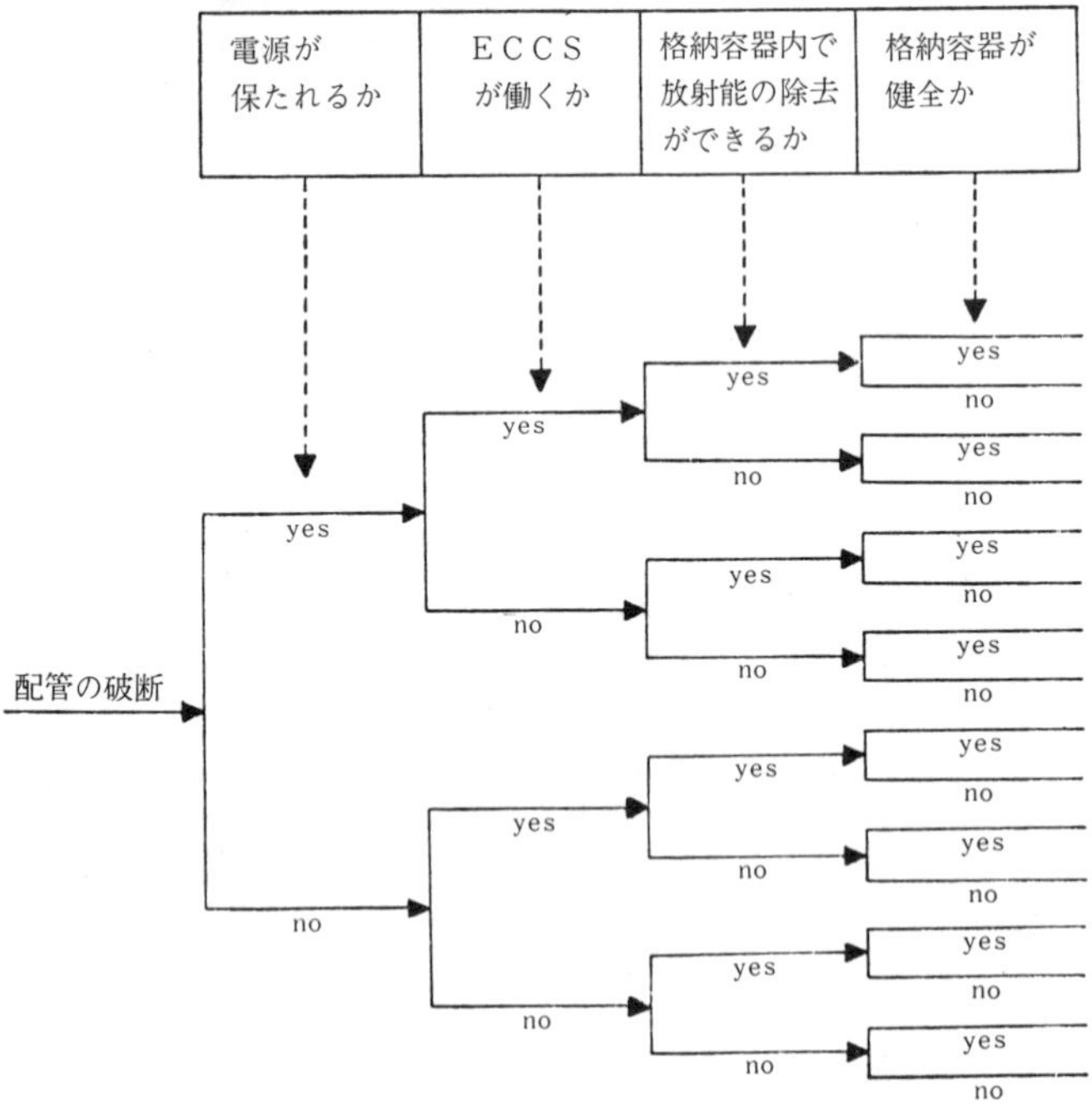

(出典：『科学は変わる』高木仁三郎著，東洋経済新報社，1979)

図14　フォールト・ツリーの一例

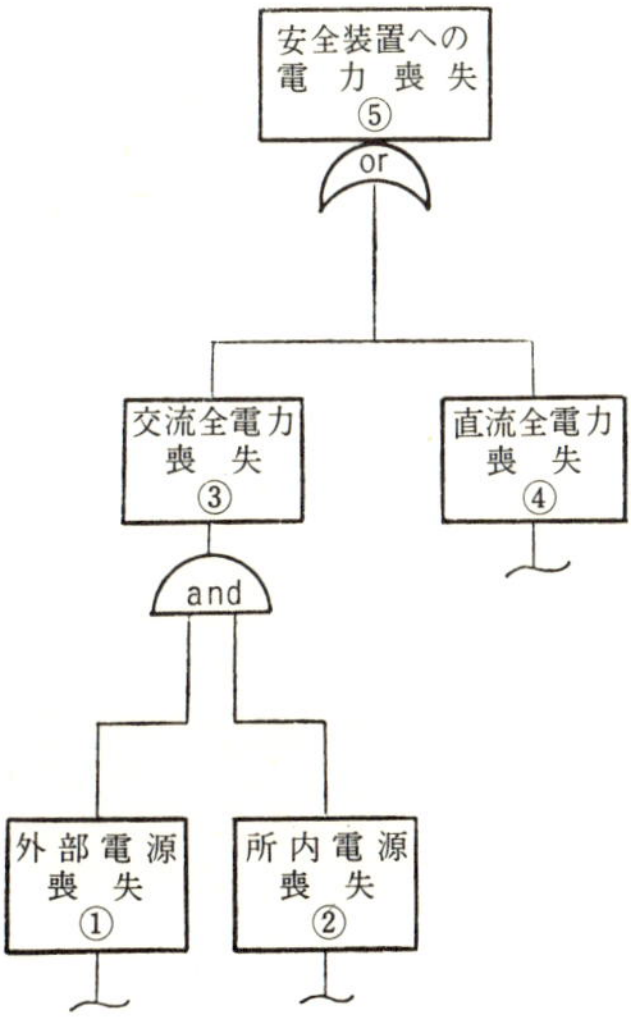

（出典：『現代化学』1975年11月号）

第五部　立地選定の誤りと労働者住民の生命健康に対する被害

第一　耐震設計と地盤問題

一、原子力発電所立地の安全審査について

日本は世界でも有数の地震国である。このため日本で原子炉を建設することは、欧米各国に比較して敷地の適否、耐震性及び地盤については特に考慮が必要となる。

このため原子炉等規制法第二三条で「設置の許可」、第二四条で「許可の基準」が定められ、さらに「試験研究の用に供する原子炉等の設置、運転等に関する規則」第一条の三で原子炉の設置の許可申請の各申請項目のうち、第二項イ、ロで敷地及び耐震構造等の記載を義務づけている。これに基づいて原子力安全委員会が決定した「原子力安全委員会の行う原子力施設に係る安全審査等について」（昭和五四年一月二六日・昭和五七年四月五日改正）「高速増殖炉の安全性の評価の考え方について」（昭和五五年一一月六日）を基本にして、「発電用原子炉施設に関する耐震設計審査指針」、「原子炉立地審査指針及びその適用に関する判断のめやすについて」と「原子力発電所の地質、地盤に関する安全審査の手引き」等により、被告動燃が「もんじゅ」の設置許可申請を行い、同申請の地盤、耐震性等についても安全審

査を原子炉安全専門審査会が行い、昭和五八年四月二〇日調査審議の結果を原子力安全委員会に報告、被告総理大臣が昭和五八年五月二七日、同原子炉設置を許可したものである。

しかしながら、「高速増殖炉の安全性の評価の考え方について」の耐震性で指摘している機器、配管等の設計に当たっては、軽水炉との構造上の相違（低圧、薄肉、高温構造）を考慮した耐震設計とすることが必要とされているが、安全確保の立場に立った審査とは考えられず、以下の諸点から不公正かつ事実の歪曲などを行った申請及び審査といわざるをえない。

二、原子力発電所と地震問題

1　地震の建造物に対する影響は、建造物の耐震性と、その建造物のある地盤の挙動の双方が関係する。いかに建造物がその振動に耐えても、それを支えている地盤が断層等によってずれたり、流動するような破壊現象を起こした場合は建造物は支持されない。原子力発電所の立地は岬の先端に近い地点で、小沖積地と基盤をカットして造成した土地の双方をまたいで建設されていることが多い。このため地震時に変位や不等沈下の恐れも大きい。新潟地震の場合は、地盤の破壊によってコンクリート製の橋やアパート（建物自体はこわれていない）が倒壊したことは記憶に新しいところである。

2　原子力発電所は、地震時の事故の許されない施設であるから、安全率は一〇〇%でなくてはならない。したがって、起こりうるいかなる地震に対しても耐震性が保たれなくてはならない。耐震性は基礎や原子炉だけでなく、各付属施設、配管の細部まで保持される必要がある。これらについてはそれぞれの地震ごとにその性質が異なり、「最大加速度」だけでは取り扱えず、予測が非常に困難である。

被告らは、一般の構造物の三倍、関東大震災の三倍の地震に耐える耐震設計だから大丈夫といっているが、実際には不確実であり、地震がきてはじめて本当に大丈夫かどうか試されるという「賭け」の面を否定しえない。

一方アメリカでは、NRC（原子力規制委員会）の規制指針で「動く可能性のある断層を含む敷地は原子炉設置場所として不適当」としている。また、一九七九年一〇月に公表されたNUREG（原子力規制局）の立地対策小委員会は、「動く可能性のある断層は二〇キロメートル以内にあるべきでない」と厳しい基準を示している。日本はいたるところに地震の巣があり、地震のおそれがないといえる場所は、ほとんど存在していない。故に、日本では原発立地の安全基準をアメリカ以上に厳しくして当然である。

三、若狭湾東部の地震・断層について

1　琵琶湖北岸～敦賀湾岸地域は、中小の断層が密集する特異な地帯であり、わが国でも有数の地震地帯である。このため地震予知連絡会議の特定観測地域に指定されている地域である。

甲楽城（かぶらぎ）断層、柳ケ瀬断層、木の芽峠断層、野坂断層、三方断層、花折断層等が集中しており、さらに日本海には野坂断層の延長線上にS－21、S－27断層がある。（図15）

この地帯での主な地震は、「福井地震」（M七・三）、「越前岬沖地震」（M六・九）「丹後地震」（M七・五）等である。

「もんじゅ」の安全審査では、M六・五の直下型地震が一〇キロメートル以内で起きたと想定して、機器の安全強度を計算し耐震設計を行っているが、最近の日本海中部地震は、M七・七であり、日本海側では予想だにしなかった津波も発生し、多数の犠牲者を出している。現実にM六・五以上の地震が発生していることから、本件安全審査における耐震設計指針の「M六・五直下型地震想定の耐震設計」は妥当性を欠くものといわざるをえない。

2　被告動燃が提出した「もんじゅ」の設置許可申請書添附書類では、原子炉に最大の影響を与える活断層は、敷地東一一・五キロメートルを南東に走る甲楽城断層とし、地震規模をM七・〇とし、野坂断層（敷地の南西九キロメートル）と海底断層（S21～S27）は連続性がないと評価し、耐震設計を行っている。国の「安全審査の手引」でも「その安全性については十分安全側の評価がなされなければならない」と強調している。

ところが、被告動燃はこの連続性に重大なかかわりのある海底断層調査の音波探査データを公表せず、連続性は認められないとのみ強調しているが、地形学的には野坂断層と海底断層（S21～S27）は連続したものとみて評価するのが当然である。

この断層は、「もんじゅ」に最大の影響を与える断層といえる。この活断層の連続性を肯定するならば、予想される地震規模はM七・三となり、「もんじゅ」の安全審査は根底から崩れ去ることになろう。しかも、若狭湾岸そのものに震源をもつ大きな地震は西暦七〇一年の冠島地震（島の沈下、震動三日に亘る）以来起こっていないので、地震エネルギーが若狭湾地域に相当蓄積されていると考えるのが常識である。

四、「もんじゅ」設置予定地の岩盤について

1　本件安全審査では、「原子炉の基礎岩盤は全体として、CHSB級の堅硬、均質な花崗岩で構成されている」と評価しているが、この評価は、硬さ、風化度、新鮮度などを調べる電力中央研究所の、ダム基礎岩盤、岩質分類基準による「岩盤等級方式」だけで評価したもので、ボーリング調査をもとにした岩盤の良好度をみる日本土木工学会の「岩盤良好度評価」（RQD方式）を採用していない。

この評価でみると、原子炉が据えられる地下三〇メートル付近は「非常に悪い岩盤」が全体の七六・七％、「悪い」が一六・八％を占め、さらに三一メートルから九〇メートルの部分でも「非常に悪い」「悪い」が全体の六〇ないし七三・四％を占め、九一メートルから一五〇メートルで初めて「良い」「非常に良い」が七〇％ないし四七・七％、一五一メートルから二一〇メートルで再び「悪い」「非常に悪い」が五〇ないし六六・七％で、とくに計画標高付近では、「非常に悪い」「悪い」が圧倒的に多い。

この岩盤等級及び岩盤良好度に基づいて総合評価をすると、原子炉設置計画標高付近の花崗岩類の岩質は、「劣悪」といわざるをえない。

2　被告動燃の「もんじゅ」設置許可申請書の炉心部にあたる箇所のボーリング調査表をもとに評価すると、下方には良質の岩盤があるが、下方にいくほど岩質がよくなるのではなく、堅硬、良質の岩盤と脆弱・劣悪の岩質が交互するサンドイッチ地盤をなし、地震に極めて弱い地盤であることが明らかである。

さらに丹生〜白木間には、四キロメートルにわたってリニアメントが走り、活断層の疑いがもたれている。このような断層の多い特異な地帯で、かつ炉心部の岩盤もサンドイッチ地盤の劣悪な地質と指摘できる地点を被告動燃が地震及び地盤について過小評価、または歪曲して設計許可申請し、被告総理大臣が立地を妥当として本件許可処分をなしたのである。

五、結論

右のとおり本件許可処分には重大かつ明白な違法があり、さらに「もんじゅ」の建設運転は地震時に原告ら住民にとりかえしのつかない危険性を与えるおそれがあるので、「もんじゅ」の建設・運転は差止められるべきである。

第二　温排水について

一、司法審査の範囲と温排水についての判断はいかにあるべきか

1　昭和五七年二月の「科学技術庁による動力炉・核燃料開発事業団高速増殖炉もんじゅ発電所の原子炉の設置に係る安全審査（行政庁審査）の概要」によれば、「もんじゅ」設置による温排水の影響の有無及び程度は全く右行政庁審査の対象外に置かれたことが明らかである。

原告らが求めている本件訴訟の対象は、単に「もんじゅ」設置許可の段階に止まらず、「もんじゅ」の設置許可及び運転にかかる核燃料の生産→原子炉の運転→発電→運転平常時の放射能もれ→温排水の排出拡散→事故時の防災→廃棄物の処理・使用済燃料の再処理→廃炉の処分という全核燃料サイクルを通じて、たえず放射性物質を放出する危険から自らの生命・身体・財産の安全を守るため、本件許可処分そのものに関する明白かつ重大な違法性の存否及び被告動燃の「もんじゅ」建設・運転による原告らの生命・身体・財産に対する侵害の危険性の有無である。

したがって、原子炉設置許可の段階で、原子炉そのものの安全性の有無ないしは基本設計の審査の可

否だけを訴訟の対象とすることは十分でなく、右核燃料サイクル全体について可能なかぎり合理的かつ最高水準の科学的根拠に基づいた安全性の見直しをする必要があるものといわなければならない。

本節においては、右核燃料サイクル全体のうち、特に付近海域の環境破壊を含め、原告ら住民の生命・身体・財産等に多大の影響を及ぼす温排水に焦点をあてて、「もんじゅ」建設の立地選定が大きな誤りをおかしている所以を明らかにする。

2　これまで、被告総理大臣は、固体廃棄物や使用済燃料の最終処分の方法、廃炉の処理方法、温排水の有効な規制方法も決まらないうちに原子炉の設置だけを安易に認めてきた。トイレなきマンションの建設を認めるものと批判されるように、行政庁の処分としては整合性を欠き、ついにはかけがえのない地球が汚染され、われわれ及び子孫の生命・健康が脅かされる事態が発生しないとも限らないのである。

したがって、温排水対策についても、原子炉設置許可の段階で審査を必要とするかどうかは、国民の幸福追求の権利を保障する憲法の精神に則り、あるいは少なくとも原子炉等規制法二四条の「災害の防止上支障のないこと」という規定に遡って考える必要があるといわなければならない。

二、原子力発電所のエネルギー効率と温排水の影響

1　「もんじゅ」も含め、原子力発電では、原子炉内で発生する全エネルギーのうち、電気エネルギーに変換される割合は三三％程度であり、残りの六七％程度のエネルギーは、タービンを回した後の水蒸

気を再び水に戻すための復水路を通じて摂氏七度上昇した温排水として海水中に捨てられる。「もんじゅ」に即していえば、原子炉の熱出力は約七一・四万キロワット、電気出力は発電端で約二八万キロワットであるから、約四〇万キロワットを超えるエネルギーが温排水の形で海中に放出拡散される。

2　摂氏七度上昇の温排水が、摂氏二度上昇の水温に冷却されるまでには、大気への放熱を無視すると、取水量の約二・五倍の水が下層水から温排水中に引込まれ、加えて深層から取水が行われるために底層には沖合から岸に向かう冷水の流れが生じ、表層域での温排水の影響に対して低層には冷水による生物への影響が生じる。

熱排水によって気温、温度、降水量、視程、霧の発生等気象に及ぼす変化が推定され、現実に福島原子力発電所の近海では五月～八月の霧の発生日数が増加したといわれ、また、島根原子力発電所では、密度の異なる温排水と冷水が接することによる〝うるみ現象〟が生じ、船上から海底を見ると像がぼけたり歪んだりして、船上からの採貝採藻等の漁業作業を困難にしている。

3　周知の如く「もんじゅ」建設地の白木地区を含む僅々東西五〇キロメートルの若狭湾岸一帯には、既に一一基合計七九三万キロワットの原子力発電所が設置され、そこから排出される温排水量は毎秒五四一トンに上る計算となる。もんじゅが排出するエネルギーだけでも、一キロワットの電熱器を前面海域に四〇万個並べて四六時中つけ放しにした状態に等しいことを考えれば、新増設の敦賀二号機（一一六万キロワット）と相俟って、若狭湾岸一帯の温排水の熱エネルギー公害が、周辺地域の気象条件の変動の可能性をも含めて、危機的状況に立至るおそれのあることが容易に理解されるであろう。

4　しかも、近時の調査（昭和六〇年六月一九日付毎日新聞の内浦海域の調査結果）によれば、従来いわれたように温排水の拡散域を表層程度だけで論じることは不合理で、高浜三号炉、四号炉の温排水の影響を受ける内浦海域の放水口から約二キロメートル以遠で、水面から五〜九メートルの中層水温が最高一一度C台となり、一〜五メートルの表層水温や一〇メートル以下の下層水温よりも三度近くも高くなっている現象が初めて観測されたと福井県水産試験場によって報告されている。温排水の周辺海域に及ぼす影響は、従来いわれてきたよりもはるかに深刻であることが明らかにされつつあるのである。

三、温排水中の放射能汚染物質の遺伝的影響

1　温排水問題は、単に原子力発電所前面海域の温度上昇のみに尽きるわけではない。放出される温排水の中には、発電所で働いている労働者の放射能で汚染された被服の洗濯排水や生洗水が混合されて放出されており、昭和五六年には敦賀原発において放射能もれによって汚染された水がそのまま排出されることもあった。すべてがベールに蔽われているので必ずしもその全容が明らかになっているわけではないが、原子力発電所による水産生物の汚染は、福島県、福井県で早い時期から明らかにされ、しかも確実に進行している。

2　わが国においては、原子力発電所は必ず海岸に接して建設地が求められるので、隣接する海面の漁業権を温排水の影響域、あるいは取放水による危険海域として原子力発電所が全部買い占めているのが実情である。そして、この漁業権放棄の海域面積とか、放水口からの温排水影響距離の推定が、原子力発電と漁業を考えるうえでの中心問題であるかのように置きかえられている。わが国における温排水拡散推定には、これまで新田の式、平野の式、和田の式が議論をまき起こしてきたが、これらの式によって推定される海域は、生物への影響を示すものではない。温排水の影響域に関して重要な問題は、推定海域の大小よりも、むしろ原子力発電所が抱えている海洋に放出される放射性物質と水産生物及び自然海域で複雑に挙動する温排水と水産生物の生産との関係なのである。

3　これまで国は、原子力発電と漁業活動との同一海域における共存共栄が温排水の有効利用によって可能であるかのように宣伝し、福井県でも、この温排水のエネルギーを漁業生産の増大につながる事業に用い、斜陽化した隣接漁業者の生産の回復策にしようとするビジョンを描いた。

昭和四五年の水産庁の調査によって、既にコバルト六〇をはじめとする放射性核種が敦賀原子力発電所放水口周辺に生息する海洋生物から検出されていたが、たまたま魚類から放射性物質が検出されなかったので、水産庁は浦底湾での養魚のみならず、各地方の原子力発電予定地に対して温排水の利用を奨励してきた。しかし、その後の京大漁業災害研究グループの追跡調査によれば、食物連鎖の過程を通じて、浦底湾の海洋生物には確定的に、しかも予想を超えて放射性物質による汚染濃縮が進行しつつあることが明らかになっている。そして今後も原子力発電所からの放射性物質の放出が続くかぎり、海洋生物の汚染レベルを現在以下に維持することは期待できないことが明らかである。

同様の調査結果は、福島第一原発周辺及びスリーマイル島原発事故によるサスケハナ川及び下流海域の放射能汚染状況の調査によっても明らかにされており、温排水による放射能汚染は世界的規模の拡りを示している。原子力発電所の温排水の深刻な世代を超えた遺伝的影響をもたらす危険性を無視してこれ以上安易に原子力発電所が建設・運転されることを許容することは、到底許されないものといわざるをえない。

四、温排水による生態系の破壊

1　水産生物と水温との関係

一般に水産生物は温度に対する適応範囲が狭く、水温に敏感に反応し、生理や行動が水温に規制されることが多い。水産生物が生存しうる高温致死温度と低温致死温度との中間領域は極く狭いものであり、致死温度は種、発育段階、順化温度等によって変化する。また高温致死温度と低温致死温度の間では、五〇%以上の生物が存在するが、全範囲で健康に生存するわけではない。動物では、生殖期や幼生期に、植物では胞子期に弱く、致死的な影響を受けない場合でも奇形の発生率が増加する等の影響を受けやすい。温排水問題については、生物に対する致死的効果のみに注目する傾向があるが、単に成体の致死温度と排水の温度を比較して、「温排水の影響はない」等ということはできないのである。

日本海の春ニシンは、昔大量にとれていたが、現在は全滅している。このニシンの全滅と水温上昇との間に関係があり、その水温の上昇は年平均で摂氏〇・七度であるといわれている。自然界では、このような一度C以下の小さな水温変化でも生態系のバランスが破壊されるのである。

2 排水路通過による稚子・魚卵の死滅

㈠ 原子力発電所の復水系冷却水の取水口から取り込まれた海水は、いくつかのスクリーンやトラベルスクリーンを通過する。この際やや大きな生物は破壊され、細片となる。また、プランクトン等の小生物は、スクリーンやポンプ内の水流や加圧による物理的なショックを受ける。冷却水は復水器に送水されて細管の中を秒速一・五～二メートルで流れ、四～九秒間に八～一四度C昇温され、ここで冷却水とともに取り込まれたプランクトン等の小生物は、急激な温度上昇を被る。

一方、取水路や復水器に付着する生物やスライムを防止するために、塩素ガスや次亜塩素酸ソーダが注入され、さらに腐蝕防止剤、洗剤等が混入される。かくして温排水中に取り込まれた魚類、稚子、魚卵、プランクトン等の水産生物は、物理的、化学的各種のショックによって壊滅的な影響を受けざるをえないのである。

㈡ 魚類の温度による死亡率は、高温にさらされる時間に左右される。発電所からの温排水が海中に放出されるまでには長い排水路を通るから、この距離が長いほど魚は高温にさらされることになる。たとえば、コネティカットヤンキー発電所では、この排水路の長さは、一・八三キロメートルである。取水口と排水口での温度差が六度Cの場合には、稚子の生存率は七・五パーセントであったが、出力を全開にして温度変化を一二度Cとすると、最高温度二八度Cで、生存率は零になる。

また、一九七五年にアメリカの原子力委員会と環境保護庁共催のシンポジウム「漁業とエネルギー生産」で発表された研究結果によると、アメリカ各地の冷却水の取り込みによる魚卵、稚子の死亡率は一〇〇パーセントに至るものも多く存在し、死亡要因は機械的ダメージが八〇パーセント、高温によるものが二〇パーセントであるとされている。

わが国の原子力発電所で同種の調査をすれば、右とほぼ同じ結果が得られることは明らかであり、二〇〇海里時代に入った漁場の将来を考えると、漁業資源へのはかりしれない影響が心配される。

3 温排水のその他の水産生物に及ぼす影響

温排水が水産生物に及ぼす影響は、その水産生物の生活様式、特に移動性の有無によって大きな差異を生ずる。海藻等の非移動性植物は、放水口からの温排水の影響を受けやすく、特に魚類の産卵場や育成場として重要な役割を果すアマモ場やガラモ場等の藻場の海藻類が衰退する等の被害が生じている。マイアミの発電所では、アマモ場を形成するリュウキウスガモの群落が四〇〇メートル離れた所では、九一パーセントが枯死、八〇〇メートル離れたところでは四八パーセント枯死、二〇パーセントが不健全であったといい、敦賀原発のある浦底湾でも、放水口から二〇〇メートルの範囲ではアマモが減少していることが報告されている。また各地の発電所周辺で海藻群集の優占種の交代が報告されているが、これは、ある種が枯死するからではなく、より高温に強い他の種に排除されるためと考えられる。このような藻場の衰退や優占種の交代は、藻場という一つの植物群集の問題に止まらず、長期的視野に立てば、水産資源の衰退と変質に大きな関わりをもつに至るということが、生態学者によって指摘されるところである。

4　生態系の破壊と変質

温排水は、右のとおり沿岸の環境を変え、水産生物群集に変化を与え、さらに環境と生物の間の相互作用、生物と生物の相互作用によって変動は変動を呼び、生態系は平衡関係に達するまで遷移していく。この生態系の変質と、それがわれわれの生活領域に及ぼす影響こそが温排水問題の本質的な課題であるが、このような生態系の変質過程は極めて複雑かつ多岐にわたり、その解明は将来の研究にまつほかはないのである。それ故にこそ、温排水問題が「原子炉施設の安全性」「放射性廃棄物の処理」と並んで、原子力推進の三大難問の一つに掲げられ、世界的にも温排水の影響についての研究が開始されているのである。

五、結論

以上の主張から明らかなとおり、温排水のもたらす各種の深刻な影響を無視してなされた本件許可処分は無効である。また、「もんじゅ」の建設・運転は、温排水のもたらす深刻な影響を通じ、原告ら住民の健康・生命に重大な危険を及ぼすので、差止められるべきである。

第三　労働者被曝の危険性

一、原子力産業の労働者被曝の実態

1　原子力産業労働の特質

原子力産業で働く労働者の労働は、他の産業とは異質である。日常的に不可視的な外部からの放射線を浴び、あるいは放射能を吸い込み、体外、体内両面からの放射線被曝による障害を受ける危険性を不断に担っている労働だからである。

2　資源エネルギー庁の被曝データ

資源エネルギー庁から毎年九月に公表される被曝データによれば、わが国の原発での各年度の総被曝線量は次のとおりである。

	労働者数	総被曝線量（人・レム）
一九七〇年度	二、四九八	五六一
一九七一年度	五、二四三	一、二六五
一九七二年度	五、八〇九	一、八九七
一九七三年度	八、四七二	二、六九六
一九七四年度	一二、三五八	三、一二七
一九七五年度	一六、〇八〇	四、九九八
一九七六年度	一九、七九六	六、二四一
一九七七年度	二五、三六二	八、一二六
一九七八年度	三四、一五五	一三、二〇一
一九七九年度	三四、二五四	一一、七三一
一九八〇年度	三五、九五四	一二、九三三
一九八一年度	四〇、五三二	一二、八八三
一九八二年度	四〇、六二九	一二、六九七
一九八三年度	四六、四三九	一一、八六七

一九八三年までに原発労働者が被曝した放射線量の総計は一〇万四二二二人・レムにも達しており、この間に被曝を受けた労働者の総数は、実に三二万七五八一人にもなっているのである。

3　下請労働者への被曝のしわよせ

右のデータから明らかなとおり、近年労働者被曝の数値は急増の傾向を示し、その中でも表16にみられるとおり下請労働者への被曝の集中化が相変わらず顕著であり、「社員外」労働者の占める割合は、人数では八四・四％、総被曝線量で九四％にも達し、〇・五レム以上の高線量被曝者も下請七九七三人に対し、社員は三六八人であり、二・五レム以上の被曝者一八五人のうち一八四人が下請労働者である。

4　危険業務への下請労働者の投入

原発が運転している時にも、専門的技術的作業を除く多くの作業に下請の労働者が従事している。汚染の除去、汚染物の洗濯、日常的に出てくる放射性廃棄物の積み出し、工場内外の掃除等々、放射線被曝を受けやすい仕事に携わるのは臨時雇いの下請労働者である。

定期検査、点検、事故等でいったん原子炉を停止すると下請労働者は急増する。運転、保守に関係する技術的作業は〝社員〟が直接やるにしても、燃料棒の装荷、使用済燃料棒の取り出し、補修修理、修理前修理後の除染、廃棄物の処理等、最も危険な業務には下請労働者が大量に投入される。

一九七〇年度から八二年度にかけての一三年間に電力会社の社員の平均的被曝線量が五五％に低減しているのに対し、下請労働者の平均被曝線量が一・七四倍にも増加している事実は、まさに下請労働者へのしわよせを雄弁に物語るものがある。

二、労働者被曝急増の要因

1　運転年数と汚染の増大

一九七〇年度から八二年度の間に、わが国の原子炉数は四基から二四基へと六倍にふえ、総発電量も一三倍に伸びたのに対し、総被曝線量は二三倍にも増加した。このような炉数や総発電量の伸びをはるかに上回る総被曝線量の急増は、運転すればするほど進行する炉の汚染と密接に関係している。

一九八〇年の参議院における政府答弁によれば、五年以上の運転歴をもつ原子炉の一〇〇万KW当りの平均被曝線量が二二五九人・レムであるのに対し、二ないし五年の運転歴の原子炉では一三三八人・レム、二年未満の運転歴の原子炉では一五四人・レムである。原子炉は、二年も運転すれば年間被曝線量が激増し、五年以上たてばさらに被曝が増大するという。運転年数と汚染の増大（被曝線量の増大）との相関関係は極めて明白なのである。

2　管理者の無責任と商業主義による過度の運転実績追求

労働者被曝増加の要因は、右のとおり主として原発施設内の放射能レベルの上昇と中小事故等による作業員の増加、作業時間の長期化によるものであるが、施設の責任者が放射能に対する基本原則を軽んじ、現在の未熟な原子力及びその関係技術に過大な評価を与えることと、過度な商業主義によるむやみな運転実績の拡大を追求することによって、被曝の増加が一層助長されている。

三、被曝事故の先例と労働者の消耗品扱い

1　事故の先例

これまで原子炉施設内の放射線被曝によって死亡し、または重大な障害を受けた先例として次の報告がなされている。

(1)　敦賀原発で被曝し、昭和四九年、三一才の若さで全身ガンにより死亡した松本勝信氏の例

(2)　敦賀原発で昭和四八年五月二七日に約二時間半のパイプ修理工事に従事した後、八日目に発症し、翌四九年三月二日、放射線皮膚炎の診断を受けた岩佐嘉寿幸氏の例

(3)　敦賀原発で昭和四九年一一月から翌五〇年三月まで下請関電興業の作業員として雑役に従事、放射能汚染除去作業やパイプにつまったものを取り除く作業に携わり、この間、高線量の被曝を受け、全身倦怠、頭痛、腰痛等を発病した森川勇氏の例

(4)　福島第一原発で東京電力の下請のビル代行で昭和四七年春ごろから翌四八年ごろまで、汚染区域、監視区域の作業員のつけるマスクの洗浄に従事、頭痛、腰痛、足の痛み、血圧上昇等を発病した大久保智光氏の例

(5)　東電福島第一原発で昭和四五年六月から下請ビル代行で廃棄物処理建屋の作業や放射能汚染除去作業等に従事、同四六年三月、低血圧と腰痛で入退院を繰り返した天野展安氏の例

(6)　東電福島第一原発で昭和五〇年一月一六日から九月三〇日まで下請労働者として就労、同五一年四月二三日、開門部肉腫で死亡した銭谷氏の例

(7)　東電福島第一原発の下請阪和保温工業の作業員として、昭和四七年四月から一年間、放射能をふきとる仕事に従事、同五一年度には就労不可能となり、入退院を繰り返した後、同五二年一〇月八日、

骨髄性癌で死亡した佐藤茂氏の例

(8) 日本原子力発電株式会社敦賀原発内で被曝し、精神的、肉体的、ならびに経済的に損失を受けたとして、株式会社ビル代行から、六〇〇万円の補償をさせた村井国夫氏の例

2 下請労働者の消耗品扱い

右各症例では、いずれも企業責任者は労働者に対して放射線の危険性について教育らしい教育を施さず、むしろ放射線の恐しさへの無知を利用して危険区域での作業に従事させている。そのうえ、社員のように定期的な健康診断がなされているわけでもなく、継続的な被曝線量のチェックが行われているわけでもない。

監督官庁の公表データによってすら、原発内労働者の被曝の急増と下請労働者への被曝の押しつけは明白であるが、ここでは労働者が文字どおり「消耗品」として扱われているのである。

四、体内被曝の影響の重大性

原発内で働く労働者が着用するフィルムバッジやポケット線量計による測定値は、着用する位置における体外からの被曝線量しか意味しない。つまり、特定の位置の体外被曝のみが監視されているにすぎないのである。汚染された現場での作業の場合、手足の被曝線量はずっと大きいし、体内に入った放射性核種による体内被曝は、部位によっては、体外被曝よりはるかに大きいものになる。

にもかかわらず、体内被曝線量の測定は行われていないし、そもそもこれを的確に測る計器も方法も未開発である。

原子炉内で生み出される人工放射能核種の中には、生体内に取り込まれやすく、かつ著しい濃縮を示すものが多い。ヨウ素一三一、ストロンチウム九〇等が好例である。

天然ヨウ素やストロンチウムは非放射性であるから、生体内で濃縮されても何らの害もないが、人類が人工放射性のものをつくり出すと様相は一変し、食物連鎖を通じて高度に濃縮され、体内被曝の障害を発生させるのである。

五、低線量放射線の影響の重大性

1　ICRPの勧告値

かかる被曝労働者の大部分は、原発施設周辺から雇われた下請労働者である。彼らは被曝管理上、職業人として取扱われ、一般公衆の被曝の基準である年間〇・五レムの基準は適用されず、その一〇倍の年間五レムが適用されることになる。

このICRPの勧告値は、その前身である「国際X線及びラジウム委員会」時代の放射線規制に関する勧告値からみると次々と改められてきており、職業人については、一九三一年の年間七三レムから、三六年に五〇レム、四八年に二五レム、五四年に一五レムとなり、五八年には年間五レムと、僅か三〇年弱の間に一五分の一までに引下げられてきた。これに対し、一般公衆への勧告値は一九五四年はじめに登場し、年間一・五レムが勧告され、四年後、「線量限度」という考え方で放射線作業従事者の許容量の一〇分の一、つまり〇・五レムに勧告が改められた。

2　しきい値の不存在

このように勧告値が年を追って切下げられてきた主な理由は、放射線の研究が進むにつれて、低い線量であっても危険であることが判明したからにほかならない。一九五八年の勧告値も、その意味で当時までに判明していた事実をふまえた一つの目安量でしかなく、十分な科学的根拠があって出されたものではない。放射線の危険性については、第二部で詳述したとおりであり、「これ以下なら安全というしきい値は存在しない」のである。

それにもかかわらず、労働者被曝が右にみたように急増していることは、原子力発電所がいかに危険なものであるかを、如実に示すものである。

六、労働者被曝と住民被曝

このような労働者被曝の急増は、原子力発電所施設周辺住民全体への被曝の線量を、一挙に一〇倍にも数十倍にも増加させる。

遺伝学的にみれば、ある集団中の突然変異遺伝子の頻度だけが問題になるので、その集団中の誰が被曝しようと、数世代という尺度で遺伝的影響を考えれば、労働者被曝は周辺住民被曝と何ら異なるところはない。したがって、労働者被曝の問題は、遺伝的障害の観点から見れば、個々の労働者のみの問題と考えることはできず、その被曝労働者が生活する地域住民集団全体の被曝線量をその分だけ増加させることを意味し、原子力発電所施設周辺住民は、等しく労働者被曝によって、日常的被曝の危険性を増大させられることになるのである。

したがって、原告らは、労働者被曝の点についても司法審査を受ける利益を有するものである。

第四　平常時被曝の危険性

一、はじめに

「もんじゅ」が建設・運転されれば、日常的に放射性気体廃棄物と放射性液体廃棄物が環境中に放出される。原告ら住民はそれによって直接的に、または環境を通じて間接的に健康・生命に害を加えられる。

本件許可処分をなすにあたっての、放射性気体廃棄物及び放射性液体廃棄物に関する評価、審査は次に述べるように、重大な瑕疵を有するものであり、本件許可処分は無効である。また、原告ら住民に不断に危険をもたらす「もんじゅ」の建設・運転は差止められるべきものである。

二、平常時の放射性気体廃棄物に関する評価及び審査の違法性

1　放射性気体廃棄物の放出放射能量推定の欺瞞

(一) 計算式、計算条件の根拠不存在

本件許可処分にあたっては、「もんじゅ」より環境に放出される気体廃棄物は、希ガス及びヨウ素であり、希ガスについては年間約二三〇〇キューリー、ヨウ素の年間放出量は、ヨウ素一三一約〇・〇〇四一キューリー、ヨウ素一三三約〇・〇〇〇四キューリーと仮定されている。

しかし、その放出過程や放出量計算にあたっての数値や計算式は、全く恣意的であり、あるいは根拠を欠き、さらに必須の放射性物質の環境放出を無視したもので、平常時の気体廃棄物の放出量を正確に推定したものとはとうてい認められない。

したがって、本件許可処分は、原告ら周辺住民に対し、放射性障害という著しい災害を及ぼす恐れがあり、原子炉等規制法二四条一項四号に違反する。

(二) 燃料被覆管欠陥率推定の恣意性

気体廃棄物中の主な放射性物質は、燃料要素に欠陥がある場合に一次冷却材中へ漏出した後、一次アルゴンガス系カバーガス中へ移行した核分裂生成物のうちの希ガス及びヨウ素である。安全審査書は、この燃料被覆管欠陥率を、海外高速増殖炉における燃料被覆欠陥の程度等の実績を参考としたとして一%とする。

しかし、この一%という欠陥率は、いかなる海外高速増殖炉の実績を参考にしたか不明であるばかりでなく、わが国における先行の軽水炉（たとえば伊方原子力発電所一号炉）と同じ値なのであるが、これは、高速増殖炉と軽水炉の燃料棒の平常運転時の苛酷な状態の差異を無視したもので、右数値はとうてい根拠を有するとはいえない。

たとえば、同じ一〇〇万ＫＷの電気出力のある軽水炉と高速増殖炉を比較してみると、炉心の出力密度が一リットルあたり軽水炉三五ないし九〇ＫＷなのに対し、高速増殖炉では二五〇ないし五〇〇ＫＷに至る。炉心温度についても、被覆材最高温度が軽水炉では三一五度Ｃなのに対し、高速増殖炉では六二〇ないし七〇〇度Ｃに達し、その状態の差異が歴然としている。また、高速増殖炉では、冷却材に反応性・腐蝕性の強い液体ナトリウムを使用しており、被覆管は長時間にわたる浸漬により疲弊は激しい。

にもかかわらず、これらの点を考慮することなく、全く無根拠に燃料被覆管欠陥率を一％と措定して計算された放射性気体廃棄物量は、全く恣意的、仮定的なもので、したがって、原告らを含む付近住民の生命健康に重大な災害をもたらすおそれが明白であり、それに留意を払うことなくされた許可処分には重大な違法があるというべきである。

㈢　一次アルゴンガス系カバーガス中の放射性物質の濃度の計算の恣意性

放射性気体廃棄物の放出量は、一次アルゴンガス系カバーガス中に含まれる放射性物質の濃度により大きく左右される。この一次アルゴンガス系カバーガスは循環使用されるゆえに、常温活性炭吸着装置及び希ガス除去・回収設備によって放射性の希ガス（キセノン、クリプトン）を除去し、その濃度を下げている。浄化前と後では、その濃度に核種によっては10の三乗から一〇乗のケタの違いが生じていることに計算上なっていた。

ところが、一九八五年二月一八日被告動燃は、建設費用低減のためカバーガスの希ガス除去・回収設備を全面撤去するという設計変更を申請した。

この変更によって、一次アルゴンガス中の放射性物質の濃度が増え、当然そのことにより、たとえば半減期の長いクリプトン八五（半減期約一〇年）の環境放出量は二〇倍以上増える計算になるはずだが、被告動燃は変更申請中でパラメーターを操作したり減衰期間を長くとるなどして、むしろ全体としての放射能年間放出量の推定値を減らしているのである。

このように一次アルゴンガス系カバーガスの放射性物質の濃度の推定値は、パラメーターを操作することで容易に変更しうる、科学的客観的な計算に基づかないものであり、計算条件を変えることにより結果を操作するという恣意的な値であるゆえにとうてい信頼するに足りず、ひいては原告らを含む周辺住民の生命健康を放射能障害の脅威にさらすものであって、本件許可処分は違法である。

㈣ 原子炉格納施設の換気により放出される放射能量推定の過小評価

被告動燃の設置許可申請書によれば、原子炉格納施設換気による放出回数は年間一〇回としている。しかしながら、原子炉格納容器の換気は、補修作業や燃料取替え作業、定期点検作業等に先立って行われるものであるところ、原子力発電所の事故その他が続発すれば、補修作業の回数は増加し、格納施設換気回数もそれだけ増加する。したがって、定期点検及び燃料取替作業等の回数は決まっており、そのほかに補修作業等に先立つ換気回数を合わせて一〇回とすることには、何らの根拠もないといわなければならない。安全審査書では、先行軽水炉の最近の運転実績等を参考にしたと述べられているが、ここでも軽水炉と高速増殖炉の単純な比較をしており、高速増殖炉の場合には、より安全側に立って、補修回数を定めるべきである。換気回数が増えれば、それだけ放出放射能量は増加することになる。

2 放射性気体廃棄物による一般公衆の被曝線量評価の誤り

㈠　気体廃棄物中の希ガスによる全身被曝線量の計算は、排気筒から放出され、拡散移動する放射性雲からのガンマ線による外部全身被曝線量を対象に行われ、周辺監視区域外の最大となる場所において、年間約〇・〇七四ミリレムとされている。しかしこの評価値は、その計算過程において問題があり、正しく被曝評価がなされていない。

㈡　大気中の放射性物質の濃度分布の推定においてパスキル拡散式を適用する。しかしながら、パスキル拡散式は、平坦な地形に煙突が立っている場合、その煙突からの煙がどのように拡散するかを煙突の高さとの関係で算出しようとする式であり、その際の濃度分布はいわゆる裾広がりに拡散することを仮定して算定するが、「もんじゅ」の設置場所である敦賀市白木地区のように、背後に山地を控え、その山に囲まれるようにして炉心より約一・三キロメートルのところに白木の集落がある、というような複雑な地形では適用ができないものである。適切な現地実験が求められるにもかかわらず、パスキルの拡散式で大気中の濃度を求め、それを基礎に全身被曝線量を計算しているのは、実際の濃度との間に数倍ないし数十倍の相違がありうることが当然考えられ、被告動燃の計算値は信頼するに足らないものである。

㈢　大気中の濃度計算では、風がほとんどない静穏時の拡散を有風時におきかえて計算している。静穏時では、放射性雲が停滞したり、ゆっくりと往復したりするので、全身被曝が増大することは明らかであるにもかかわらず、合理的な根拠もなく、有風時とおきかえ計算しているのは、全く不当であり、実際の被曝線量はより高いものと考えられる。

3　環境中に放出された粒子状放射性物質の無視の誤り

㈠　平常運転中原子力発電所は、コバルト六〇、マンガン五四、ストロンチウム九〇、セシウム一三七等々多くの種類の微粒子状放射性物質を放出する。これらの微粒子状放射性物質は、半減期が長く、かつ人体に取り込まれやすいので、長期間にわたって人体に蓄積されたうえ、放射線を出し続け、人体に対し著しい障害を及ぼす。

㈡　被告総理大臣は、本件許可処分に際して、これらの粒子状放射性物質による被曝線量は極めて小さい寄与しか与えていないので評価対象から除外するとしているが、微粒子状放射性物質は、外部被曝のみならず人体内部にとりこまれて内部被曝をひきおこすゆえに、これらの放射線管理を全く無視することは不当であり、これを被曝評価に含めていないことは、重大な違法といわざるを得ない。

二、平常時の放射性液体廃棄物に関する評価及び審査の違法性

1　放射性液体廃棄物の放出量及び核種推定の欺瞞

㈠　液体廃棄物放出量及び放出放射能量計算の根拠不存在

設置許可申請書によれば、液体廃棄物の年間放出量の計算値は約三五〇〇立方メートルであり、放射性物質の年間放出量はトリチウムを除き〇・二キューリー、トリチウムについては二五〇キューリーとしている。

しかし、それらの数値は仮定的なものであり、その根拠が示されておらず、その意味で恣意的とさえ

いいうる。

(二) 仮定条件の恣意性

(1) 共通保修設備廃液の発生量に対して、処理後再使用されずに放出される量が二〇%程度とされているが、この値の根拠は不明である。

(2) 液体廃棄物中の放射性物質混入の主因たる燃料被覆管欠陥率が一%とされていることの不当性は前述した。

(3) 液体廃棄物中の放出核種とその構成比についても、その根拠が示されていない。

(4) トリチウムについての放出量二五〇キューリーについては、海外高速増殖炉の実績を参考にしているというが、いかなる高速増殖炉でのいかなる実績か、それが参考するに足るものか明確にされていない。

2 液体廃棄物による被曝評価の誤り

(一) 濃縮係数の非現実性

海水中の放射性物質が、海棲生物に取り込まれれば濃縮が起こる。この濃縮割合を知るための係数が濃縮係数であって、海水中放射性物質濃度に濃縮係数を乗じると、海棲生物体内の放射性物質濃度が推定される。

したがって、被曝評価にあたって、この濃縮係数が重要な意義を持つが、現在まで濃縮係数について定義がなく、研究段階にあると考えるべきであり、被告動燃の利用した係数も仮定的なものであって、したがって、本件許可処分にあたっての被曝評価も現実性がない。

㈡　海産物摂取量についての誤り

液体廃棄物中の放射性物質は、海産物摂取により体内にとり込まれる。安全審査書では、許可申請書における被曝線量計算値が「線量評価指針」に示された方法によりなされているとする。

「線量評価指針」では、海産物摂取につき、施設周辺の集落における食生活の態様等が標準的である人を対象として現実的と考えられる計算方法及びパラメーターにより行うものとしている。つまり、海産物摂取量は、周辺住民の中でも標準的なものを対象とし、極端な摂取をする極めて少数の住民は対象としないということである。

つまり、極端に海産物を摂取している漁業者などの人々の安全は視野の中におかれていないことになる。安全性評価にあたり何故に平均的摂取量を基準とするのかが示されていない。原子力発電所の設置にあたっては、被曝線量をできるだけ現実的なものとするため、少なくともこの海産物摂取量の調査程度はなすべきであり、その上で安全側に立った評価をなすべきである。実態調査も経ず、安全側に立ったとはいえない被曝評価の上になされた本件許可処分は、非現実的であり、実態を反映するものとはとうていいえないものである。

3　**放射性液体廃棄物による外部被曝線量評価の欠如**

本件許可処分において、被曝評価は内部被曝線量評価はなしたが、外部被曝線量評価は行っていない。

しかしながら、放射性液体廃棄物にあっても、海岸の砂、漁網、海面、海水中、船体などから、人体に対してガンマ線による外部被曝を及ぼし、それらの被曝評価を全く無視した安全審査書における被曝評価は、過小評価されたものである。

四、結論

以上、「もんじゅ」の設置許可申請書及び安全審査書における周辺住民の被曝評価値の問題のいくつかを指摘したが、平常時において確実に住民が被曝する線量評価において、過小評価され、あるいは部分的に無視された評価値は、とうてい信頼に足るものでなく、周辺住民に重大な放射線障害を与えるおそれが十分ある。本件許可処分は重大な違法がある。故に無効であり、「もんじゅ」の建設・運転は差止められるべきである。

第五　福井地域における原子力発電所の集中化について

一、若狭湾沿岸地域における原子力発電所集中立地の実態

1　集中立地の実態

㈠　福井県若狭湾沿岸においては、一九七一年敦賀一号炉、美浜一号炉が営業運転を開始して以降、一九七九年までに九基、電気出力六一九万ＫＷの原子力発電設備が稼働するに至った。

この時点で若狭湾沿岸地方は、わが国最大の原子炉集中地となった。その後事故故障の続発による信頼性の低下と住民運動の高揚によって新増設は全国的に一時停滞したが、電源三法をはじめいわゆる「円滑化の施策」によって原子力発電所設置の動きが再び促進されることになった。この新増設の動きは、若狭湾沿岸地域でも活発となり、一九八五年に高浜四号炉が営業運転に入り、若狭湾沿岸の原子力発電設備は一一基七九三万ＫＷとなった。

さらに、現在建設中の敦賀二号炉と本訴訟の対象である「もんじゅ」が完成すると、同地域の原子力発電設備は一三基九三七万ＫＷとなり、関西電力が計画中の大飯三、四号炉（安全審査中）が建設され

ると、一五基一一七三万ＫＷとなり、若狭湾沿岸地域は一大原子力発電基地となる。

㈡　一九八五年七月におけるわが国の原子力発電設備は三〇基二一五九・六万ＫＷであり、若狭湾沿岸の原子力発電設備はその約三七％を占め、同地域はわが国最大の原発集中地である。

同地域の原子力発電は、世界的にみても世界の原子力発電総設備の約三・五％を占め、現在世界第五位の西独の一三基一二八七万ＫＷ（一九八四年六月）に匹敵する。

以上にみたような一地域＝幅五〇数キロメートルの若狭湾沿岸への原子力発電所の集中化は、わが国だけでなく世界的にも類をみないきわめて異例の状態である。また、電力需要の停滞している中で、このように一地域に集中し、なお一層増設が進められることはきわめて異常な事態である。

2　設備の巨大化、短期間のスケールアップ

㈠　若狭湾沿岸において原子力発電所の設置が最初に申請された一九六五年一〇月（敦賀一号炉）から九基目の大飯一、二号炉の設置が申請された一九七一年一月までの約六年間に、原子炉の規模は電気出力で三五・七万ＫＷから一一七・五万ＫＷまで、三倍以上にスケールアップされた。最近は、八〇万ＫＷ級と一一〇万ＫＷ級が原子力発電所の標準的規模となっている。

若狭湾沿岸地方に原子力発電所が設置され始めた当時、わが国には軽水炉の設計、建設、運転の経験は皆無であり、九基目の大飯一、二号炉の設置が許可された一九七二年は、すでに運転中であった敦賀一号炉、美浜一号炉で放射性物質の漏洩や蒸気発生器細管の損傷など予期されていなかったトラブルが発生し、原子力発電技術が未完成のものであることが実際に示され始めていた。

(二)　このように、未経験で未完成の技術に基づく原子力発電設備を短期間に一挙にスケールアップし、しかもその間に行われた安全審査ではわずか五〜六ケ月の間に「安全」を「確認」していることは、技術的ルールを無視した開発であり、住民の安全の軽視といわざるをえない。

3　原子炉型の多様化

(一)　仮に「もんじゅ」が建設、運転されたとすると、若狭湾沿岸地方に集中した原子力発電施設はその炉型式においても設置者においてもきわめて多様である。

日本原子力発電株式会社の敦賀一号炉は、アメリカ直輸入（GE）の旧形式の沸騰水型軽水炉であり、関西電力株式会社の美浜一、二、三号炉、高浜一、二、三、四号炉、大飯一、二号炉及び日本原子力発電株式会社の敦賀二号炉は、加圧水型軽水炉である。以上はすべて濃縮ウランを燃料として軽水減速、軽水冷却の熱中性子炉である。被告動燃の新型転換炉「ふげん」はわが国の設計による重水減速、軽水冷却の熱中性子炉である。

「もんじゅ」は、被告動燃によって設計、建設される新型炉で、軽水炉及び新型転換炉とは全く異なる型式の炉であり、濃縮ウラン及びプルトニウムを燃料とし金属ナトリウム冷却の高速中性子炉である。

(二)　このように若狭湾沿岸地方は、日本原子力発電、関西電力、被告動燃が設置する多種多様な炉型式の原子力発電施設の集中地である。その出力も「ふげん」の一六・五万KWから大飯一、二号の一一七・五万KWにわたっている。このことを前述の技術的未経験及び短期間の巨大化の事実と合わせ考えると、若狭湾沿岸地域はわが国における巨大な原子力発電実験基地といわざるをえない。

二、原子力発電所の集中立地がもたらす諸問題

1 事故、故障の続発

わが国の原子力発電所が稼働し始めて以来、さまざまな事故、故障が続発してきたが、原子力発電所の大集中地若狭湾沿岸においても、多くの事故、故障が起きている。事故、故障の内容も多様であるが、代表的な事故、故障をいくつかあげると次のとおりである。

㈠ 美浜一号炉の蒸気発生器細管損傷(一九七二年〜)(第四部、第三、九で前述)

蒸気発生器細管の腐蝕・応力腐蝕割れは、若狭湾沿岸の加圧水型炉のすべてで頻発し、稼働率低下の大きな原因となっている。

㈡ 美浜一号炉における燃料棒折損(一九七三年)(第四部、第三、九で前述)

三年間発表されなかったため事故隠しとして問題となった。

㈢ 大飯一号炉の緊急炉心冷却装置作動事故(一九七九年)

配線の絶縁不良による誤信号と主蒸気逃し弁の材質不良が重なって、緊急炉心冷却装置が誤作動を起こし、約二〇トンの水が炉心に注入された。

㈣ 高浜二号炉における一次冷却材漏洩事故(一九七九年)

一次冷却水の温度測定用バイパス管予備栓が材質不良のため破損、約八時間の間に八〇数トンの一次冷却材が格納容器内に漏洩した。

(五) 敦賀原発廃棄物処理施設における放射性廃液漏出事故(一九八一年)
漏出廃液が浦底湾を汚染、さらに事故隠しと重なって大きな社会問題となった。ずさんな管理等一〇数個の原因が重なって起きた。

(六) 大飯二号炉圧力容器付属機器粒界割れ(一九八四年)
原子力発電の心臓部である圧力容器関連機器の損傷として重要である。

以上の実例の中には、スリーマイル島原発事故を再現しかねない重大なものが含まれている。大きな事故に至らなくとも、蒸気発生器細管の損傷をはじめ、配管類、ポンプ、弁、制御系の部品等々の材料関係の損傷はきわめて頻繁に起こっている。そのほか制御系をはじめ回路の故障、燃料棒の曲りやピンホール、格納容器のコンクリートのひび割れ等々原子力発電施設内のさまざまな部位に多様なトラブルが起こっている。

これらの事故、故障は、炉の新旧を問わずすべての炉で起こっており、そのため一時は設備利用率が四〇%台に落ち込む結果となった。旧形式の敦賀一号炉は稼働後一四年を経、その老朽化も懸念されている。

小事故やさまざまなトラブルは大事故の前兆となりうるものであることは、スリーマイル島原発事故の実例においても示されている。若狭湾沿岸のすべての原子炉でさまざまな事故、故障が続発していることは、この地域に将来、大事故、大災害が起こりうることを暗示するものである。

最近、水質管理、材料の管理や取替え等々によって一定の改善がなされたとされ、稼働率が上昇しているが、軽水炉の基本設計や基本性格は変わっておらず、かえって定期検査の手抜きなどによる事故も続発するなど、大事故の可能性がますます現実性を持ったものとなっている。

以上のように、若狭湾沿岸に建設された原子炉は、炉によって多少の差はあっても、すべての原子炉において事故、故障が発生し、またその原因も多様である。したがって、事故、故障の多発は原子炉にとって避けられないものであって、原子力技術が全く未完成ないし完成不可能なものであることを示している。

最近の五年間（一九七九年四月〜一九八四年三月）わが国の原発で発生した事故、故障の件数は、通産省の発表によると一四〇件であるが、このうち若狭湾沿岸の原発に係るものは七二件で約五〇％を占める。原子力発電所の集中立地は、同一地域における事故、故障の件数を確実に増加させ、大事故発生と住民が災害を被る危険性を確実に高めているといえる。

2　地震時における事故発生について

福井県及びその周辺には多くの活断層があり、過去にもマグニチュード七以上の地震がかなり発生している。高浜三、四号炉の増設の際、関西電力が実施した「環境影響調査書」においても、福井県が地震活動性の高い地域であることを認めている。福井県近隣が地震予知連絡会議の特定観測地域に指定されていることもこのことを示しているといえよう。

加えて、若狭湾沿岸の一地域に過去約五〇年間地震の発生していない空白域があり、地震エネルギーが蓄積されている可能性がある。

若狭湾沿岸地方への原子力発電所の集中立地は、大地震発生時に複数原子炉における大事故の同時発生の危険性を高めている。

3　放射性廃棄物の蓄積、環境汚染、放射線被曝

集中する原子力発電所の稼働により、放射性気体廃棄物の同一地域における日常的な放出総量が増加する。また、温排水とともに排出される放射性液体廃棄物も同一サイト内の原子炉の増加によりサイト周辺海域に集中放出され汚染度を高める。

固体廃棄物は、ドラム缶につめられて原子力発電所敷地内に保管されているが、その保管量も集中立地に対応して増加する。一九八四年八月までのドラム缶保管量は、若狭湾沿岸全体で八万一七七本であり、全国の原子力発電所についての総量（三六万六六五五本）の約二二％であり、加圧水型炉を用いた原子力発電所についてみると、関西電力の加圧水型炉についての保管量五万三六八六本は全国の七三％にあたる。

若狭湾沿岸の原子力発電所における労働者の放射線被曝線量は、全国における総被曝線量の三〇数％を占め、集中立地に対応する被曝線量であることを示している。原発労働者は、建設地周辺だけから雇用されるとは限らないが、若狭湾沿岸地方からの雇用数もかなりあるものとみられる。

原子力発電所の集中立地は、周辺住民の日常的な被曝線量、事故時における環境の汚染と被曝線量を増加させ、ガンの発生率の増加等住民の健康に著しい影響を与える可能性がある。

原子炉の寿命は明らかではないが、寿命のつきた原子炉は廃炉となる。原子炉の集中地は必然的に廃炉の集中地となり、その安全管理や跡地の処置が問題となる。廃炉は解体撤去し、跡地に再び原子炉を

設置するといわれているが、もしこの方針が実施されるならば、原子力発電所の集中立地地域は再び集中地となり、原告ら住民は永久に危険から逃れられないことになる。

4　温排水

原子力発電所において発生した熱の約三分の二は、温排水として周辺海域に放出されている。取水した周辺海域の海水より約七度C高いいわゆる温排水が敦賀（ふげんを含む）、美浜、大飯及び高浜の各発電所から若狭湾に向け集中的に放出されている。各発電所からの放出量は全出力で運転中に合計五四一トン／秒にものぼる。

この放出量を河川の流量と比較するならば、福井県の最大の河川である九頭龍川の年平均流量（一五〇トン／秒）の約三・六倍、わが国最大の河川信濃川の流量（年平均六四〇トン／秒）に匹敵する。さらに、「もんじゅ」と計画中の大飯三、四号炉を含めると、温排水放出量は七百数十トン／秒に達するであろう。

温排水の影響については、第二に述べたとおりである。

5　集中立地を促す要因

同一サイトへの原子力発電所の集中立地は、設置者である企業にとっては土地取得費が節約になり、さまざまな設備や労働者の削減等の合理化を可能にする。特に電力多消費地から遠くない地域における集中立地は企業にとってきわめて有利なものになると考えられる。若狭湾沿岸はまさにこの場合に対応している。しかし合理化は、一方で安全管理や周辺住民の安全にとってマイナスの要因となる。同一地域への集中立地は、事故、故障時あるいは定期検査時等、原子力発電所の運転停止期間のバックアップを容易にする。また、燃料の輸送や使用済核燃料の搬出などにも有利である。

集中立地の進んだ地域では、原子力発電所の設置を容認したり、また誘致する自治体や住民の存在により、土地取得や設置の合意を得ることが容易となり、また、設置手続きも簡略化される。これらのことにより集中地は一層の集中化を誘うことになる。

原子力発電所の集中立地は、そこが全国的にみた最適地であるとの理由からではなく、以上にみたようにその大部分が設置企業の営利上の理由や合意を得やすい条件によるもので、さらにわが国の九電力の分割独占体制がこれを促進している。したがって、集中立地は地域住民の真の利益とは無関係のものである。

三、集中立地と地域の社会・経済上の問題

1　若狭湾沿岸にみられる原子力発電所の集中立地は、安全性に係る問題だけでなく、この地域の地域開発、住民生活、地方政治等に係る社会・経済的問題に大きな影響を与えるはずである。ところが現実には、原子力発電所の誘致によって地域の産業の振興を図るという思惑とは違って、若狭湾沿岸地方の産業の発展はほとんどみられない。若狭湾沿岸に建設された原子力発電所の生産する電力はほとんど関西地方の電力多消費地帯に送電され、設置した地域は単なる発電基地としての役割しか果していない。

「距離」こそ安全装置であるとする安全性の立場からすると、原子力発電所の周辺は本来人口密集地であってはならない。原子力発電所の誘致によって周辺地域を開発し、産業を誘致し、人口の増加をまねくことは、原子力施設周辺に対する安全と本来矛盾する考え方である。

若狭湾沿岸の原子力発電施設は、関西電力をはじめ設置者が国のエネルギー開発計画と呼応しつつ関西地方の電力大消費地のために建設したものであって、設置地周辺の発展のために設置したものではない。

建設の目的と地元の利益の離反を埋めるため、設置者から多額の補償金、協力金等が地元の住民や自治体に支払われ、一九七四年に電源三法が成立した後は、さらにこの法に基づいて「合法的」に原子力発電所の設置と地元の「利益」が引替えられるようになった。電源三法は「金権」による電源開発の基をつくったといえる。

2 「金権」に基づく原子力施設の立地は、施設の安全性、周辺住民の生命と健康の保障、地域の発展等、原子力発電所設置の可否を判断する本来のあり方による議論を封殺し、専ら建設の見返りの多寡によって建設の可否を判断する悪習をつくり出している。このことが原発の集中立地を一層進め、同時に自治体財政や住民生活の原子力発電所への依存度を高める結果となり、その悪循環が地元の将来に暗い影を投げかけている。

住民の反対運動による全国的な原子力発電所の立地難が続く現在、地元の原子力発電所への依存の高まりは、設置者をして安易に既設地域への増設を許す結果となり、集中化は一層促進される。

補償金、電源三法による交付金、建設時の一時的な雇用の増加、あるいは日常的なパート的雇用などが関係自治体の財政や住民生活に一定の影響を与えていても、それらは地元に根づいた安定した地域の発展を意味していないことは、この一〇年の経験が示している。

推進の立場に立つ原子力産業会議の調査の結果も、『長期的な地域の振興整備という観点からすれば、その経済的効果の多くはきわめて一過性の強いものである』と原子力発電所による経済的効果の一過性を認めている。

原子力開発をはじめ現在のエネルギー基地構想は、大量のエネルギーの集中的生産あるいは備蓄という経済性本位の発想に基づいており、福井、福島、下北半島などにおける原子力施設の集中立地はこのよい例である。

3　若狭湾沿岸においては、商業炉の集中立地だけではなく、「ふげん」「もんじゅ」などのような開発途上の実験炉の実験場の役割も果している。さらに、福井臨港の石油備蓄基地化、核燃料工場の建設計画など福井県全体がエネルギー基地化の様相を呈している。

福井の経済界も全県を原子力基地化する構想を示しているが、原子力発電所の集中立地は地域の原子力依存性を強め、際限なく原子力施設の集中化を進め、産業の発展と地域の開発を困難にする。

若狭湾沿岸は、特に美しいリアス式海岸をもつ有数の観光、保養地である。原子力発電所の立地は、この地方の風光を害し、観光価値を低下させる。

原子力施設の立地による一過性の強い地域の「振興」は、もし仮に政策転換によって原子力開発が衰退した場合、地域に根ざした開発の基礎を欠いているため、地域経済の全面的停滞というきわめて深刻な事態を引き起こす恐れがある。

以上のように、原子力発電所の集中立地は、地元の発展を妨げ、原発依存と増設の悪循環が集中立地を一層促進する。また、金権政治が集中立地をうながし、集中立地が金権の温床となり、地方政治のひずみと腐敗が生み出される。

このように、原子力発電所の建設は、安全性に係る技術的な問題であるとともに、すぐれて社会的な問題である。原子力発電所は、環境の放射能あるいは熱汚染とならんで社会的な汚染の源泉となり、安全論議をくもらせる。

原子力発電所の立地にあたっては、技術的安全性とともに、そのもたらす社会的影響、特に地域の発展や長期的な地域開発計画との関連を住民の参加の下に十分検討して、立地の可否を判断すべきである。原子力発電所の立地に際して、この点を審議する機関も制度も欠いている現在の立地手続きはきわめて不備であるといわざるをえない。

四、防災上の問題

原子力発電所の集中立地は、同一地域における原子力災害の確率を増大させる。そのため防災対策も一層の強化が必要となる。また、炉型式の多様化は、起こりうる大事故、災害も多様化し、防災対策を複雑にする。特に「もんじゅ」は、従来の軽水炉と全く異なる構造をもち、燃料や材料も異なっている。

したがって、起こりうる事故と防災体制も質を異にすると考えられるが、このことは現実の防災対策に全く考慮されていない。

同一地域への原子力発電所の集中化は、大地震などによる複数の原子炉の事故、災害をもたらすおそれがある。現在の安全審査は、この可能性を否定し、防災対策もこのことを全く考慮していない。

若狭湾沿岸は有数な観光、保養地であり、とくに夏期は海水浴客など県外からの観光客が集中する。原子力発電所と観光地が共存し、一時的にしても周辺が人口密集地となりきわめて混雑することは、原子力発電所の立地計画の際にも、また安全審査や防災体制上も全くとり上げられていない。

防災対策は、すべて単一原子炉の設置の場合と変わりなく、約五〇キロメートルの若狭湾沿岸沿いに原子力発電所が立ち並び、後背に山をひかえていることは、防災上ほとんどとり入れられていない。

五、安全審査上の問題

一地域（若狭湾沿岸）への原子力発電所の集中立地は、以上で示されたように、周辺住民の健康と安全に係る問題、住民生活・地域開発・地方政治に係る社会的な問題等々において一原子力施設の立地とは質的に異なる深刻な問題をもたらしている。

ところが、以下に示されるように、集中立地に伴う諸問題は、立地、増設の諸手続きの中でほとんど取り上げられていない。まず、原子力発電所の立地にあたっては、電力会社が立地の候補地を選定することから始まるが、わが国では全国的な視点からの科学的な調査・研究に基づいた適地の選定や立地計画の策定は行われていない。候補地の選定はしばしば地元の受入れの可否が最大の要件となり、その受入れの背後には、「見返り」の交付金や協力金などがある。

　設置許可申請に先立って行われる環境影響調査、集中立地に伴う環境への影響はほとんど取り上げられていない。わが国の電源開発計画を審議する電源開発調査審議会においても、すでに電力会社等設置者側が策定した計画を国の計画として取り入れるだけで、全国的視野に立った立地の適否についての検討はされていない。

　この電調審に先立って立地県の知事の了解が求められるが、この段階では安全審査は未だ行われておらず、立地の適否についての科学的な検討もなされていない。このような不合理な手続きが集中立地を可能にする一つの原因である。安全審査においては、申請された設置計画についての個別的審査が行われるのみで、当該計画において全国的な観点から適地が選定されているか、また、その計画によって当該地域に原子力施設が集中する場合に、その集中立地が何をもたらすかはほとんど問われていない。

　原子力施設の安全審査において、立地の適否を判断する基準となる審査指針として「原子炉立地審査指針及びその適用に関する判断のめやすについて」があるが、この指針に示された立地条件はきわめて抽象的、一般的であって、原子力施設からの距離と人についての量的規制は全くない。このように、同一地域における原子力発電所の集中立地についての考え方や量的規制は、わが国における安全審査基準において全く欠如しているのである。

　個々の原子炉の安全審査においては、集中立地に関しては、次の諸点を確認しているとされている。
(1)　一原子力施設で発生した事故が他の施設の事故を誘発しないこと

(2)　地震発生時に複数の原子力施設で事故を発生しないこと

(3)　一サイトの敷地境界で放射線被曝線量が五ミリレムを越えないこと

しかし、これらの事項は、申請された一施設の安全性にすりかえられている。たとえば、一原子炉が地震に対して安全な設計になっていることを「確認」することによって、集中立地によっても複数原子炉での事故発生はありえないとする考え方である。

この考え方は、現在の原子炉において大事故は起こりえないことを前提にしている。しかし、十数年の経験は、実際の原子炉においては大小さまざまな事故、故障が頻発しており、これらが大事故、大災害につながらない保障は何もないことを示している。スリーマイル島原発事故は、このことを事実で示したものである。

原子炉が大事故を発生する確率の評価自身さまざまな要因を含み、確定的な評価は未だ存在していない。しかし重大事故は、いつかどこかで必ず起こりうるのである。

原子炉の集中立地は、同一地域における大災害発生の確率を確実に増加させる。

にもかかわらず現在の立地指針や安全審査においては、これらのことが全く考慮されておらず、同一地域への集中立地に対する歯止めを欠いており、同一地域に建設される原子力発電所の数量の科学的規制は全く存在していないのである。

六、結論

以上述べたように、「もんじゅ」を既に原子力発電所が集中している若狭湾沿岸に建設することは、原告らを含む住民の生命、健康に重大な危険性、悪影響を及ぼす。この集中立地の問題に関し、審査を行わなかった本件許可処分は無効であり、「もんじゅ」の建設、運転は差止められるべきである。

第六　事故災害評価について

一、WASH－七四〇

1　アメリカにおいて当初提案された原子力発電炉の安全評価方法は、WASH－七四〇「公衆災害を伴う原子力発電所事故の研究」に示されている。WASH－七四〇は、AEC（アメリカ原子力委員会）が研究したもので、一九五七年三月にその結果が発表された。

2　WASH－七四〇の基本になっている考え方は、原子炉の冷却材が喪失するとともに全燃料が溶融し、格納容器が破壊され、内蔵された揮発性の放射性物質の約半分が放出されるとの仮定で事故の評価がなされている。すなわち、考えられるいくつかの事故の中から、最も被害が大きくなると思われる事故を最大想定事故として評価する方法をとったのである。

WASH－七四〇が想定した原子炉は、電気出力二〇万キロワットの軽水炉で、大都市から三〇マイル（約四八キロメートル）離れたという想定に立っている。

3　その結果、右のような事故が発生すると、発電所から一五マイル（二四キロメートル）以内の所で三四〇〇人が死亡、四四マイル（七〇・四キロメートル）以内で四万三〇〇〇人が急性放射線障害に、さらに二〇〇マイル（三二〇キロメートル）以内で一八万二〇〇〇人がガン発生率を二倍にするだけの線量の被曝を受ける。

そして、その人身損害を含まない財産的被害だけで、一九五七年当時の金額で七〇億ドル（これは当時のアメリカ政府の歳入の約一〇パーセントにあたる）という厖大なものであった。

二、原産会議レポート

1　日本においても、このＷＡＳＨ－七四〇の事故評価の影響下で、科学技術庁が原子力産業会議に委託し一九五九年にまとめた研究結果として、「大型原子炉の事故の理論的可能性及び公衆損害に関する試算」がある。

2　右レポートにおいては、原子炉としてウランを燃料とする熱出力五〇万キロワットの炉が想定され、最大想定事故として炉内蓄積放射能の五千分の一から五〇分の一（一〇万ないし一〇〇〇万キュリー）が放出される事故を想定している。原子炉の周辺環境としては、炉は海岸に設置されるものとし、敷地境界は炉から八〇〇メートル、炉から二〇キロメートルと一二〇キロメートルのところにそれぞれ人口一〇万、六〇〇万の都市があるというモデルを想定している（このモデルは東海村－水戸－東京にほぼ対応している)。

3　右の結果一〇〇〇万キュリー放散の場合には、

「人的損害は、低温放出ではかなり生ずる場合があり、放出粒子が小で逆転時には数百名の致死者、数千人の障害、一〇〇万人程度の要観察者が生じうる。高温放出では、人的損害は常に零である。

物的損害は逓減時の全放出の場合が大きく、最高では農業制限地域が幅二〇～三〇キロメートル長さ一〇〇〇キロメートル以上に及び、損害額は一兆円以上に達しうる(全放出、低温、粒度小で逓減の雨天時など)」

との被害評価がなされている。

右の評価には、当時の不十分な知見に基づいて、放射線の持つ危険性について過小評価している点、人命一人あたりを八五万円と評価するなど評価が過小である点など、不十分な点をいくつか指摘できるが、なおかつ原子炉の事故被害が持つ深刻さの一端を物語っているといえる。

三、WASH－一四〇〇

1　一九七五年一〇月AECは、WASH－一四〇〇「原子炉安全性研究」を公表した。このレポートは、委員長の名をとってラスムッセン報告とも呼ばれる。WASH－一四〇〇は、原子炉の事故の確率を出すことを主とした研究であり、その問題点については第四部、第四で述べたとおりであるが、原発事故による災害評価も行っている。WASH−一四〇〇の予測は、その反原発運動を押え込もうという政治的意図によって著しく低く押えられている。

2　WASH−一四〇〇は、CRACというコンピュータモデルを使用して、各種放射性物質の放出量、天候、人口データ、人体に及ぼす放射線の被曝効果のモデルを想定して、災害評価結果を計算した。WASH−一四〇〇は、原子炉予定地一〇〇ケ所の人口データを使って、六つの原発サイトを想定した。この内最大の人口密集地は次のような人口構成である。

五マイル以内	二万一〇〇〇人
一〇マイル以内	八万二〇〇〇人
二〇マイル以内	一四万人
五〇マイル以内	一八〇万人

3　WASH−一四〇〇の最悪事故の災害評価の計算結果は、三三〇〇名の早期死亡、四万五〇〇〇名の急性障害、四万五〇〇〇名の晩発性ガン死、一四〇億ドルの財産損害というものであった。

四、サンディア・レポート

1　サンディア・レポートとは

スリーマイル島原発事故に対する対応策の意味もあって、NRCは、一九八〇年に原子炉立地要件の改正の検討のための作業をはじめた。

サンディア国立研究所にディビッド・C・オルドリッチをリーダーとして研究班がつくられ、新立地要件をつくる際の基礎となる詳細な技術規準が作成された。この作業は、WASH―一四〇〇で使用されたCRACコードを修正し、新しい情報をとり入れた。このコードは、CRAC2と名付けられた。

サンディア研究班は、全米九一ケ所の原子炉用地別の事故結果を詳細に記述した五万ページを超えるコンピューター・データを作成した。この研究の原案は一九八一年ごろに完成したが、その内容は原子力産業界には説明されたが、一般国民には知らされなかった。

2 隠されていたレポート

原子力発電に対して批判的活動を行っている科学者の集いである憂慮する科学者同盟（UCS）は、サンディア・レポートの存在を知り、一九八二年六月に情報公開法に基づきNRCに同報告の公開を請求した。

NRCはこれに応じなかったので、UCSは一九八二年一〇月下院監督調査小委員会に連絡をとり、同小委員会のエドワード・マーキィ委員長が正式に文書でNRCに同報告書を請求した。NRCは、同年一〇月末ようやく小委員会にサンディア・レポートを提出した。一九八二年一一月一日付ワシントン・ポストは一面でこのレポートの持つ衝撃的な内容の一部をスクープした。

3　サンディア・レポートの内容

サンディア報告（NUREG／CR―二三三九、SAND八一―一五四九「立地基準開発のための技術的ガイダンス」）及びこれに関連するCRAC2コンピュータのアウトプットデータの内容の概略は次のようなものである。

サンディア・レポートでは、最悪ケースとして用いられた事故はSST1と名付けられ、次の放出比で放射能が放出されるものとしている。

希ガス	一・〇
ヨウ素	〇・四五
セシウム等	〇・六七
テルル	〇・六四
アルカリ土類	〇・〇七
揮発性酸化物	〇・〇五
不揮発性酸化物	〇・〇〇九

SST1の事故が発生した時の、さまざまな気象条件を仮定して、その中で最大の被害となるケースについて、早期死亡者数、早期障害者数、ガンによる死亡者数、経済的損害額の計算の一例を示すと表17のとおりである。

4　サンディア・レポートの持つ意味

サンディア・レポートは、いうまでもなく適正立地点評価のためのプロジェクトであり、原発周辺住民の生命を重視する立場から計算されたものではない。NRCスタッフは、SST1事故の起こる可能性は、一炉年につき一〇万回に一回としている。この確率計算があてにならないことは、WASH－一四〇〇において述べたところと同一であるから繰り返さない。

しかし、ここで注目すべきなのは、最悪事故の確率がWASH－一四〇〇に比べ一〇倍となり、その災害評価がガン死亡の点を除くと約一〇倍となっていることである。サンディア・レポート自体が、予測するこのような被害自体がすでに社会的に許容し難いものと考えることも十分可能なのである。このプロジェクトを組織したNRC自身が、この報告の公表をためらった理由もここにあるのである。

五、本件安全審査における事故災害評価について

1　「事故」よりさらに発生頻度は低いが結果が重大であると想定される事象の解析の内容

安全審査書によれば、「もんじゅ」において事故よりさらに発生頻度は低いが、結果が重大であると想定される事象として、局所的燃料破損事象、一次主冷却系配管大口径破損事象、反応度抑制機能喪失事象が選定され、右事象について放射性物質の放散の状況を解析したところ、

「この事象において、大気中に放出される核分裂生成物の量が最大となるのは、希ガスについては一次主冷却系配管大口径破損事象の場合で約九六〇〇キュリーとなり、このときの敷地境界外での最大のガンマ線全身被曝線量は、約〇・〇二レムである。また、ヨウ素については反応度抑制機能喪失事象の

場合で約七七キュリー、このときの敷地境界外での最大の甲状腺被曝線量は小児約一・一レム及び成人約〇・二七レムである。

プルトニウムについては、反応度抑制機能喪失事象の場合で、放出量は約二・〇キュリーであり、敷地境界外での最大の被曝線量は骨表面、肺及び肝のそれぞれに対し約〇・〇七一ラド、約〇・〇一四ラド及び約〇・〇一五ラドである。

以上の甲状腺及び全身被曝線量並びにプルトニウムによる骨表面、肺及び肝の線量はいずれも『原子炉立地審査指針』及び『プルトニウムを燃料とする原子炉の立地評価上必要なプルトニウムに関するめやす線量について』に示されているめやす線量を下回っている」とされている。

2　重大事故の解析の内容

また、本件安全審査では、立地評価のための想定事故として、重大事故を次のように想定している。すなわち、重大事故は、放射性物質の拡大の可能性を考慮し、技術的見地からみて最悪の場合には起こるかもしれないものの中から、「一次冷却材漏洩事故」と、「一次アルゴンガス漏洩事故」が選定され、技術的に最大と考えられる放射性物質の放出量を想定して評価がされたとされている。

そしてこのような「重大事故時に敷地境界外で被曝線量が最大となるのは、小児甲状腺被曝線量については一次冷却材漏洩事故の場合でヨウ素約二四〇キュリーの放出量に対して約一・八レム、ガンマ線全身被曝線量については一次アルゴンガス漏洩事故の場合で希ガス約七万八〇〇〇キュリーの放出量に対して約〇・二五レムである」とされている。

3　仮想事故の解析の内容

さらに、安全審査においては、仮想事故として、技術的には起こるとは考えられない事象及び重大事故としてとりあげた事象等を踏まえてより多くの放射性物質の放出量を仮想して、次の条件を設定して、事故の解析を行っている。

(1)　原子炉は、定格出力の一〇二%で長時間運転されていたものとする。

(2)　事故後原子炉格納容器床上に放出される放射性物質の量は、炉心内蔵量に対し、希ガス一〇〇%、ヨウ素一〇%及びプルトニウム一%の割合とする。

(3)　原子炉格納容器床上に放出されるヨウ素のうち九〇%はエアロゾルの形態をとり、残り一〇%は非エアロゾルの形態であるとする。

(4)　原子炉格納容器内のエアロゾル状ヨウ素は、プレートアウト等による減衰を考慮する。非エアロゾル状ヨウ素及び希ガスは、プレートアウト等による減衰効果は考えない。

(5)　原子炉格納容器からの漏洩率は、一%／dとする。

(6)　原子炉格納容器からの漏洩は、九七%がアニュラス部に生じ、残りの三%はアニュラス部以外から生ずるものとする。

(7)　アニュラス循環排気装置のヨウ素用フィルタユニットのヨウ素除去効率は、設計値に余裕を持った値として九五%とする。また、ヨウ素用フィルタユニットへの系統切替え達成までの一〇分間は、ヨウ素除去効果は考慮しないものとする。

(8) プルトニウムの大気放出量の評価にあたっては、プルトニウムはエアロゾルの形態をとるものとし、フィルタによる除去効率は九五%とする。

(9) 原子炉格納容器内の放射能による直接線量及びスカイシャイン線量は、原子炉格納容器などの遮へいを考慮して評価するものとする。

(10) 事故継続時間は三〇日間とする。

(11) 環境への希ガス、ヨウ素等の放出は、排気筒より行われるものとする。

(12) 環境に放出された希ガス、ヨウ素等の大気中の拡散は、「気象指針」に従って評価を行うものとする。

(13) 全身被曝線量の積算値の算出にあたっては、大気拡散条件は大気安定度F型、水平方向拡散幅三〇度及び平均風速一・五m/秒、放出点は地上高五〇mとする。拡散方向は、積算値が最大となる南南西とし、人口は昭和五〇年の国勢調査結果及び西暦二〇二五年の推定値を用いる。

この解析結果によれば、大気中に放出される放射能量は、ヨウ素約二三〇〇キュリー、希ガス約四七万キュリー、及びプルトニウム約五一キュリーである。

このヨウ素及び希ガスの大気放出に伴う被曝線量は、敷地境界外で最大となる場所において成人甲状腺約四・五レム、全身約一・四レムである。

また、全身被曝線量の積算値は、昭和五〇年の人口に対して約一三万人・レム、西暦二〇二五年の推定人口に対して約一七万人・レムである。

プルトニウムの大気放出に伴う被曝線量は敷地境界外で最大となる場所において骨表面、肺及び肝のそれぞれに対し、約〇・九九ラド、約〇・一九ラド及び約〇・二一ラドであるとされる。

4　本件安全審査における事故災害評価の重大かつ明白な違法

(一)　このように安全審査は、「技術的に起こると考えられない」「最悪の場合」「仮想」などの言葉を散りばめ、あたかも住民の生命健康に影響のある重大事故はありえないかのように描き出そうとしている。しかし、このような安全審査は、次に述べる理由によって、「もんじゅ」で発生が予測される事故の危険性を全く反映していない。

(二)　事象選定の恣意性

「技術的には起こると考えられない事象」の概念が如何に不当なものであり、これ以上に危険な事象が十分ありうることは、第四部、第四において詳述したとおりである。そこでも述べたとおり、出力暴走による炉心の溶融↓爆発により、炉心中の全放射能が炉外の環境中に放出される事故も、現実的に十分予測されるのである。このような格納容器自体の健全性が破壊される事態は、本件安全審査では全く考慮されていないのである。

重大事故、仮想事故に至っては、全く何ら想定の根拠も示されず、とりあえず一定の数値を与えて事故解析結果をコンピューター計算したというものにすぎないのである。ＴＭＩ二号炉事故を見るまでもなく、いわゆる仮想事故を上回る放射能放出は現実に起こったし、「もんじゅ」でも十分起こりうるものといわざるをえない。

㈢　事象解析条件の恣意性

事象の解析にあたっては、多くのパラメーターが何らの根拠を示されることもなく、一定の数値を与えられている。

放出放射能の量、形状、格納容器からの漏洩率、フィルターの除去効率、気象条件、人口条件等の条件が少しずつでも異なれば、計算結果に多大の影響を及ぼすこととなる。

たとえば「もんじゅ」の付近地域は、夏には海水浴客により大都市の都心なみの超過密人口地帯となるのであり、このような季節に事故が発生した時は、国勢調査による人口条件などは全く意味をなさないのである。

㈣　安全性判断基準自体の不合理性

本件安全審査がそのより所としている「原子炉立地審査指針」及び「プルトニウムを燃料とする原子炉の立地評価上必要なプルトニウムに関するめやす線量について」に示されているめやす線量が、何ら実証的根拠のない違法・無効なものであることは、第二部、八において述べたとおりである。

㈤　結論

以上のとおり「もんじゅ」の事故評価に係る安全審査は、全く安全審査の名に値しないものであり、原子炉等規制法二四条一項四号に違反する明白かつ重大な違法が存するものである。

六、炉心の溶融・爆発事故による壊滅的被害

1　高速増殖炉における最悪の事故である炉心溶融→爆発による格納容器破壊によって、プルトニウムを含む全放射能が環境中に放出される事故の災害規模は文字通り想像を絶するものであり、風下地域は完全に壊滅して死の町と化すことが予測される。

2　たとえば、西ドイツが計画している高速増殖炉原型炉SNR三〇〇（電気出力約三〇万KW）について、アメリカの科学者リチャード・ウェッブが行った評価によれば、晴天で上昇気流の盛んな気象条件の下では、長さ二〇〇〇キロメートル、幅一二〇キロメートル（約一〇〇〇キロ地点）の広い地域が、プルトニウム汚染によって、AECが定めた住民が立ち退かなければならないとされる基準を超えるとされている。これは、我が国の場合には、どの方向に風向があったとしても海上に達してしまうほど広範囲の地域である。逆に曇天で逆転層の生じているような気象条件では、幅数キロメートル、長さ一〇〇キロメートルの狭い地域の住民のほとんどが放射線被曝によって急性死するような壊滅的災害となるとされている。

3　右とほぼ同一規模の高速増殖炉である「もんじゅ」における同種事故による災害規模も同程度に達するものと考えられる。被害規模は気象条件に左右されるが、重大事故時には大量の急性死者を出すか、もしくは日本列島の風下地域は全域にわたって放棄しなければならなくなるような事態が十分予見される。

このような壊滅的被害を阻止するため原告ら住民は、「もんじゅ」建設、運転の差止めと本件設置許可処分の無効の確認を求めて本訴を提起したものである。

表16　1983年度の各発電所の被ばく実績（単位：人）

発電所名	被曝線量（レム）	～0.5	0.5～1.5	1.5～2.5	2.5～3	3～4	4～5	5以上	計	総被曝線量（人・レム）	平均被曝線量（レム）
東海第一	社員	321	1	0	0	0	0	0	322	12	0.04
	請負	1,960	30	0	0	0	0	0	1,990	70	0.04
	計	2,281	31	0	0	0	0	0	2,312	82	0.04
東海第二	社員	276	21	0	0	0	0	0	297	47	0.16
	請負	2,662	452	69	1	0	0	0	3,184	692	0.22
	計	2,938	473	69	1	0	0	0	3,481	739	0.21
敦　賀	社員	176	49	0	0	0	0	0	225	62	0.27
	請負	2,104	522	52	0	0	0	0	2,678	735	0.27
	計	2,280	571	52	0	0	0	0	2,903	797	0.27
女　川	社員	225	0	0	0	0	0	0	225	1	0.00
	請負	1,311	0	0	0	0	0	0	1,311	9	0.01
	計	1,536	0	0	0	0	0	0	1,536	10	0.01
福島第一	社員	763	170	11	1	0	0	0	945	237	0.25
	請負	5,682	2,084	947	179	1	0	0	8,893	4,779	0.54
	計	6,445	2,254	958	180	1	0	0	9,838	5,016	0.51
福島第二	社員	413	9	0	0	0	0	0	422	15	0.04
	請負	3,833	103	6	0	0	0	0	3,942	208	0.05
	計	4,246	112	6	0	0	0	0	4,364	223	0.05
浜　岡	社員	406	31	0	0	0	0	0	437	75	0.17
	請負	3,638	574	77	0	0	0	0	4,289	907	0.21
	計	4,044	605	77	0	0	0	0	4,726	982	0.21
島　根	社員	236	27	0	0	0	0	0	263	43	0.16
	請負	1,298	378	81	1	0	0	0	1,758	612	0.35
	計	1,534	405	81	1	0	0	0	2,021	655	0.32
美　浜	社員	452	10	0	0	0	0	0	462	50	0.11
	請負	2,222	770	74	2	0	0	0	3,068	1,027	0.34
	計	2,674	780	74	2	0	0	0	3,530	1,077	0.31
高　浜	社員	608	9	0	0	0	0	0	617	32	0.05
	請負	2,349	430	49	0	0	0	0	2,828	707	0.25
	計	2,957	439	49	0	0	0	0	3,445	739	0.21
大　飯	社員	310	21	0	0	0	0	0	331	46	0.14
	請負	2,016	747	50	0	0	0	0	2,813	979	0.35
	計	2,326	768	50	0	0	0	0	3,144	1,025	0.33
伊　方	社員	328	5	0	0	0	0	0	333	21	0.06
	請負	1,585	60	0	0	0	0	0	1,645	149	0.09
	計	1,913	65	0	0	0	0	0	1,978	170	0.09
玄　海	社員	267	3	0	0	0	0	0	270	18	0.07
	請負	1,456	228	6	0	0	0	0	1,690	325	0.19
	計	1,723	231	6	0	0	0	0	1,960	344	0.18
川　内	社員	218	0	0	0	0	0	0	218	1	0.00
	請負	983	0	0	0	0	0	0	983	7	0.01
	計	1,201	0	0	0	0	0	0	1,201	8	0.01
総合計	社員	4,999	356	11	1	0	0	0	5,367	660	0.12
	請負	33,099	6,378	1,411	183	1	0	0	41,072	11,206	0.27
	計	38,098	6,734	1,422	184	1	0	0	46,439	11,867	0.26

（出典：『原発斗争情報』132号，原子力資料情報室，1985.7）

表17　サンディア報告の災害評価

評価サイト名		早期の死	傷　　害	ガ ン 死	損 害 額（億ドル）
ブラウンズフェリー	1（B）	18,000	42,000	3,800	673
ドレスデン	3（B）	42,000	39,000	13,000	896
インディアンポイント	3（P）	50,000	167,000	14,000	3,140
ピーチボトム	2（B）	72,000	45,000	37,000	1,190
セイラム	2（P）	100,000	75,000	40,000	1,500

（出典：『原発斗争情報』116号，原子力資料情報室，1984.3）

図15　敷地周辺の主な被害地震と活断層

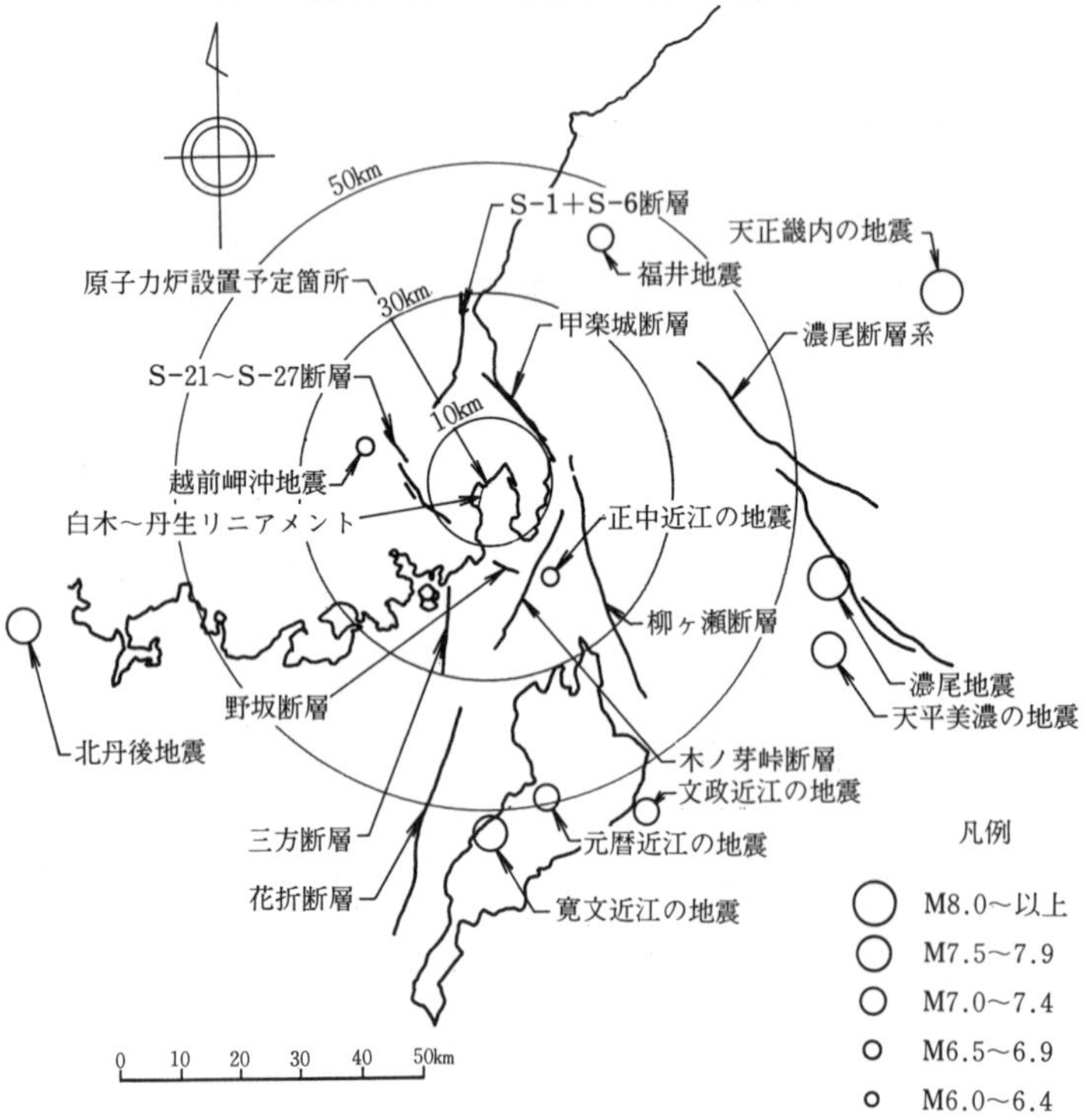

（出典：「高速増殖炉もんじゅ発電所公開ヒアリングの概要」福井原子力センター）

結論

以上のとおりであるから、原告らは、本件許可処分には重大かつ明白な違法が存するので、被告総理大臣に対しその無効の確認を求めるとともに、「もんじゅ」の建設、運転により重大な生命健康の被害を被る可能性が高いので、人格権及び環境権に基づき「もんじゅ」の建設、運転の差止めを求めて本訴に及んだ次第である。

〈説明表一覧表〉

〈説明図一覧表〉

第一部

第三部

第四部

第五部

証拠方法

追って口頭弁論期日において提出する。

添付書類

一、選　定　書　　一通
一、訴訟委任状　　通
一、資格証明書　　一通

昭和六〇年九月二六日

右原告ら訴訟代理人
弁護士　福　井　泰　郎
同　八　十　島　幹　二
同　吉　川　嘉　和
同　吉　村　　悟

同　佐藤辰弥
同　丸井英弘
同　内藤　隆
同　内山成樹
同　海渡雄一
同　鬼束忠則
同　福武公子
同　小島啓達

福井地方裁判所
民事部御中

当事者目録

福井県敦賀市縄間三号二一番地
別紙原告（選定者）目録記載の原告の選定当事者　磯辺甚三
福井県敦賀市（以下略）
同　吉村清
福井県敦賀市
同　栗田憲暉
福井県三方郡美浜町
同　山口寛治
福井県小浜市
同　中嶌哲
福井県小浜市
同　深谷嘉勝
福井県大飯郡高浜町
同　時岡孝史
福井県大飯郡大飯町
同　中川三千男

福井県福井市
同　　小木曽美和子
福井県福井市
同　　若山樹義
福井県坂井郡坂井町
同　　伊藤　実
福井県敦賀市
同　　住田吉男
福井県敦賀市
同　　吉田一夫
福井県敦賀市
同　　上野寿雄
福井県敦賀市
同　　太田和子
福井県福井市大手三丁目一番三号　ヤマニビル五階
電話　〇七七六（二二）五一一三
右選定当事者ら訴訟代理人

弁護士　福　井　泰　郎
福井県福井市宝永四丁目九番一五号　千葉ビル三階
福井共同法律事務所
電話　〇七七六（二四）二二八六
同　八　十　島　幹　二
同　吉　川　嘉　和
同　吉　村　　悟
福井県福井市宝永四丁目一二番二四号
電話　〇七七六（二七）〇二八八
同　佐　藤　辰　弥
東京都国分寺市南町三丁目一八番八号
武蔵野共同法律事務所
電話　〇四二三（二五）一二二四
同　丸　井　英　弘
東京都新宿区三栄町八番地　三栄ビル三階
四谷総合法律事務所
電話　〇三（三五五）二八四一
同　内　藤　　隆

千葉県千葉市中央三丁目一三番二号　第二ＴＫビル六階
京葉法律事務所
電話　〇四七二（二五）二三〇一
同　内山成樹
東京都新宿区四谷三丁目四番地　平和ビル七階
東京共同法律事務所
電話　〇三（三四一）三一三三
同　海渡雄一
同　鬼束忠則
千葉県千葉市中央三丁目一二番九号　中央ビル三階
総武法律事務所
電話　〇四七二（二五）〇七五七
同　福武公子
東京都八王子市元横山町一丁目八番九号
西東京共同法律事務所
電話　〇四二六（四五）二一八一
同　小島啓達

原告（選定者）目録

磯辺　甚三　福井県敦賀市（以下略）
吉村　清　福井県敦賀市
栗田　憲琿　福井県敦賀市
山口　寛治　福井県三方郡美浜町
中　哲　福井県小浜市
深谷　嘉勝　福井県小浜市
時岡　孝史　福井県大飯郡高浜町
中川三千男　福井県大飯郡大飯町
小木曽美和子　福井県福井市
若山　樹義　福井県福井市
伊藤　実　福井県坂井郡坂井町
坂口　定之　福井県今立郡今立町
村中　康雄　福井県敦賀市
梅木　俊一　福井県敦賀市
住田　吉男　福井県敦賀市
吉田　一夫　福井県敦賀市
上野　寿雄　福井県敦賀市
河内　猛　福井県敦賀市
奥山　裕二　福井県敦賀市

端　俊昭　福井県敦賀市
太田和子　福井県敦賀市
勝山博子　福井県敦賀市
北川政治　福井県三方郡美浜町
松井一雄　福井県三方郡美浜町
高橋高一　福井県三方郡美浜町
猿橋　巧　福井県大飯郡大飯町
渡邊　孝　福井県大飯郡高浜町
岡　明男　福井県小浜市
畠中謙吾　福井県小浜市
芝田眞次　福井県小浜市
濱野　是　福井県小浜市
西野　猛　福井県鯖江市
斎藤康雄　福井県福井市
龍田清成　福井県福井市
宮崎宗俊　福井県福井市
橋本平吉　福井県福井市
渡辺三郎　福井県福井市
岡　良子　福井県福井市
堀川　功　福井県坂井郡金津町
石田　等　福井県勝山市

「もんじゅ」裁判までの経過

一九七〇年（昭和45）

5・― 動燃事業団が建設予定地の敦賀市白木の同意を得て、敦賀市に事前環境影響調査を申入れる。

一九七五年（昭和50）

7・5 敦賀市議会が白木地区の建設請願書を採択

一九七六年（昭和51）

4・15 高速増殖炉等に反対する敦賀市民の会（以下、敦賀市民の会）が結成

7・25 原子力発電に反対する福井県民会議（以下、県民会議）結成

10・― 高速増殖炉「もんじゅ」建設反対の署名三万六六五名分を敦賀市長に提出

一九七七年（昭和52）

9・19 既存の九基六一九万キロに高浜三、四号、敦賀二号、高速増殖炉「もんじゅ」の四基の増設計画に抗議し、中島哲演さんらの県庁前断食抗議、福井県知事に一〇万二四六四名の署名を提出し、建設中止の決断を迫る

11・14 敦賀市民の会は敦賀市長に対し、原発建設の市長同意を住民投票によって決定する条例制定の直接請求行動を起こす

11・17 原発建設は国が行うもので地方公共団体の事務事項でないと申請書受理を拒否

＊（二回目の反対署名は「もんじゅ」のみについて78年2月18日に提出、2月21日再拒否―敦賀市で署名一万二八一〇名）

12・20 県議会の環境対策特別委員会、敦賀市から請願された高速増殖炉環境審査促進の議案を二〇分で強行採決。県議会にかけつけた県民会議のメンバー四五〇名のうち六〇〜七〇名が委員会室に飛び入り、永井同委員長、推進派議員に抗議

一九七八年（昭和53）

4・25 伊方訴訟松山地裁第一審判決。「原発初の判決」は住民側敗訴―設置許可は国の裁量、安全性は認めるという内容

一九七九年（昭和54）

3・28 スリーマイル島原発事故。県民会議として福井県、電力会社に県内全原子炉の運転中止を要求

一九八〇年（昭和55）

1・25 県環境保全審議会の自然公園部会、建設予定地南側に土砂流出防護林（クロマツ）があり、これを守るため敷地面積の縮小を決定。3月21日動燃がこれを受け入れて3月24日、自然環境影響調査書を承認

12・9 県、科技庁に「もんじゅ」の安全審査入りを了承安全審査入りで科技庁が地元の了承を得るために説明会を開催―県民会議は県並びに敦賀市に対し地元説明会受け入れ反対を表明、大衆行動を起こす

一九八一年（昭和56）

4・8 日本原電の敦賀原発一号炉で放射性廃棄物の大量流出の事故かくしが暴露

5・11 県民会議は日本原電を福井地検に告発

敦賀市民の会、発電中止を求める署名で敦賀市有権者の過半数をとる（5月28日）

一九八二年（昭和57）

2・26 「もんじゅ」建設の地元説明会

県庁前で一八〇〇名が抗議、科技庁審議官の乗用車を包囲

3・20 県議会「もんじゅ」建設促進請願を可決

5・7 福井県「もんじゅ」建設に正式同意

5・14 政府が閣議で建設を正式決定

6・27 県民会議が官製ヒアリングに対峙して住民ヒアリング開催

7・2 原子力安全委員会、敦賀市で公開ヒアリング開催。県民会議一万人の大抗議行動

一九八三年（昭和58）

4・25 原子力安全委員会、建設妥当と総理大臣に答申

5・27 総理大臣が「もんじゅ」設置を正式に許可

一九八四年（昭和59）

8・25 県民会議常任幹事会で「もんじゅ」差止め訴訟を正式に決定

10・6 「もんじゅ」建設の資金難が表面化

一九八五年（昭和60）

2・18 動燃事業団、国に対して原子力設置設計変更の許可申請をする

4・21 県民会議代表や一般賛同者が「もんじゅ訴訟を支援する会」を結成

9・26 原告団四〇名が国と動燃を相手どり設置許可処分の無効確認と建設・運転差止めを提訴

「もんじゅ訴訟を支援する会」への入会のお願い

もんじゅ訴訟は、長期にわたる困難な闘いが予測されます。幅広い支援がなければ訴訟を支えることは不可能です。この訴訟を支持し、全国的な運動としていくため、「もんじゅ訴訟を支援する会」が結成されています。会費は一口年間一〇〇〇円以上のカンパとします。会員には臨時ニュースなどで裁判の状況をお知らせします。是非会員になって下さい。

〈送金方法〉郵便振替　金沢二‐五九二一　もんじゅ訴訟を支援する会
銀行振込　福井労金　普通預金四七一‐〇二一五一九一　もんじゅ訴訟を支援する会

〈連絡先〉福井市宝永二‐一‐二四　原発に反対する福井県民会議内
TEL〇七七六‐二一‐五三二一
敦賀市津内二　高速増殖炉等建設に反対する敦賀市民の会内
TEL〇七七〇‐二二‐〇四一一

もんじゅ訴訟の経過と現状

福武公子
もんじゅ訴訟弁護団事務局長・弁護士

一　提訴の翌年にチェルノブイリ事故

1　八五年に訴状を提出

一九八五年九月二十六日、住民四〇名は福井地方裁判所に四四六頁に及ぶ厚い訴状を提出した。内閣総理大臣（国）を被告とした原子炉設置許可処分の無効確認を求める行政訴訟と、動力炉・核燃料開発事業団（動燃）を被告としたもんじゅの建設・運転を差止める民事訴訟の二つを併合して提起したのだ。

「普通の原発で十年だから、もんじゅで十五年ですね」

地方裁判所で判決が出るまでに予想される時間である。

当時、伊方、東海、福島、柏崎刈羽、女川と、各地で住民が裁判を起こしていた。いずれも軽水炉であるが、軽水炉については日本はアメリカの技術をそのまま輸入し、独自の技術は持ってはいなかった。そこで、我が国初の伊方原発裁判では、住民側はアメリカで公開されている技術資料や安全審査資料をもとに、攻勢をかけた。「技術論では住民側が勝った」と言われるまでの資料をそろえ、証人も立て、技術論争を挑んでいたのである。ところが、「もんじゅ」では様相は違っていた。プルトニウムを使う新しい炉であるため、開発中の外国の情報はなかなか公開されなかった。フランスは独自の核戦略を持っているうえに官僚組織が強く、実験炉ラプソディー、原型炉フェニックスの運転実績の資料を、原告側が入手することはほとんど不可能だった。それはイギリスの原型炉ＰＦＲでも、旧ソ連のBN三五〇についても同様だった。フランスの実証炉スーパーフェニックスは八五年九月に臨界に達したばかりだし、旧西ドイツの原型炉SNR三〇〇も建設中であった。稼働実績は、世界的にみてもとても少なかったのだ。

これに対し日本政府は「プルトニウムは準国産エネルギー」の掛け声のもと、国産技術を蓄積しようと必死になっていた。その中心が動燃だった。今回のナトリウム漏れ事故で、「事故隠しは動燃の体質」だとの認識が一気に広まったが、その体質は生まれつきのものだ。研究者は原子力学会などでも余り発表しないし、『動燃技報』でも当たり障りのない報告しか行わない。発表するのは、本当に基礎的で部分的な実験結果のみだった。ナトリウムの漏洩試験の結果などは「大洗工学センターでやっている」といわれるだけであって、何も発表されていなかった。高速増殖炉は文字通り「研究開発段階の炉」であり、僅かな実験結果と紙のうえでの計算とを組み合わせたものにすぎなかった。原告団も弁護団も、証拠として提出すべき資料をどう収集するか、誰に証人を依頼するか、大きな不安を抱いていたのである。

2　八六年にチェルノブイリ事故発生

第一回の口頭弁論期日は八六年四月二十五日。大法廷は支援する会の会員、報道関係者、原告・被告の関係者で満員だった。原告団長磯辺甚三さんが切々と住民の心情を訴え、「私たちには後世に対する責任がある。科学よ、奢るなかれ」と叫んだ時には傍聴席の拍手はしばし鳴り止まなかった。住民は訴状の中で「核暴走の危険性」を書き、それを法廷で朗読したが、この日誰もが、その翌日に恐るべき「核暴走事故」が現実に発生するなどと予想するものはいなかった。

翌二十六日、ソ連のチェルノブイリ四号炉で核暴走事故が発生した。原子炉の蓋は飛び、発生した火災によって、炉内に存在した放射性物質は空高く噴き上げられ、八〇〇〇キロメートル離れた日本までヨウ素が飛んできた。事故の様相が明らかになるにつれて、それが人類史上初めての恐るべき核暴走事故であることが判明した。当然にも裁判は「チェルノブイリ事故のような核暴走事故はもんじゅのほうが起こりやすい」ことを巡って争われることになり、住民のもとに集まる資料も次第に増えていった。

二 原告適格があるか——行政訴訟は最高裁へ

1 福井地裁は却下を言い渡す

ところが、裁判官は、原告が民事訴訟とともに行政訴訟を一緒に提起し、併合して審理させたことが全くお気に召さなかったらしい。口頭弁論が四回済んだとき、突然、行政訴訟と民事訴訟を分離し、行政訴訟については「終結する」と言い渡したのだ。

裁判所は、裁判官に対する忌避申立ても棄却し、八七年十二月二十五日「無効確認訴訟は不適法だ」という門前払いの判決を下した。「原告は動燃を被告とした民事差止訴訟を提起しており、それは本件紛争の抜本的解決のためにより有効・適切な手段である。従って補充的な性格を持つ無効確認訴訟を認めるべき利益はない」という、法律的にも間違った理由だった。

初送電を迎える高速増殖炉もんじゅ（1995年８月22日写す）

原告は、直ちに控訴を申し立てたが、もんじゅ行政訴訟の長い長い「流浪の旅」はここに始まった。

2　二〇キロメートル以内なら原告適格あり

名古屋高等裁判所金沢支部の裁判は「原告に行政訴訟を起こす適格性があるか」の一点を巡って争われた。

法律の解釈を巡る「コップの中の嵐」のような議論が繰り返され、八九年七月十九日、いよいよ判決言い渡しの日を迎えた。

「法律的には絶対に住民側が正しい」。楽天的な意見の一方では、「いやあ、原発訴訟を政治的にとらえる裁判官もいるからね。そこでは法律的判断はなされないよ」という悲観的な意見も存在した。

判決は、「一七名については原告適格を認めて福井地裁に差し戻す。二三名については認めない」とするものだった。

住民たちは思わず顔を見合わせた。「一七対二三？　何故だ？」。判決の理由は、原子炉から二〇キロメートル以内に住んでいる住民は、想定される最大級の事故によって直撃を受けると考えられるので原告適格があるが、その外側の住民は、気象条件によっては重大な被害を受けることは考えられるが、未だ時間的に避難の可能性がある……というものだった。国にとっても予期せぬ判決だったようだ。

原告適格を認められなかった住民は上告し、認められた住民については国が上告をしたので、異例の事件として最高裁判所の判断を求めることになってしまった。

3 最高裁は全員に適格ありと判決

九二年四月、最高裁判所から「口頭弁論を開きたい」との連絡が弁護団に入った。最高裁判所で弁論を開く場合、二審の判決が見直されるケースが多い。二〇キロメートルで線引きするのではなく、全員について原告適格があるかないか、判断が下されると思われた。七月十七日、第三小法定で弁論が開かれ、住民側は、チェルノブイリ事故の被害が大きく、もんじゅでも同様の出力暴走事故が起こりやすいこと、情報が非公開にされていて住民は事故があっても避難できないことを強く訴えた。

九二年九月二十二日、原発訴訟で初めて最高裁判所の判決が言い渡された。「本件原子炉は研究開発段階にある原子炉である高速増殖炉であり、その電気出力は二八万キロワットであって、炉心の燃料としてはウランとプルトニウムの混合酸化物が用いられ、炉心内において毒性の強いプルトニウムの増殖が行われることが記録上明らかであって、かかる事実にてらすと、原子炉から約五八キロメートルの範囲内に居住している住民は、いずれも本件原子炉の設置許可の際に行われる原子炉等規制法二四条一項三号所定の技術的能力の有無及び四号所定の安全性に関する審査に過誤、欠落がある場合に起こりうる事故等による災害により直接的かつ重大な被害を受けるものと想定される地域内に居住する者というべきであるから、本件設置許可処分の無効確認を求める本訴において、行政事件訴訟法三六条所定の〔法律上の利益を有する者〕に該当する者と認めるのが相当である」。

全員について原告適格を認めた画期的な判決だ。しかも五名の裁判官全員一致の結論である。行政訴訟におけるこれまでの入口論争に決着がついた。

これでようやく、福井地裁に差戻しとなり、その後は民事差止訴訟と一緒に実体審理に入ることになった。ずいぶん回り道をしたものだ。福井地裁のあの判決は、一体何だったのだろう。

三　ナトリウムを巡る民事訴訟の進展

1　ナトリウム漏洩事故は多発する

行政訴訟が流浪の旅に出ているうちに、民事訴訟は着実に進行していった。ここではナトリウム問題を中心にその経過を辿ることにしよう。

まず、スーパーフェニックスでは、八七年に炉心の外にあるナトリウム貯蔵タンクでナトリウムが漏れる事故が発生していた。原子炉から取り出した使用済み燃料を一時貯蔵しておくタンクは、魔法瓶のように二重の入れ物になっていたが、内側の入れ物に亀裂が入り、ナトリウムが二五トンも二重容器の隙間に漏れ出したのだ。使用を初めて間もないうちに漏れたものであり、溶接ミスと、錆とナトリウムが反応して発生した水素が金属に浸透したことが原因だった。同じ炉では九〇年には一次ナトリウム配管に空気が入ってナトリウムが数百キログラム不純物となって固まる事故が起こった。また、七六年には原型炉フェニックスで中間熱交換器から二次のナトリウムが漏れて火災が発生していた。

八四年と八五年にはSNR三〇〇で機器の試験中にナトリウム火災が発生している。高速増殖炉のナトリウム漏れは火災事故につながりやすいので、どの炉でも深刻な問題だったのだ。

2　現場検証――配管の不気味さが印象的

九一年四月十日から二日間にわたって、裁判官三名、原告と代理人らが検証のために初めてもんじゅに立ち入った。原子炉や蒸気発生器などの容器は既に設置され、その内部を見ることはできなかったが、ナトリウム配管が天井や壁から釣られた状態で大蛇のように曲がりくねっている状態は、驚くべきものだった。原子炉が燃えて稼働しているときにはナトリウムの温度が高いので配管は伸長するが、停止しているときにはナトリウムの温度は低く、配管は収縮する。配管の伸び縮みが激しいために配管を床や壁に固定することができないので、天井や壁から突き出た腕が太いナトリウム配管を釣り下げているのだ。

しかし、日本は地震国だ。万一、地震が起きたら、その配管は落ちたり破損したりしないだろうか？動燃や国は「ナトリウムが少量漏れても漏洩検出器が働き、運転を止められるから、大規模破断にはならない、大丈夫」と主張していたが、誰でも気になるところだ。

蒸気発生器からは太い管が横に突き出し、中には圧力開放板が仕掛けてあった。細管の中の水がナトリウムと反応すると水素が発生し、蒸気発生器の中の圧力が急激に高くなる。一定の圧力以上になると板が破れて水素などが管を伝って蒸気発生器から逃げ出し、最後には燃やされて空中に放出される。これで、蒸気発生器は破壊されずに済むというのだ。薄い金属を隔てて水とナトリウムが向き合う構造では、水がナトリウム中に漏れることは避けられない。避けられない事故を何とか小規模のうちにおさめて原子炉への損傷を避けようとする「知恵」ではあろうが、無理やり作っているとの印象は強烈だった。

四　証人尋問始まる

1　動燃側証人——近藤駿介・川島協

証人尋問は、九一年、まず東大教授近藤駿介氏から始まった。一貫して高速増殖炉の開発を主張してきた人物だ。しかし、世界的にみれば、既に撤退路線は開始されていた。「技術的に難しい」「経済的にとんでもなく高くつく」ことが理由であったが、ソ連の崩壊が目前に迫り、核兵器の解体問題にからんで、「余ったプルトニウムをどう処理するか」が、政治的外交的に大きな課題と成りつつある時期でもあり、もはやもんじゅの必要性は失われていた。近藤氏は法廷で、「日本のようなエネルギー消費大国であって、かつその技術立国を標榜している我が国は、正に技術のかたまりとも言うべき原子力、特に高速増殖炉の開発は、将来性を信じつつ、これを人類のために建設運転し使えるものとして示していくことが、我々の使命であると考えているところでございます」と証言した。もはや「将来性を信じつつ」という信念の問題になっていたのである。諸外国で多発していた事故については、「人は誤ることあるべしと、機械は故障することあるべしというコンセプトで、設計努力をする」と言うだけであり、実際に動かしてみて初めて欠陥が分かる可能性も排除出来ないと言わざるを得なかった。近藤氏は、もんじゅの事故を見ても、「将来性を信じている」のであろうか。

動燃・訴訟対策室の川島協氏は二次系のナトリウム漏洩事故については、「二次系の漏れが起きますと、配管に穴が開いてナトリウムが漏れて、その漏れが検出されて事故が終息するまでそれは漏れ続けるということです。解析は代表的な部屋ということで二箇所やっておりますが、多い方で百数十立方メートル漏れていると思いますけど」「解析のときは、棒状と申しますと、まるで真っ直ぐにナトリウムが下におちるような印象をうけますけど、そのときに、下の方向に角度をもってナトリウムが霧状というか噴霧状に飛び散ると、そういう効果を取り入れまして、いわゆるスプレイといいます、そういう解析をしております」と証言した。更に「もし漏洩が起こるとすれば、非常に微小な漏洩から進展するということで、漏洩検出に力を入れまして、それによって安全性を確保するということが基本の考え方でして、漏洩検出によって、配管の健全性を確保していくということにしています」と証言し、「壊れる前に漏れるから漏れを検出して炉を止める——いわゆるＬＢＢの思想」を強調したのである。ただ、川島氏は、一次ナトリウムについては部屋が窒素雰囲気であること、ガードベッセルに導かれて外部には余り漏れないこと、漏れても床に鉄板がひかれておりナトリウムは連通管で下におちて下の部屋にあるタンクに溜まって酸素を絶たれて消火することを強調したのであったが、それは却って、二次系配管でのナトリウム漏洩事故を非常に軽く見ていたことを如実に示すものであった。

2　住民側証人——高木仁三郎・小林圭二

トップバッターは高木仁三郎氏。高木氏は炉心崩壊事故の危険性を強調し、万一もんじゅで原子炉容器が損壊、格納容器も健全性が損なわれて炉心内蔵プルトニウムが一パーセント外部に放出されたと仮定した場合に、福井県下の市町村は壊滅的な打撃をうけることは勿論、風向きが京都・大阪方面ならばプルトニウムの影響だけで二〇万人ががん死するという衝撃的な被害が発生することを計算し、安全審査における事故想定がいかに甘いものであるかを鋭く批判した。

小林圭二氏は京都大学原子炉実験所の助手である。ちょうど『高速増殖もんじゅ——巨大核技術の夢と現実』（七つ森書館）の本を出版した頃だ。小林氏はもんじゅの問題点を、①核暴走事故の危険性、②ナトリウムの危険性、③耐震上の危険性、④プルトニウムの危険性の四点に集約して証言した。

小林氏は、ナトリウムについては「やはり、コンクリートとかなり激しい反応を致しまして、水素ガスを発生したり、あるいは、コンクリートを破損させたり、損傷させたり、そういうものに被害をあたえるということになります」とのべ、さらに八四年と八五年にSNR三〇〇で起こったナトリウム火災については、「アルゴンガスの中にナトリウムが一緒に混じって外にでてしまったと、そこで外に出て、まず室内で発火して、さらに、それが出ていったナトリウムが屋根のところでも火がついて発火したと、で、特設の消防隊がすぐ駆け付けたわけですが消火のために水をまいたわけですね。そうすると、相手がナトリウムですから、一種の爆発的な現象がおこって、そこで初めてナトリウム火災だと気が付いて、消火を、水ではなくて急遽、化学消火にかえたと、そういう経緯があったと記憶しています。で、このときにでたナトリウムはたしか五〇キログラムから一〇〇キログラムぐらいと。もう一回は、それからそんなにまだたたない時だったと思います。今度はナトリウムを入れるタンクか何かの溶接のところが漏れて自然発火したと、で、このときは、消火そのものは比較的早くできたというふうに記憶しておりますが、漏れた量としては、前よりもずっと多い五〇〇キログラムから一五〇〇キログラムくらいのナトリウムがもれたというふうに記憶しております」と詳細に証言した。

スーパーフェニックスにおいて危険性が指摘されたナトリウム火災については、「二次系のナトリウム火災、これがどういう形でナトリウムが漏れるのか、例えば液体で漏れるのか、あるいは霧状になって漏れるのかということによって、発生する火災の重大さが非常に違う、と指摘されている」とも証言した。そしてもんじゅにおいては、二次系では部屋が空気雰囲気になっている関係上、「漏れると非常に火災につながりやすい」と指摘した。

また、ナトリウムが漏れる形態については、動燃代理人は「いわゆる漏れ方は、かならずしも下ばっかりではないというふうにおっしゃるのだけど、二次系の圧力というのは、ものすごく低いわけでしょう。そうすると天井に向かって噴き上げるとか、そういうことは考えられないんじゃないですか」と質問をした。おそらく動燃側は、配管の外側に予熱ヒーターが巻かれ、その外側を内装板が覆い、その外側を保温材が厚く巻きつき、その外側を外装板が覆っていると考えたので、ナトリウムが配管から漏れた場合には保温材と配管の隙間を通って下に行き、外装板の破れから下に落ちるのであって、数気圧のナトリウムが天井に向かって噴き上げたり、横に向かって噴き出すということは考えられないと思ったのであろう。ところが、今回のナトリウム漏洩事故では、温度検出器が破損してナトリウムがその鞘の中を通って横から外部に噴き出して燃え上がり、空調ダクトや金属足場に跳ね返り、ダクトに大穴をあけ、金属足場にも穴を開けた。正に、小林氏が「圧力が低いといっても、ポンプの落とし口とか、あるいは、たまたま漏れた口の前方に何か物体があったりして、それにはねかえるとか」と証言した、その事態が発生したのだ。動燃にとっては、予想もしなかった事故発生原因であったといえようが、危険性はすでに小林証人によって指摘されていたのである。

五　阪神大震災の発生

1　もんじゅの近くにマイクロプレート境界

九五年一月十七日に起こったマグニチュード七・二の阪神大震災は、大都市を襲った直下型地震であり、「最大加速度八三三ガル」「最大速度四〇カイン以上」を記録した。阪神神戸高速道路は約六三五メートルにわたって横倒しになり、地下鉄大開駅では柱が上下から押しつぶされたように折れ曲がって天井が崩壊し、その上を走っていた国道が陥没して通行不能となった。

原子力発電所の耐震設計で大丈夫かと不安が広がったのは当然であった。とくにもんじゅでは、炉心内の構造物やナトリウムが振動して出力が急上昇したり、配管や機器に過重な地震動がかかって変形や破断によるナトリウム噴出が起こったり、外部電源などが失われて制御系統が動かなくなる恐れが指摘されていた。それが現実化する危険性が生じたのだ。

特に、プレートテクトニクス理論を更に精緻なものとしたマイクロプレートモデルによれば、西南日本は、花折金剛構造線、敦賀湾・伊勢湾構造線、有馬・高槻構造線（阪神大地震はこの活動によるものである）、中央構造線によって大小四つのマイクロプレートにわけることができるという。敦賀湾・伊勢湾構造線は、北から順に、甲楽城断層、柳ケ瀬断層、関が原断層、養老断層、伊勢湾断層として連続しているが、過去の地震の歴史からみて、「現在敦賀湾・伊勢湾構造線で空白域として残っているのは柳ケ瀬断層ということになる。今後二本の断層付近の地域での地震発生を警戒していく必要があろう」（断層列島——動く断層と地震のメカニズム　金折裕司著　近未来社）。もんじゅは、活動性が極めて強い地震空白域からわずか一一キロメートルしか離れていない所に建てられているのだ。

この点について、生越忠・元和光大学教授は、「甲楽城からずっと南のほうへ柳ケ瀬、関が原、養老と、更に伊勢湾断層と続いていることは、ほとんど今、定説じゃございませんでしょうか」と証言する。動燃が、敦賀湾・伊勢湾構造線の北のはずれにある甲楽城断層と柳ケ瀬断層の連続性すら否定するという見解を維持していることに対して、「そういうことをいっているのは、やはり、かなり非常識だと思いますね。阪神大震災だって、地上で別々のものが、地下でつづいていなければ、七・二の地震というのは起こりえないわけですから、やはり地下では続いていて大きな構造線になっていると。これはごくごく常識的に考えてそうなんであって、それを否定するのは非常識きわまると、こういってよろしいかと思いますが」と痛烈に批判する。

2　耐震計算は非公開

動燃が提出した「原子炉設置許可申請書」には、安全設計をする際に考慮すべき地震として「設計用最強地震（過去に起こったり、近い将来に活動性の高い活断層によって起こりうる地震）」と「設計用限界地震（設計用最強地震を上回るもので、直下地震等も含めて最も影響の大きい地震）」の二つを考慮した旨の記載があるが、原子炉や配管等の重要な機器について、具体的にどのような「耐震計算」「強度計算」をしたかは記載がない。この計算は「設計および工事方法の認可申請書」に記載されているが、これは長いあいだ非公開であった。そこで、住民たちは裁判所などを通じて文書を提出するように強く求めてきたところ、ようやく九五年秋になって「情報公開」された。約三万七千頁の大部な記録であるが、住民たちが見にいったところ、原子炉や一次ナトリウム配管、二次ナトリウム配管などの主要な機器の強度計算書や耐震計算書は、あきれるばかりみごとに「白抜き」されていた。溶接のフローチャートにいたっては、全面真っ白であった。住民は、これでは公開の名に値しないと考えて、再び、裁判所などを通じて文書の提出を求めている。

六　行政訴訟の証人尋問

1　行政事件の実体審理始まる

長い旅を終えて帰ってきた行政訴訟は、九二年秋、ふたたび福井地裁に係属した。行政訴訟においては、「安全審査が適法かつ妥当におこなわれたこと」の立証責任は行政側が負っている。もんじゅの安全審査は、科学技術庁による行政庁審査と、原子力安全委員会による委員会審査の二段構えで行われるのがタテマエだ。だが現実には、原子力安全委員会は単なる諮問機関であり、スタッフも足りないので、推進側の動燃や科学技術庁とは別個独立の審査を行うことは不可能だ。

2　国側証人——秋山守・斉藤伸三

秋山守氏は東京大学工学部原子力工学科の教授だ。原子力安全委員会の原子炉安全専門審査会委員

もんじゅナトリウム漏洩事故でナトリウム化合物が積もった２次冷却系配管室（1995年12月13日写す）

でもあった。秋山氏は、イギリスのPFRの蒸気発生器事故についても、美浜の蒸気発生器の問題についても「これは、やはり施工上の問題あるいは管理上の問題というところに大きな原因があるものと私は認識しております。したがって、もんじゅの設計においては、そのような問題は起こらないと考えております」「損傷が進んでいるような状態にならないように品質管理をし、そして供用中の検査をするという、そういう体制がとられております」と言い切った。日本の安全審査の問題点は、許可申請の段階ではいわゆる「基本設計」のみ審査し、詳細設計や、今回のナトリウム漏洩事故のような温度検出器の形状や性能、耐久力については、何の審査もしないことだ。要するに、溶接や施工・管理は安全審査の対象とはなっていないのである。

斉藤伸三氏は、日本原子力研究所のメンバーだ。もともと高速増殖炉の研究は、原研で行われていたが、動燃が設立された段階で動燃が行うようになり、原研は手を引いている。斉藤氏は、科学技術庁の技術顧問として意見を述べた立場だ。

二次ナトリウム漏洩事故については、斉藤氏は、「炉心冷却機能の低下の観点と漏洩したナトリウムによる熱的な影響という観点から解析した」と述べた上で、熱的な影響につき「床にたまったプール状のナトリウム、これはプールの表面で雰囲気の酸素あるいは湿分と反応するわけでございます。それにプラス流出過程でのナトリウムを液滴として考え、その一つ一つの液滴が同様に酸素あるいは湿分と反応するということで、このナトリウム、まあ、空気反応と申しますか、雰囲気との反応、この反応量を過大に見積もっているわけでございますので、保守的な仮定であるということでありますす」と証言した。そして「配管の破損に対しましては、充分な発生防止対策がとられているところでございまして、破損自体、設計条件下では考えられないことであります。そして、もし、その設計条件を越える熱応力の繰り返しなどによりまして、配管の肉厚を貫通するような破損が起こったことを仮定いたしましても、配管の肉厚は低いわけでございますので、その亀裂が急速に進展して大きな破損をもたらすということも極めて考えにくいわけでございますし、一方、漏洩したナトリウムは、早期にナトリウム検出器によって検出されますので、必要な措置、例えば、原子炉を停止し、その循環ポンプの主モータを止めると言ったことが行えますので、この過程で大きな破断に至るということは考えられません」といい、ナトリウム検出器に大きな期待を寄せた。そして最後に「施設の健全性が損なわれることはないとの結論は、妥当な結論だと判断しました」と証言した。

この証言は九五年十一月八日になされたものである。そのわずか一カ月後、ナトリウムの大量漏洩事故によって「施設の健全性を大きく損なった」ばかりか、「ビデオ隠し・虚偽報告」により、動燃自体にもんじゅを運転する能力が無いことが鋭く露呈するなどとは思いも寄らなかったことだろう。

今回のナトリウム漏洩事故では、漏洩検出器は役に立たず、予想以上にナトリウムが高温になって床ライナの表面は溶け、壁のコンクリートとも反応してその健全性は大きく損なわれた。

七　今後の裁判の進行

九六年一月二十五日、裁判所によるナトリウム漏れ事故の現場検証が行われた。科学技術庁や原子力安全委員会が調査をしているが、事故を起こした動燃と、ほとんど一体となっていたこれらの組織が事故調査をすると身内に甘い結論しか導きだされない。航空機事故調査特別委員会のような独立した委員会を設置し、動燃がその委員会の調査を受け入れることによって「調査」の名に価した調査がおこなわれるべきである。

今後、裁判の場にその事故調査報告書が資料とともに提出され、担当者などの証人尋問が行われることになる。また、住民側でも独自の調査を行い、その結果を裁判の場に提出することになる。そしてナトリウムを使うことが高速増殖炉の致命的な欠陥であることが、白日のもとにさらされよう。仮想的炉心崩壊事故＝出力暴走事故は高速増殖炉のもう一つの致命的欠陥であるから、今後はこの二点を中心に裁判の証拠調べは進行し、判決が出されることになる。

まさに「普通の原発で十年、もんじゅでは十五年」である。

もんじゅを廃炉に

ナトリウム漏洩事故の持つ意味

海渡雄一
もんじゅ訴訟弁護団・弁護士

一　事故の発生

一九九五年十二月八日十九時四十七分、福井県敦賀市所在の高速増殖炉もんじゅにおいて、Cループ中間熱交換器出口側の二次主冷却系の配管室（図1参照）でナトリウム漏洩による火災が発生した。

この事故の経過は表1のとおりである。

まず、「ナトリウム温度高」の信号が出て、ついで配管室内の火災報知器が連続的に発報した。二十時十分には現地緊急対策本部が設置されたにもかかわらず、動力炉・核燃料開発事業団（動燃）が実際に原子炉を緊急停止させたのは二十一時二十分、事故から一時間三十分以上も経ってからであった。

動燃はナトリウム漏洩と火災発生の事故当初から、ポラロイドカメラ、ビデオ等を持込み、また、漏洩個所も特定していたが、空調ダクトが焼けただれ、作業用鉄製めざら（グレーチング）に人間の頭の大きさぐらいの穴がポッカリとあいているなどの深刻な事態に動転し、事故の実態隠しに躍起となった。

この経過は第四で詳しく述べることにしたい。

動燃が事故直後に撮影していた問題のビデオでは、二次主冷却系の配管室内はナトリウムの白煙が霧のように立ちこめ、少し前もみえないような事態になっていたことがわかる。

図1-1　もんじゅと火災事故

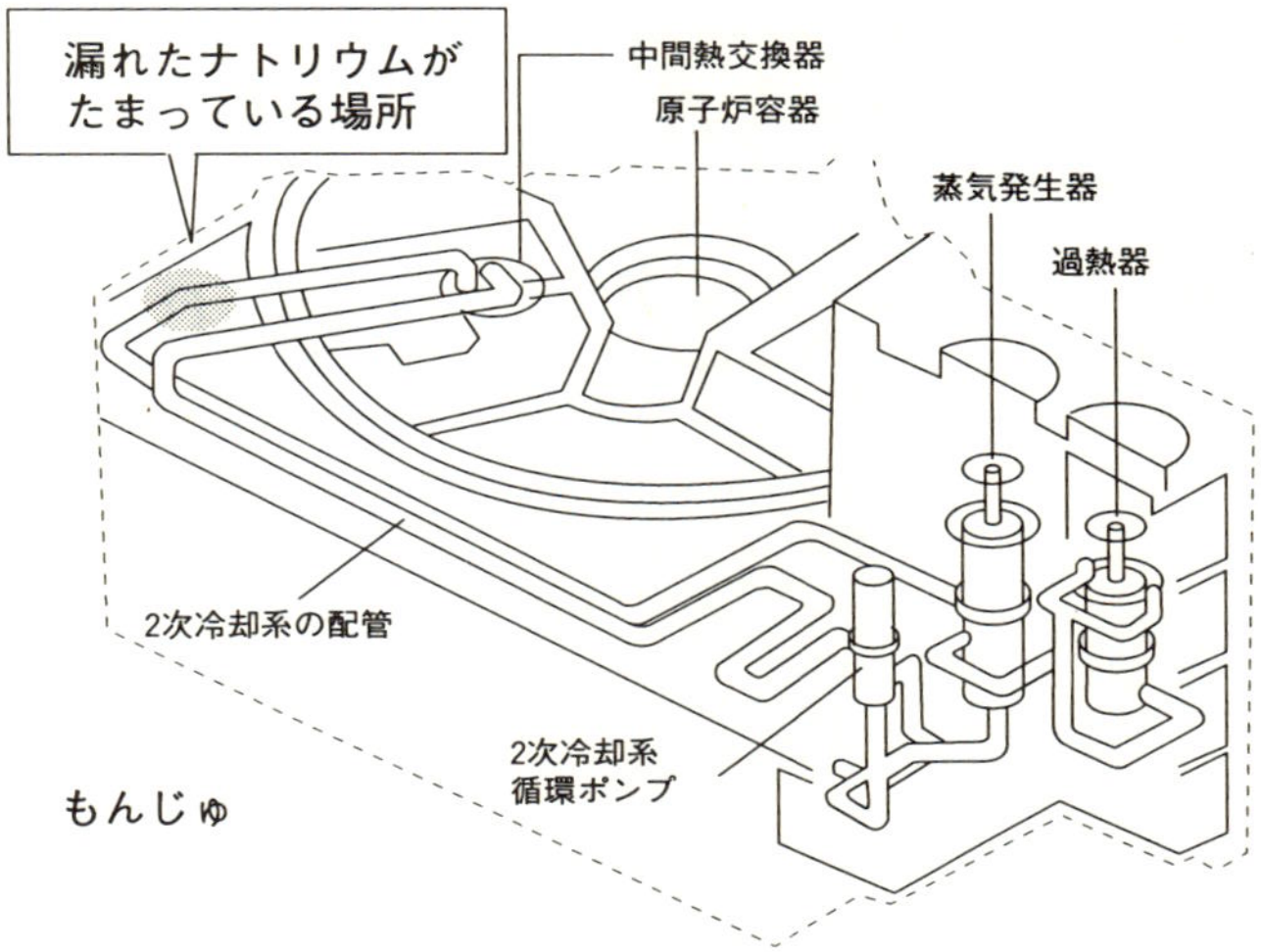

原子炉容器　ステンレス鋼製で円筒たて型、炉心構造物を封じ込める。一次冷却系ナトリウムが内部を循環しており、約五二九度で中間熱交換器へ流れる

中間熱交換器　一次系と二次系が熱を交換する。二次系ナトリウムは約三二五度で入り伝熱管内を上昇、一次系の熱を吸収し五〇五度で出る。冷却系設備は三系統（ループ）あり、今回のナトリウム漏れはC系統の出口側配管部分

蒸気発生器　ら旋状伝熱管がある蒸発器と加熱器で構成。二次系の熱を水に伝達し蒸気をつくる。蒸気はタービンへ送られ発電する。水や蒸気がナトリウム中に漏れると爆発的に反応

出所）福井新聞1995年12月24日付

図1-2　もんじゅ

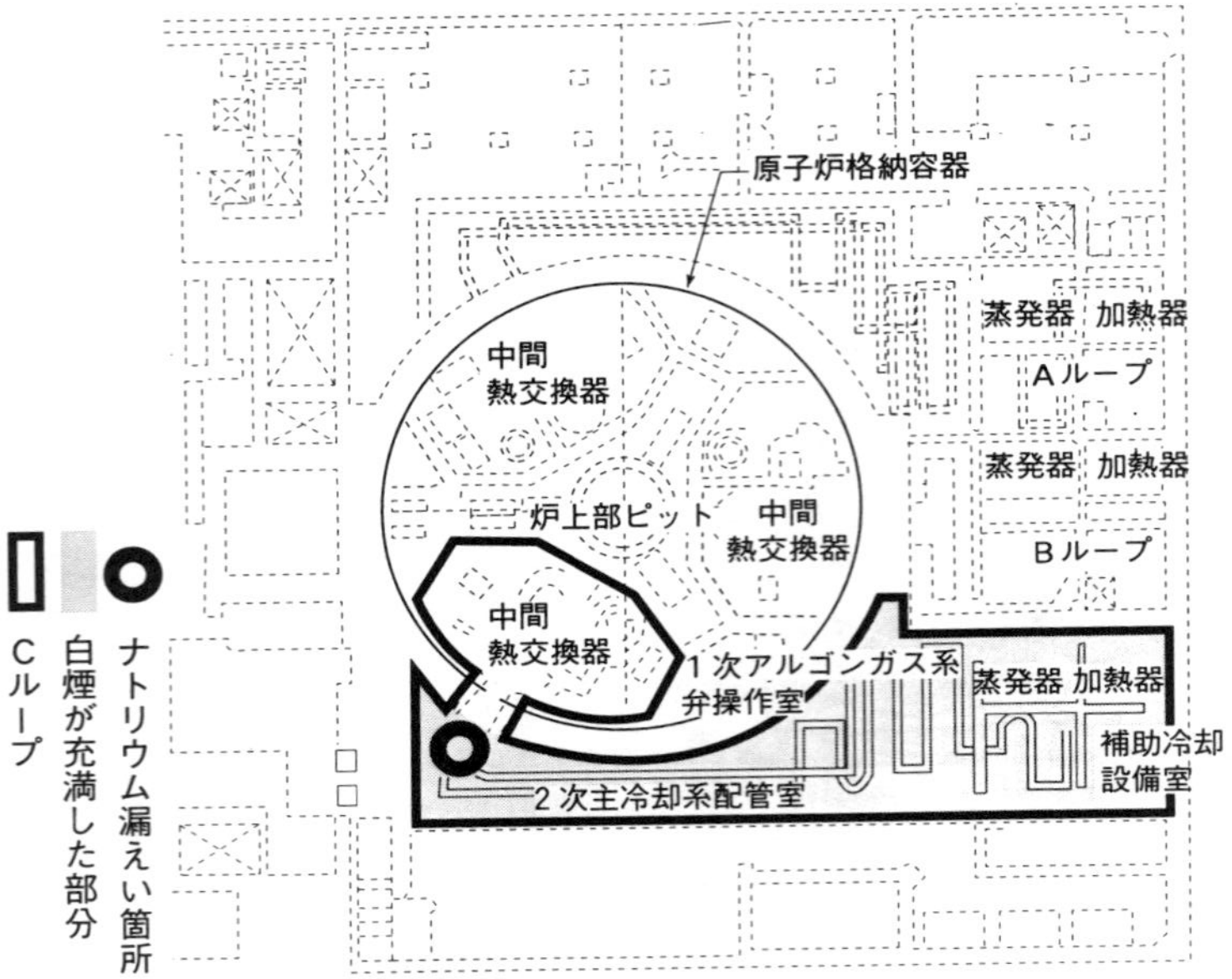

原子炉格納容器
中間
熱交換器
炉上部ピット
中間
熱交換器
中間
熱交換器
1次アルゴンガス系
弁操作室
2次主冷却系配管室
蒸発器　加熱器
Aループ
蒸発器　加熱器
Bループ
蒸発器　加熱器
補助冷却
設備室
ナトリウム漏えい箇所
白煙が充満した部分
Cループ

表1　事故の経過

作成　小林圭二（京大原子炉実験所助手）

［　］内は作成者のコメント

【十二月八日】

19時47分　「Cループ中間熱交換器二次側出口ナトリウム温度高」警報

▽火災報知器発報（まず二カ所）

19時48分　「Cループ二次主冷却系ナトリウム漏洩」警報（まず、二次冷却系配管室で二カ所）

▽現場確認（煙の発生を確認）［あまりに早い現場確認は疑問］

▽火災報知器発報さらに二カ所

19時58分　現場確認報告

▽Cループ二次主冷却系蒸発器およびオーバーフロータンクのナトリウム

表2　ビデオ隠しの経緯

＊太字は動燃の説明

【十二月八日】

19時47分　二次系Cループ配管室でナトリウム漏れ

液位に変動のない事を確認

20時00分　出力降下開始（電気出力：約一一二MWより）［ゆっくり降下］

▽これまでに火災報知器さらに一〇カ所発報

〜20時50分　現場確認（白煙の増加を確認）

［前回から一時間近くも間がある］

▽これまでに新たに火災報知器三六カ所で発報

〜21時00分　現場確認報告

▽Cループ二次主冷却系蒸発器およびオーバーフロータンクのナトリウム液位に変動のない事を確認

21時10分　「ナトリウム漏洩」警報　二カ所

21時15分　発電機解列

21時19分　主タービン手動トリップ

21時20分　原子炉手動トリップ［事故発生から一時間三十三分後］

▽A、B、C一次、二次主冷却系循環ポンプ自動トリップ
▽A、B、C補助冷却系自動起動
▽A、B、Cディーゼル発電機自動起動
▽A、B、C一次系、二次系ポニーモータ引継確認

21時50分　この時刻まで、合計六六カ所の火災報知器が発報
22時04分　「ナトリウム漏洩」警報
22時05分　「ナトリウム漏洩」警報
22時40分　Cループ二次主冷却系ドレン操作開始
22時44分　Cループ二次主冷却系ポニーモーター停止
23時13分　Cループ二次主冷却系配管室換気ファンおよび蒸気発生器室吸気ファン、排気ファン停止［火災事故発生から

三時間二十六分後]

【十二月九日】

2時15分　職員五人が現場確認のため防護服で入室。ビデオとカメラの撮影

8時30分　「午前二時十五分ごろ、入ろうとするが、配管室入り口部で煙充満、中はわからなかったが、煙でナトリウム漏れと確認した」。ビデオ撮影に触れず

12時00分　「十時に現場を職員五人でのぞいた。ビデオなどはまだ撮っていない」

16時08分　「作業員九人で現場に向かっている。ビデオも撮影する」

16時10分　職員九人が入室。ビデオ二台で二本を撮影

18時00分頃　二回目撮影のビデオを一分に編集。常駐の科技庁運転管理専門官に見せ

【十二月十一日】
9時39分　Cループ一次主冷却系、ドレン開始

【十二月十二日】
10時05分　二次主冷却系Cループ蒸発器、過熱器まわりドレン開始
12時58分　一次主冷却系Cループ、ドレン終了
13時30分　中間熱交換器C上部室の空気置換開

る。運専官「もっと長いのがあるんじゃないの」
19時00分頃　報道陣に一分ビデオを公開
21時00分頃　ビデオを四分に再編集。運専官と県原子力安全対策課職員に見せる

【十二月十一日】
3時30分　県原安課、敦賀市職員が立ち入り調査。ビデオ撮影
9時30分　県がビデオを公開
18時00分　もんじゅプレスセンターで「動燃の撮影ビデオ」と四分ビデオを公開

始

15時00分　二次主冷却系Cループ蒸発器、過熱器まわりドレン終了

16時35分　中間熱交換器C上部室の空気置換終了

【十二月十三日】

10時51分　二次主冷却系Cループ中間熱交換器ドレン開始

20時55分　二次主冷却系Cループ中間熱交換器ドレン終了

【十二月十四日〜十六日】

▽床面の堆積物回収作業、約二三五キログラムのナトリウム化合物を回収

【事故発生前の状態】

原子炉出力　約四三％

【十二月二十日】

19時40分　緊急記者会見「十数分のビデオが見

電気出力　約一一二MW
原子炉ナトリウム温度　出口／入口　約四八〇℃／三六〇℃
中間熱交換器二次側ナトリウム温度　出口／入口　約四八〇℃／二八五℃
一次系流量／二次系流量　約四八％／約三八％
主蒸気　温度／圧力　約四七五℃／約一二〇kg／cm²
給水温度／流量　約一九三℃／約四〇％

ナトリウムの燃焼

ナトリウムは、三〇〇℃以上の高温で空気中で発火する。

$4Na + O_2 \rightarrow 2Na_2O + 4300kcal/kg$

ナトリウム　酸素　酸化ナトリウム　熱

つかった」四時間の追及で佐藤副所長が「私の指示」と謝罪。「一分ものは九日の午後六時に、四分ものは県の立ち入りがあった十一日未明に作った」（佐藤副所長）「一分もののビデオを作ったと聞いて了承した」（大森所長）

【十二月二十一日】

10時20分　科技庁の強制調査開始

午　前　動燃本社で安藤理事が「指示は所長」

16時25分　所長が「わかりやすく編集するよう言ったかもしれない」と指示を認める。副所長が撮影者二人を口止めした事実も。「テープはもうございません」

20時20分　動燃職員が「運専官に一分もののビ

デオを九日午後六時すぎに、四分ものも午後九時すぎ見せた」と証言

20時55分 佐藤副所長が四分ものも九日に作ったことを認める。「日にちは私の勘違い」

【十二月二十二日】

9時30分 科技庁原子炉規制課長が「九日午前二時ごろ動燃がビデオを撮っていた」と発表

10時07分 「緊急対策本部の棚のひき出しにテープが入っていた」（村松もんじゅ建設所次長）

14時00分 「一回ないと言ったので引っこみがつかなくなった」（佐藤副所長）

16時30分 新ビデオを公開

20時00分 「信頼が地に落ちた感じで、誠に申し訳ない」（大森所長）

二　ナトリウム漏れの原因

1　温度検出器さや管の折損

今回の事故については、まだ完全に事故原因が究明されていないが、従来からその危険性が指摘されていたナトリウムの大量漏洩事故が現実に発生したことで、もんじゅの安全性に根本的な疑問を生じさせるものである。

当初、配管の亀裂などによるナトリウム漏洩などの可能性も指摘されたが、その後の事故調査により、二次系配管の中に差し込まれていたナトリウム温度検出器のさや管が折れていることが判明した。温度検出器は、二種類の金属の電位差を検知する「熱電対」というセンサーをステンレス製のさやに入れ、さやに触れるナトリウムの温度を測る仕組みとなっている。さやの長さは二八センチメートル、直径は細い部分が一センチメートル、肉厚三ミリメートルであり、さやの先端は配管の内側に二十センチメートル近くつき出している。そのさやの先端約一五センチメートルが折れて、ナトリウムに流されたのである。配管は、図2のような構造となっているが、内装板の下のすき間にはわずかにミスト状のナトリウムが付着しているだけであり、保温材についても、内側に行くほどナトリウムの付着は少ないことが判明してきた。このことは、温度検出器のさや管が配管内部で折れ、さや管内を伝ってナトリウムが端子台部分から直接外部に漏れたことを物語っている。

さや管が折れた原因は、現在調査が進められているが、配管内を流れるナトリウムのカルマン渦という乱流の流体振動の振動数とさや管自体の固有振動数が似ていてさや管が共振を引きおこした結果進行した金属疲労によるものと推定されている。

このような乱流による共振現象については、事前に十分な解析を行い、さや管の固有振動数などを共振をおこさないような安全な値にするよう設計することが、こうした機器の設計の基本と言わなければならない。ところが、驚いたことに、動燃ではこの温度検出器について事前にさや管の固有振動数と流体振動の振動数をチェックせず、耐久性に関する実験も実施していないということである。

今回表面化した設計ミスはこの温度検出器の部分についてのものであるが、このような初歩的設計ミスが試験運転を開始する時まで見過ごされていたことを考えると、他にもさらに重大な設計ミスの見落としがある可能性は高いと言わなければならない。

2　安全審査の有名無実化

こうした事故が発生すると、原子力安全委員会の行う安全審査は基本設計の範囲に限定され、温度検出器の構造などは詳細設計の問題であり、安全審査の範囲外であるという弁明が国や原子力安全委員会側からなされることがある。しかし、原子力発電所の大事故はどれもそれ自体では細かい機器の設計や施工上の問題点が原因となって発生してきた。

一九八九年一月に再循環ポンプの大規模な破損事故を起こした福島第二原発三号機の場合、再循環ポンプの水中軸受リングの共振に原因があった。一九九一年二月の美浜原子力発電所二号機の蒸気発生器細管のギロチン破断事故は、さまざまな疑問が提起されているが、細管に対する振れ止め金具が

図 2　温度検出器

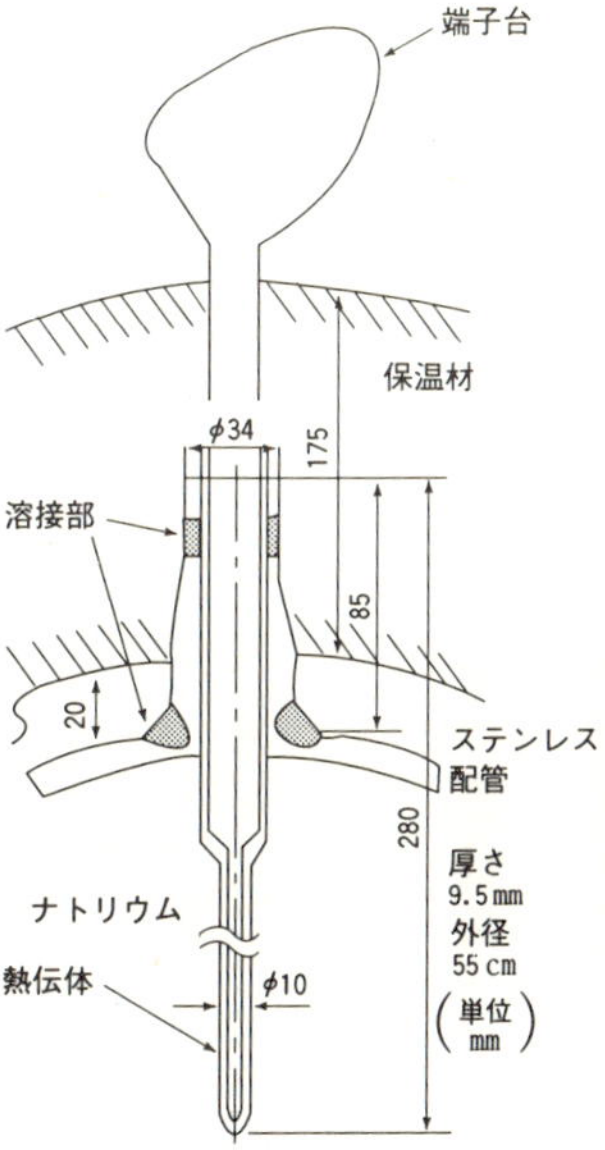

温度検出器の写真

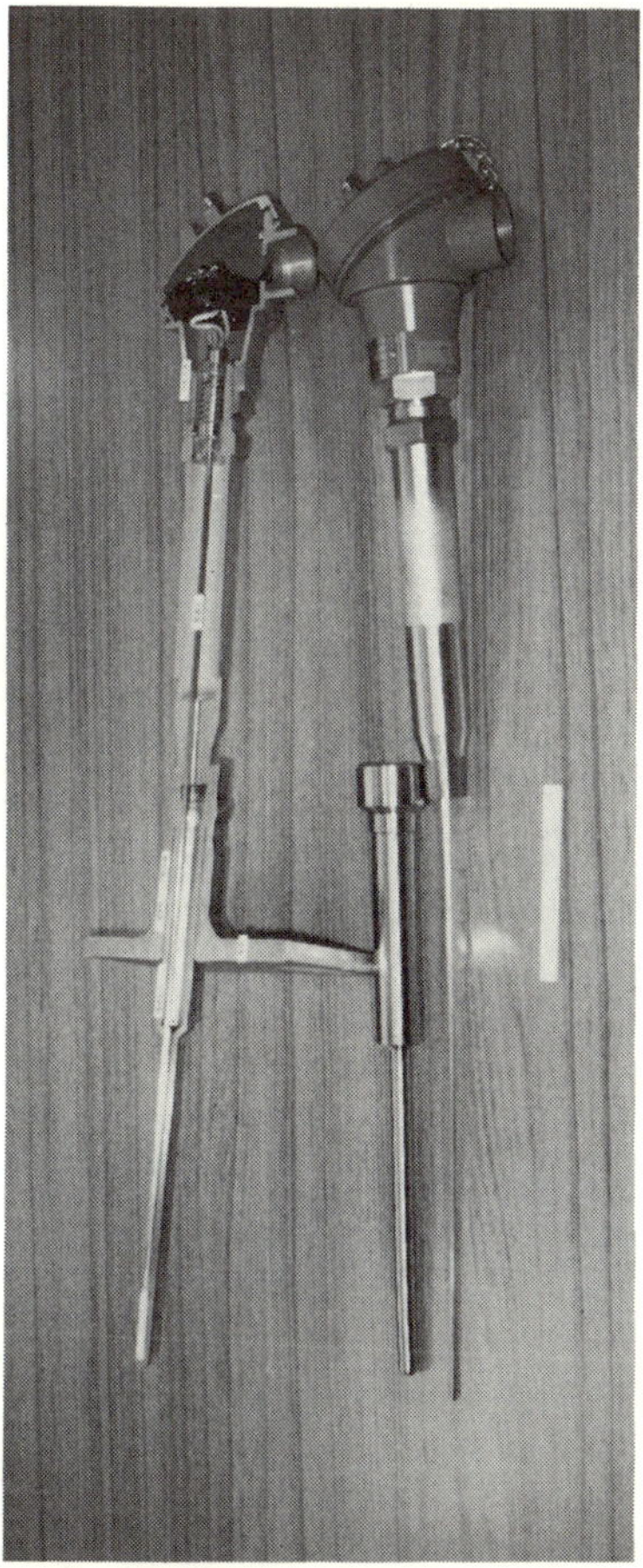

左──縦に切断した模型
中──さや管（左）とさや管からとりはずした熱電対及び端子台（右）
右──タバコ

設計通りに入っていなかったことが原因とされている。このミスは、通産省の事故報告書では製造時の施工の不良とされている。

安全審査の目的が、現実に発生する可能性のある大事故を未然に防止することにあるとすれば、基本設計についてだけ安全審査を行うという現在のやり方では事故を防ぐことは不可能であり、実質的には安全審査は有名無実化しているといわざるをえない。

三 事故への対応にみる動燃の管理能力欠如

1 事故時のナトリウム漏洩、運転停止措置の遅れ

火災報知器による発報が出て、現場で白煙を確認しながら、ナトリウム液面計に変化が見られなかったため、動燃の運転員は小規模漏洩と判断し、緊急停止操作を行わず、通常の停止手順に従ってゆっくりと原子炉を止めようとした。その後白煙が増加し続けたため、ようやく中規模漏洩と判断して手動による緊急停止措置をとった。そのため、運転を停止する操作を開始してから原子炉が停止するまで一時間三十三分も時間がかかったとされる。

しかし、動燃から県に対する二十時四十分の通報の際には、「煙で入室不可」との報告がなされている。漏洩したナトリウムが大規模な火災を引き起こし、煙が充満する状況であったことは明らかであり、このような運転停止措置の遅れは明らかに事故の規模を過小評価し、対応を誤ったものと言わざるをえず、弁解のしようのない運転ミスである。

図3　2次主冷却系Cループナトリウム漏洩時火災報知器作動累積

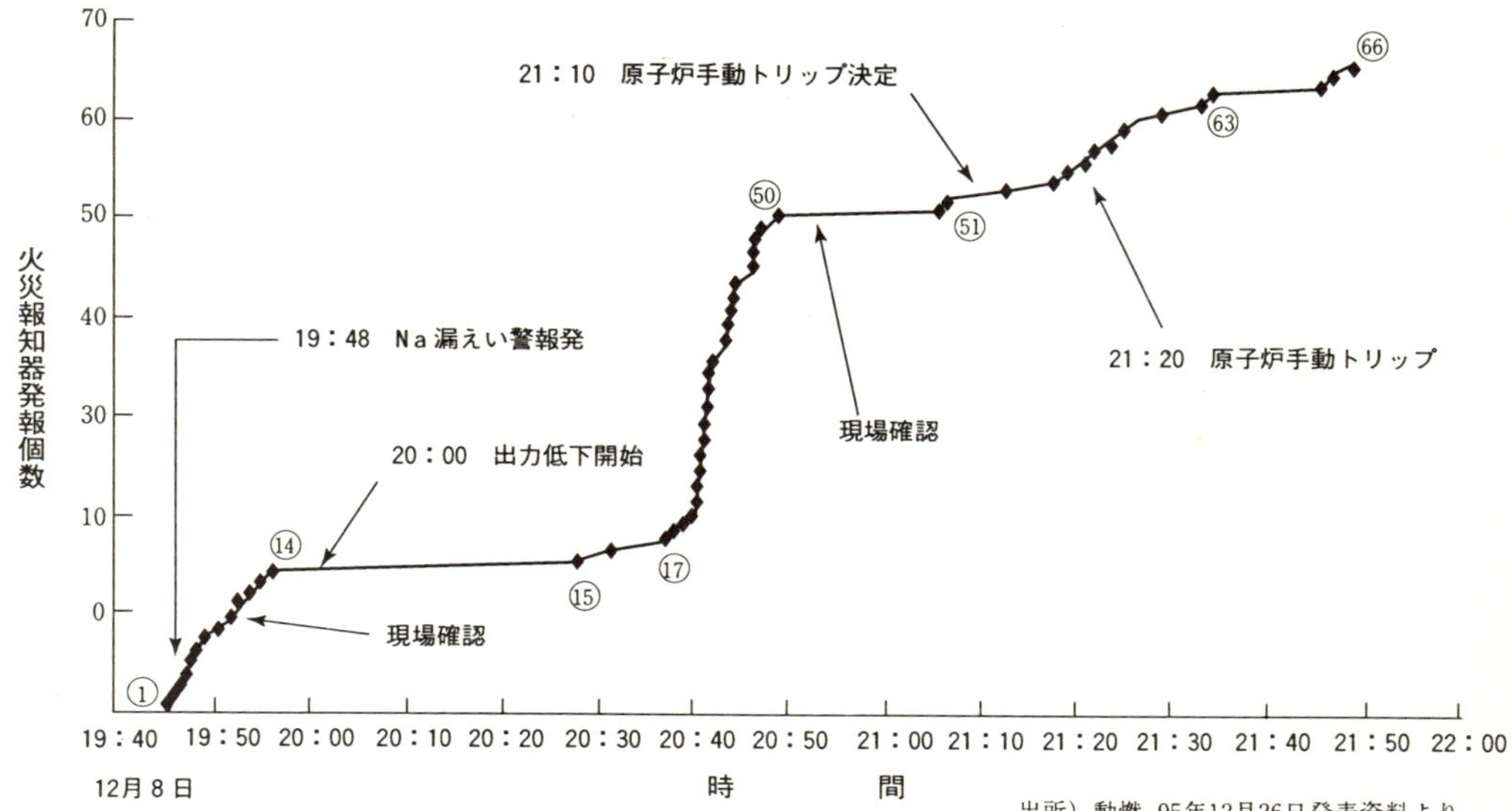

出所）動燃　95年12月26日発表資料より

動燃は、当初「火災報知器は、場所確認のためで、緊急停止の要因ではない」「通常停止作業は正当であった」と居直っていたが、後に、「状況を考えれば、すぐに停止させるべきであった」と対応を変えている。

しかも、原子炉が停止した一時間二十分後にようやくナトリウムを配管から抜き取りはじめ、四分後にポニーモーターが停止した。結局、事故がはじまってから約三時間もの間、ポンプは回り続け、ナトリウムは漏洩を続けたのである。

2 火災を広めた空調の運転継続

ナトリウム漏洩によって原子炉を緊急停止させた場合、空調装置も止める手順とされていた。ところが、原子炉の緊急停止後も、さらに二時間近く、事故発生からは三時間半も空調装置を止めず、回しっぱなしにした。

原子炉設置許可申請書では、火災報知器が発報した場合、空調ダクトは全部閉止されることとなっている。ところが、今回の事故の際には、空調装置は作動を続け、さらに、二次系配管室は各部屋ごとの密閉構造になっていなかったこともあって、新鮮な空気が補強され、このため、ナトリウム火災の拡大、ナトリウム反応生成物の原子炉補助建物内部への広範な拡散を招いた。

動燃側の非公式の説明では、火災による温度上昇によるセンサー類の劣化をおそれたため、空調が止められなかったとも言われているが、結果的に原子炉補助建物内部を深刻に傷つけることとなった可能性が高いと言わざるを得ない。

3　想定と全く異なったナトリウム火災

ナトリウム火災にはナトリウムが配管から落下する際に、水道の蛇口から水が棒のように燃えながら落ちるコラム火災と、液滴となってとび散りながら燃えるスプレー火災があり、さらに床にプール状にたまったナトリウムの表面が燃えるプール火災の三種類が考えられている。

動燃の想定では、ナトリウムの一部がスプレー化することはあっても、基本的にはコラムのように落下し、床の上でプール火災をおこしても床の鋼板（ライナー）やコンクリート壁を損傷することはないとされてきた。

しかし、現場の状況はナトリウムが燃えながら温度検出器から飛び出し、スプレー火災を引きおこしたことを示している。空調ダクトは焼けただれ、鉄製めざら（グレーチング）にも人間の頭くらいの穴があいていたからである。

配管の下側に複雑な構造物があったため、燃えながら温度検出器を飛び出したナトリウムは構造物を焼けただらせると同時に四方八方へ飛び散り、コンクリート壁を損傷し、ライナーを損傷した。ナトリウムは、コラム状に落下したのではなく、ミスト化、スプレー化したものと考えられる。

漏洩のあった二次冷却系配管室は床に鋼鉄製のライナーを敷き詰めた構造となっている。このライナーは漏洩したナトリウムが水分を含んだコンクリートに触れて爆発的に反応を起こし、さらには発生した水素による二次爆発を起こすことを防ぐためである。このライナーが破損する一歩手前であった可能性が出てきたのである。すなわち、福井地裁が、一月二十五日に行った現場検証の結果、ライナー鋼鉄が深さ約二ミリ直径約一五センチメートルにわたって円形に溶けていることが確認された。

表面は銀灰色となり、金属特有の光沢をもっていたのであるが、これは金属がいったんは溶解して再び固まったことを示している。四六〇度という想定温度をはるかに超える高熱（一〇〇〇ないし二〇〇〇度）となった疑いが持たれているのである。また、ライナーは床にしか張られていないが、現実にはむき出しになったコンクリート壁にナトリウムがふりそそぎ、ナトリウム・コンクリート反応が起こったことも確認された。

このような事故の経過は、それだけで、動燃・国の事故想定の根本的誤りを明確にするものである。

4 無効だったナトリウム火災対策

一次系のナトリウム火災についてはナトリウム配管の通る配管室を窒素雰囲気にする対策が取られているが、二次系については、経済的な観点からこのような対策は取られていなかった。そして、実際に火災が発生した場合には、ナトリウムを床にあけられたナトリウム排出孔に流し込み、下の階にあるダンプタンクに収容して窒息消火することとなっていた。

しかし、実際には想定と全く異なる経過をたどった。まず、ナトリウムは前述のようにスプレー火災を起こしただけでなく、燃えずに床に落ちた部分も全く床の上を流れることなく、床面に堆積し、発火して燃焼してしまったのである。今回、自衛消防隊が待機したが、消火活動は不可能と判断して鎮静化を待つしかなかった。配管室には隣室につながる開口部があり、ミスト化したナトリウムは二次系の広汎な施設に拡散することとなったのである。これまでの動燃の事故想定が如何に机上の空論であったかが、明らかになったといえる。

図 4　格納容器貫通部付近の概略図

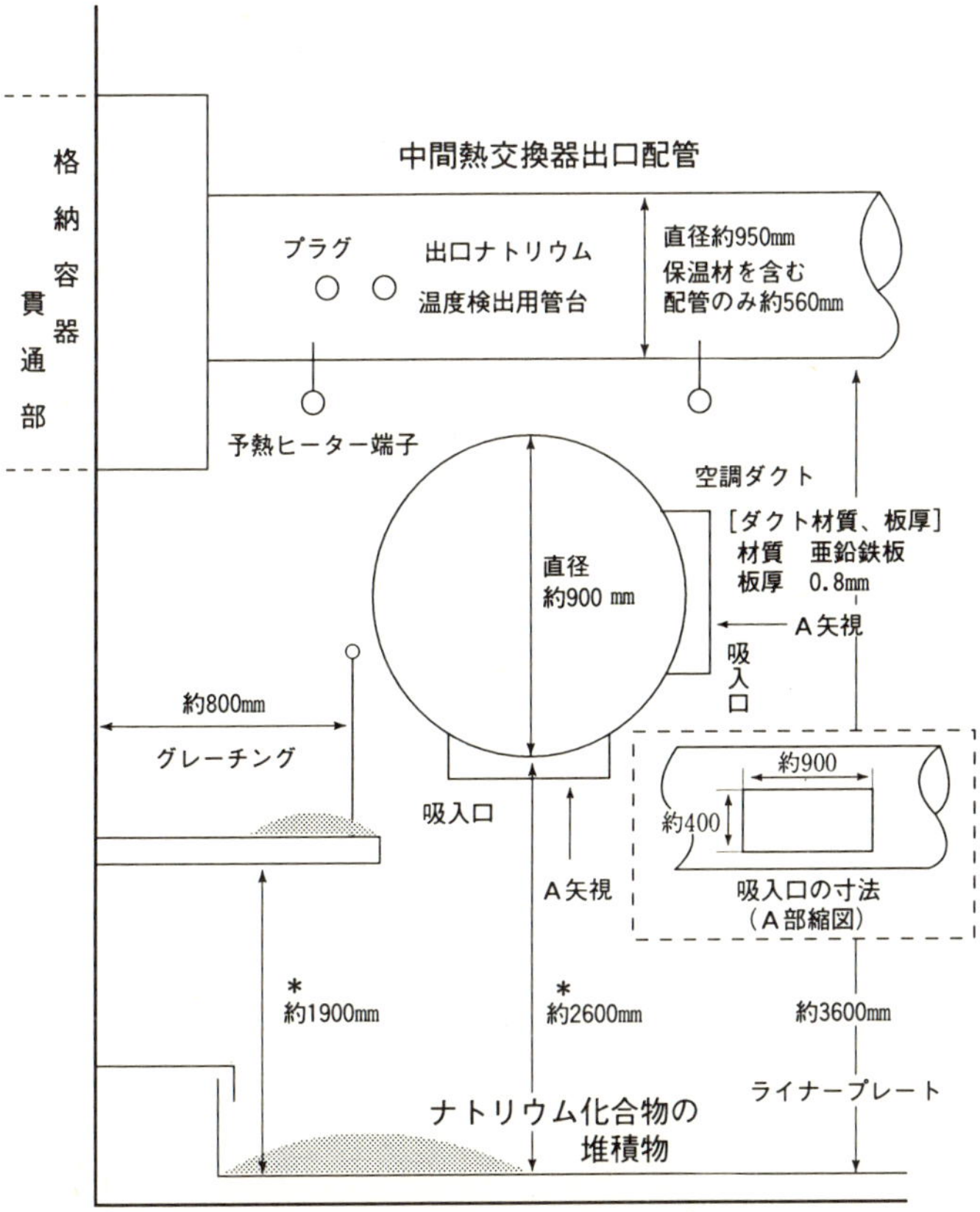

*：設計値（該当部付近は未測定につき暫定とする）

出所）動燃95年12月18日発表資料より

5 事故直後の自治体への連絡の遅れ

福井県、敦賀市が事故を知ったのは一時間前後経過してからの二十時四十分ごろであった。周辺市町村に対する通報はファックスだけで、朝になってから事故を知った自治体も少なくなかった。

事故の第一報を受けてからの県の対応は素早かった。十分後には現場に職員を走らせ、数時間内に全県議会議員に通知している。

十一日午前三時半頃には、県の原子力安全対策課の職員らが現場に立ち入った。県が公開したビデオには、ナトリウム漏洩事故がもたらした激しさが衝撃的に映し出されていた。と同時に、後述する動燃の事故隠しを鋭くあばき出すことにつながった。

四 動燃の事故隠しに集中した批判

1 たび重なるビデオ隠し

この事故の経過で、特筆すべきことは、事故の影響をできるだけ小さなものにみせるため、動燃が徹底的に事故隠しを図り、このことが、県や報道機関の追及によって次々に明らかになったことだろう（表2参照）。

しかも、動燃によるビデオ隠しは一度ではなく二度あったことも明らかになった。まず実際に動燃が撮影したビデオは九日の午前二時十五分頃撮影した約十分のものと、九日の十六時十分頃二台のビデオで撮影された四分三十六秒のものと十分三十秒のものの、合計三本あったのである。

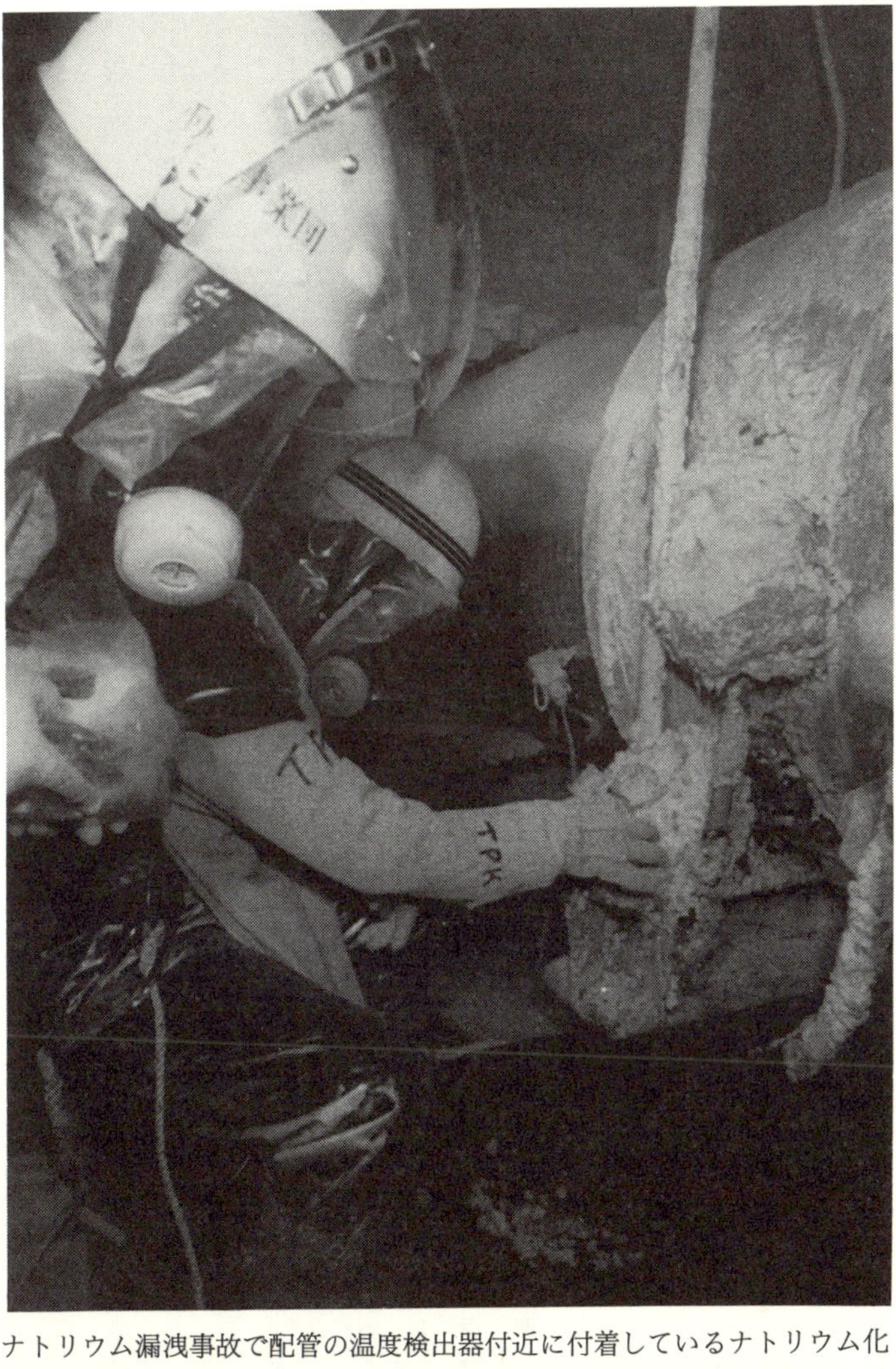

ナトリウム漏洩事故で配管の温度検出器付近に付着しているナトリウム化合物を採取する動燃作業員ら(福井県敦賀市で。1996年1月9日写す)

ところが、動燃は事故の生々しい映像を外に出したくなかったため、九日十九時頃、二度目に撮影した二本のビデオの中から一分に編集したビデオを科学技術庁の運転管理専門官と報道機関に公表した。報道陣から「一分しか映していないのはおかしい」と指摘され、次いで、二十一時頃に四分に編集したものを報道機関に公表した。

しかし、このビデオには床に堆積したナトリウム以外には事故に関連する部分がほとんど写っておらず、焼けただれた空調ダクトや鉄製めざら（グレーチング）も写っていなかった。十一日に現場を始めて調査した県から、この映像は操作されていると批判の声が上がったのは当然であった。

二十日に、動燃はようやく二度目には二本のビデオを写したとして二本のビデオの存在を認め、ビデオの編集は所長の指示によるものであったことを認めた。そして、二十一日の記者会見で、所長自ら、「テープはもうございません」と述べた。ところが、二十二日朝九時三十分になって、科学技術庁が、動燃が九日の午前二時頃に撮影した、事故直後の映像があることを公表したのである。動燃がようやく一度目のビデオテープを公表したのは二十二日の午後四時のことであった。

2　科学技術庁へも虚偽の事故報告

動燃は科学技術庁へ提出する公式の事故報告においても、当初の十二月十八日付けの報告では現場調査を初めて行った時刻を午前十時としていた。しかし、実際には午前二時であり、この時刻に最初のビデオが撮影されている。この点は十二月二十六日付けの報告では訂正されているが、これは十二月二十日から二十二日にかけてビデオ隠しが暴露されたための訂正である。動燃はこのビデオ撮影の事実を科学技術庁に対しても隠すために、虚偽の報告を行ったものであり、原子炉等規制法に違反する犯罪行為である。

3　総務部次長は動燃の事故隠し体質の犠牲者

その後、九六年一月十二日にはこれらのテープの存在はもんじゅ現地だけでなく、東京の本社にも知られていたことが判明し、動燃の事故隠しの体質が、組織全体に及んでいることがわかってきたのである。

一月十三日の未明には、動燃の一連の事故隠しの内部調査の責任者であった、総務部次長の西村成生氏が、自殺をするという事態にまで至った。動燃の内部のものに、事故隠しの調査を担当させること自体無理があった。そして、事故を隠した方でなく、調査する側が死ななければならないという事実は、今もなお動燃という組織の中では事故を如何にうまく隠すかということが優先されているという、非情ともいうべき組織の論理を明らかにしている。

もんじゅ訴訟原告団では全国の住民運動とも連携してこのような悪質な事故隠しに対する刑事告発を行い、動燃の秘密体質を徹底的に明らかにしていく予定である。

五　公正な事故調査体制の確立を

福島第二原発三号機、美浜原発二号機など日本でこれまで発生した重大な原発事故では、実際の原因究明は、電力会社とメーカーの手で行われ、報告書は通産省が作成した。原子力安全委員会は通産省の報告書の検討だけを担当した。しかし、事故調査の主体は事故原因を作った当事者以外の独立の第三者機関が実施しなければ、公正なものと言えない。航空機事故調査委員会に倣った制度の早期導入が不可欠である。公正な事故原因の調査のためには、職権の独立性と原因関係者の排除・権限の明確化が必要だからである。

委員から原発関係者を除外し、委員の身分保障を行い、物件提出命令、移動禁止、立入禁止などを行えるよう権限を強化し、内閣総理大臣直属の機関として設置すべきである。そして公正をはかるために、福井県の原子力安全対策課の専門的職員、もんじゅに批判的な科学者を委員に加えるべきである。また、海外の高速増殖炉技術者の招請も行うべきである。

事故隠し調査担当者の自殺は、動燃自身に事故調査を担当させることの無理・矛盾を明らかにしたといえる。

十二月にはグリーピース・ジャパンの声明で、九六年一月には日弁連の会長声明（後掲資料参照）で、第三者機関の調査が呼び掛けられ、これに対応して、動燃理事長も積極的に受け入れるとの発言を行っている。

一月十四日付け『朝日新聞』天声人語などの報道機関も、公正な事故調査体制を求める報道を強めている。

後は、政治的な決断で、実現可能な段階に来ているといえる。この事故からどのような教訓が引き出せるかは、事故調査のプロセスに大きくかかっている。

六　もんじゅ裁判での検証実現

もんじゅ裁判の原告は事故直後、検証の申し立てを行った。検証は一月二十五日に実施されたが、事故を起こした原発に裁判所が検証を実施したのは今回がはじめてである。

検証は配管から外装板、保温材、内装板と順次にとりはずした直後の時点で実施された。配管にはわずかにナトリウムミストが付着していただけであって内装板の下に大量のナトリウム漏洩はなく、温度検出器のさや管を通じてナトリウムが漏洩したことがほぼ確認された。

また、前述したライナーの損傷個所とコンクリート壁の変色部分を原告自らの眼で見、裁判所に確認させることもできた。また、スプレー火災の原因に関連する現場の配管と他の構造物の位置関係、ナトリウム火災対策の不十分さ、他の部屋への開口部が存在し、密閉構造になっていないことなども具体的に明らかにすることができた。今後の裁判展開にも有利に作用することは間違いないだろう。差止め裁判を運転再開を差し止める大きな闘いの一環として取り組んでいきたい。

七　もんじゅの運転再開を許さない闘い

1　事故原因自体の掘り下げが不可欠である

事故原因が明らかになる前から、開発計画に変更はない、事故は想定範囲内などという科学技術庁長官、通産省事務次官等の発言は不見識というほかない。

今後のまず第一の課題はナトリウム事故として国、動燃の想定を超えていた重大事故であること、安全設計・装置が機能しなかった事をはっきりさせる必要がある。

そして、同種事故の発生が不可避であること、二次系のナトリウム漏れに対して効果的な対策がないことをはっきりさせるべきであろう。二次系の配管室をすべて窒素雰囲気にするような設計変更は論理的には考えられるが、経済的、技術的に見て不可能だろう。だとすれば、このことだけで、もんじゅの運転再開は不可能なはずである。

2 事故によって傷ついたもんじゅの実態・健全性を詳細に調査検討する必要がある

この点が運転再開をめぐる第二番目の攻防となる。二次冷却系は三系統あり、同一タイプの温度検出器は全部で三〇個とりつけられている。さらに、補助配管にも合計一八個がとりつけられている。一次冷却系にも、タイプはことなるものの、温度検出器は数十個とりつけられている。とりあえず、二次冷却系の四八カ所に及ぶ温度検出器の取替えは必至であるが、その施工方法が大問題である。温度検出器だけを外して取り付けることは構造上不可能である。もともと工場で配管に温度検出器を溶接し、温度検出器と一体となった配管をもんじゅの現場で他の配管に溶接したのであるから、とりかえる場合でも配管ごと温度検出器を切り取って新たに温度検出器と一体となった配管を現場で溶接し直す必要がある。しかし、ただでさえ脆弱な高速増殖炉の配管にこのように新たに多数の溶接個所をつけ加えることはその信頼性に大きな疑問を生じさせる。温度検出器以外の計測器の取付け個所の信頼性についても同様に問題がある。また、ナトリウム配管内にとり残されたさや管の探索も重大な課題である。この原稿の執筆の時点では、さや管はまだ発見されていない。さや管はナトリウムの流れに乗って移動したと思われるから、場合によっては、蒸気発生器（とりわけ過熱器）やポンプその他を損傷している可能性も考えられ、機器の全面的な取替えが必要となる可能性すらある。

さらに、火災によって発生したナトリウム・ミストの拡散した範囲内の精密機器、電気系統の接点などの腐食による信頼性低下が予想されている。信頼性を確保するためには、全部とりかえる必要があるが、そのためには膨大なコストと労力を要することとなる。

3　もんじゅの危険性は他にもある

第三に重要なことは、この事故に直接は関連しないが、もんじゅの従来から指摘されてきた問題点について、広く社会的に広めることが課題となる。もんじゅの危険性の根源はプルトニウム燃料の出力暴走事故の危険性にある。また、耐震設計の面でも、もんじゅは激しい温度変化に耐えられるように、配管の厚みなども薄く、強度的には脆弱にできているという問題点がある。さらに、敦賀は有数の地震危険地帯という問題点も、阪神大地震を契機として浮かび上がってきた。これらの点については、本書に収録された福武公子弁護士の原稿を参照されたい。

4　運転再開のための再投資額は莫大になる

動燃は九六パーセント政府出資の特殊法人である。事故処理費用や、今後の安全対策費用は、ほとんど税金によってまかなわれることになる。

信頼性を確保するに足るような安全対策については、これを実施に移す前に、もんじゅを再開するために一体いくらの税金を投じなければならないのか見積もりをはっきり出させることが必要である。税金のむだづかいが行われないようにするためには、見積もりを出させ、それをチェックする国民の目は厳しくあるべきだ。

八　プルトニウムリサイクルを断ち切るために

1　プルトニウム――終わりの始まり

もんじゅの事故を契機に我が国政府がとってきたこれまでのプルトニウム政策の矛盾が吹き出してきた。まず一月十九日、電力九社社長会議への報告で、日本原燃の六ケ所村再処理工場の設計が見直され、二ラインを一ラインにすることとなった。それでも総コストは、八四〇〇億円から、一兆六〇〇〇億とも二兆円ともいわれる金額に上方修正された。まさに天文学的投資であるが、この投資額は結局のところ、電力料金の形で国民が負担することになるのである。一九九五年の新型転換炉ATRの計画撤回も、電力業界の判断を国が追認した形となった。

電力会社側からのプルトニウム離れが、本格的に始まったといっていいだろう。一月二十四日には福井、新潟、福島県の三知事から原子力計画見直しの申し入れが政府に対してなされた。国の原子力政策は既に破綻に瀕しているといっていい。

2　推進の主体から切り離された諮問機関の設立を

事故原因の究明を待って、今回の事故のもつ潜在的な危険性、同種事故の再発の危険性、改修に要する経費、高速増殖炉技術の必要性と経済性を慎重に検討することのできる場を作る必要がある。

そこでは、高速増殖炉の先行開発国であったアメリカ、イギリス、ドイツ等がなぜ完全に開発計画から撤退したのか、フランスのスーパーフェニックスがプルトニウム増殖をやめてプルトニウム燃焼炉にかわった理由は何か、等もきちんと調査し、その上で、再処理を含むプルトニウム利用計画の続行の是非を判断すべきである。

そして、このような議論の場は、総合エネルギー調査会の原子力部会や原子力委員会などのように原子力推進に偏った構成の合議体ではなく、これまでの推進の主体から切り離された、より幅広い電力の消費者である産業界や市民、原子力以外の専門分野の研究者からも意見を取り入れられる内閣総理大臣に対する諮問機関・懇談会の形式となるべきである。

3　動燃の改組は不可避

高速増殖炉の開発計画が停止された後には動燃の改組は不可避である。動燃は放射性廃棄物の研究は続行するとしても、「新エネルギー開発事業団」(仮称) と改称し、他の再生可能エネルギーの開発などを担当できるようにすることはどうだろうか。同じような例がスウェーデンにもある。たしかにこのようなプランの前には動燃の所管が科学技術庁で、再生可能エネルギーの所管は通産省という官庁縦割りの壁が横たわっている。

しかし、エネルギー行政がこのように縦割りになっていて、何かといえば、官庁間の縄張争いばかりしていたために、日本の総合的エネルギー行政は硬直化して柔軟性を失い、欧米諸国に大きく遅れを取っている。行政目的に見あった行政機構の改革は、エネルギー問題をめぐっても行われるべきである。

九　日本の原子力行政を根本的に変革するために

1　推進官庁と規制官庁を分離する

欧米諸国の原子力行政を見ると、「規制権限は推進とは全く別個の機関に」が常識となっている。イギリスでは、ＮＩＩ（雇用省保健安全執行部）が、スウェーデンではＳＫＩ（環境自然資源省）が規制の権限を持っている。いずれも原子力の推進とは関係のない官庁である。

ドイツでは、基本的には原子力規制は州の権限とされており、連邦の権限は環境・自然保護・原子炉安全省に集中されている。アメリカは原子力規制委員会（ＮＲＣ）という独立委員会に権限を集中している。

これに対し、日本のもんじゅでは、許可権限は内閣総理大臣が持ち、安全審査は原子力安全委員会が担当することになってはいるが、原子力安全委員会は、単なる諮問機関であるうえに、独立したスタッフももたず、権限がない。規制官庁は推進官庁とは分離し、独立した権限をもつようにすべきである。

2　日弁連の提案

日弁連は、一九九四年十一月に『孤立する日本の原子力政策』（実教出版刊）を出版し、この中で、ドイツ、イギリス、スウェーデンなどの原子力行政の仕組みを紹介した上で、日本の原子力行政に対して次のように提言している。

(1)　プルトニウム利用の路線は取らない。
(2)　再処理・高速増殖炉は即時停止する。
(3)　政府は原子力開発に中立の立場を取り、原子力発電に対する公的な助成策は廃止する。
(4)　電気事業に対する規制緩和によって、廃棄物処理を含む原子力のコストを明らかにさせ、競争市場で原子力の高いコストを明確にしていく。
(5)　再生可能エネルギーについては、導入時のコストがある程度下がる時点まで、十分な公的助成を行う。
(6)　通産省と科学技術庁の中の原子力安全関係の部局を環境庁に統合し、一元的な原子力安全行政を行える体制を作り上げ、環境省に格上げする。
(7)　高レベル放射性廃棄物については、地層処分の方針を凍結し、研究を続行する。

もんじゅの事故と、その後の一連の経過はこのような日弁連の提言の先見性を明らかにしている。原子力行政は根本的に転換されなければならない。

もんじゅを廃炉にして、プルトニウム利用の環を断ち切るべき時は今である。原子力に依存しない、再生可能で確実なエネルギー政策をとるべきである。

［資料］

日弁連会長声明

1、昨年十二月八日、福井県敦賀市所在の高速増殖炉「もんじゅ」において、二次主冷却系の配管室でナトリウム漏えい・燃焼事故が発生した。

高速増殖炉は、炉心に猛毒物質のプルトニウムを大量に貯蔵し、核暴走事故の危険性があること、冷却材として使用されている金属ナトリウムは水や空気中で爆発的に化学反応する性質があることなどの危険性が指摘されてきた。

また、「もんじゅ」の建設費は、同規模の軽水炉に比べて設備費は数倍と言われ、商業的に成り立つか疑問が提起されていた。

このような安全性と経済性に関する問題点から、研究開発を進めてきたアメリカ、イギリス、ドイツなどの諸国も、その開発を中止している。

日弁連は、従来政府に対して、一九九四年五月「原子力行政に対する日弁連の提言」の中で、プルトニウムをエネルギー源とするエネルギー政策を変更するよう提言し、再処理工場の建設中止と「もんじゅ」の運転の停止を求めてきた。

2、今回の事故については、まだ事故原因が完全に究明されていないが、従来危険性が指摘されていたナトリウムの大量漏えい事故が発生したことで、「もんじゅ」原子炉の危険性が現実のものとなったものであり、高速増殖炉開発の根幹に関わる重大な事故であると考えられ、誠に遺憾である。

伝えられるように、ナトリウムが温度検出管の折損によって漏えいしたのだとすれば、温度検出管自体の設計ミスの可能性が強く、また、折損した温度検出管によって炉内を傷付けた可能性も指摘され、同種事故再発の危険性は否定できない。ナトリウム検知の遅れ、事故時の停止措置の遅れ、事故直後の自治体への連絡の遅れ、事故後の科学技術庁への虚偽報告とビデオの秘匿、改ざんなど、動燃事業団の秘密体質と不十分な事故対策に激しい批判が集中している。

また、ナトリウムミストが原子炉内部に広範に拡散したため、配管や電気系統の腐食・劣化の危険性が指摘されている。

3、政府は、この事故の原因調査を動燃や科学技術庁など「もんじゅ」の開発を推進してきたものに委ねようとしているが、現在進められている事故調査の体制には重大な疑問がある。事故調査の主体は、事故原因を作った当事者以外の独立の第三者機関が実施しなければ、公正な事故調査と言えない。科学技術庁は、「もんじゅ」の開発主体そのものであり、原子力安全委員会も安全審査によって事故を未然に防止できなかったという点では、この事故の当事者である。

4、今回の原発事故の調査については、少なくとも航空機事故調査委員会に倣った事故原因者を除外した独立の事故調査団を組織し徹底的な調査を行うべきである。政府は、得られた情報すべてを公開し安全性が確認されるまで「もんじゅ」の稼働を凍結すべきである。

核燃料サイクルの将来については、政府は、上記の調査及び今回の事故のもつ潜在的な危険性、同種事故の再発の危険性、回収に要するコストなどを踏まえて、開発計画の停止を含めた抜本的再検討を行うべきである。

一九九六年（平成八年）一月九日

日本弁護士連合会
会長　土屋公献

［後記］増補版では、福武公子論文、海渡雄一論文を加えた。

原子力発電に反対する福井県民会議

1976年7月「もんじゅ」建設問題をきっかけに、「高速増殖炉等建設に反対する敦賀市民の会」「原子力発電所設置反対小浜市民の会」「大飯町住みよい町造りの会」や福井県労働組合評議会など、市民・労働者その他によって結成された組織。
以来，福井県内の既存原子炉の安全性の確保、原子炉の新設反対、原発事故時の防災対策などに取り組んできた。
1985年9月26日、「もんじゅ」差止訴訟を提訴。

〈連絡先〉福井市宝永2-1-24　福井県評内
☎0776(21)5321

高速増殖炉の恐怖[増補版]
「もんじゅ」差止訴訟

定価4200円＋税

1996年3月15日　初版第1刷発行

著　者　原子力発電に反対する福井県民会議
発行者　高須次郎
発行所　株式会社緑風出版
〒113　東京都文京区本郷1-8-3　桜ビル1F　振替00100-9-30776
☎03(3812)9420　FAX 03(3812)7262

装　幀　堀内朝彦
制　作　パプア工房、S企画
印　刷　平河工業社
製　本　トキワ製本所

〈検印廃止〉落丁・乱丁本はお取り替え致します。

E1000

ISBN 4-8461-9605-4 C3053

◉公害・環境問題を考える

☆表示価格には消費税が転嫁されます。

チェルノブイリの惨事

ベラ&ロジェ・ベルベオーク著／桜井醇児訳

四六判上製
二二二頁
2400円

現在も子供たちを中心に白血病、甲状腺癌が激増し、死亡者が増大している。当局の無責任と国際的な被害隠しがこうした深刻な事態を増幅しているのだ。事故から今日までの恐るべき事態の進行を克明に分析した告発の書。

ドキュメントチェルノブイリ

松岡信夫著

四六判上製
三六六頁写真一六頁
2500円

チェルノブイリ原発事故は、語られ論じられるほどには情報が少なく、その全体像がわかりにくい。本書はソ連国内の各紙誌を原資料として事故の全過程とその影響が深刻化する二年間の動きを忠実に追ったドキュメント！

高圧線と電磁波公害

高圧線問題全国ネットワーク編

四六判並製
二六四頁
2200円

スウェーデンのカロリンスカ研究所は高圧送電線とがん発生との因果関係についての疫学調査結果を発表した。本書は同報告の全文を収録するとともに、日本各地での高圧線に対する住民の闘いをまとめる。

プロブレムQ&A
電磁波はなぜ恐いか
［暮らしの中のハイテク公害］

天笠啓祐著

A5判変並製
一六七頁
1500円

家庭や職場、大気中の電磁波が日常生活にトラブルを起こしだした。電子レンジ、携帯電話、OA機等の危険性。リニア・モーターカー、AT車、高圧送電線は大丈夫か？航空機事故、医用機誤動作は？　新しい公害を考える。